生态酿酒新技术

余有贵 编著

中国轻工业出版社

图书在版编目（CIP）数据

生态酿酒新技术/余有贵编著 . —北京：中国轻工业
出版社，2025.2
ISBN 978 - 7 -5184 - 1221 - 1

Ⅰ . ①生…　Ⅱ . ①余…　Ⅲ . ①酿酒—无污染技术
Ⅳ . ①TS261.4

中国版本图书馆 CIP 数据核字（2017）第 047523 号

责任编辑：江　娟　狄宇航
策划编辑：江　娟　　责任终审：劳国强　　封面设计：锋尚设计
版式设计：宋振全　　责任校对：吴大鹏　　责任监印：张　可

出版发行：中国轻工业出版社（北京鲁谷东街 5 号，邮编：100040）
印　　刷：三河市万龙印装有限公司
经　　销：各地新华书店
版　　次：2025 年 2 月第 1 版第 7 次印刷
开　　本：787×1092　1/16　印张：15.25
字　　数：316 千字
书　　号：ISBN 978-7-5184-1221-1　定价：68.00 元
邮购电话：010 - 85119873
发行电话：010 - 85119832　010 - 85119912
网　　址：http://www.chlip.com.cn
Email：club@ chlip.com.cn

250371K1C107ZBQ

前言 | PREFACE

我国酿酒历史悠久，长期以来，酿酒业对经济繁荣与社会发展做出了突出贡献。中国白酒独树一帜，成为世界上六大著名蒸馏酒之一。随着社会发展和科学技术的进步，生物技术、新材料技术、信息技术和环保技术等新技术向传统白酒产业渗透和应用，助推白酒行业在坚守传统技艺的基础上创新发展，以满足消费者对白酒产品的新需求。顺应社会深刻变革新潮流，1999年沱牌集团李家民总工程师首次提出了"生态酿酒"的新思路，为行业健康、可持续发展指明了方向。生态酿酒是指保护与建设适宜酿酒微生物生长、繁殖的生态环境，以安全、优质、高产、低耗为目标，最终实现资源的最大利用和循环使用，促进经济效益、社会效益与生态效益的和谐统一。经过酿酒人不断的积极探索与实践，生态酿酒已成为酒业发展的共识，生态酿酒新技术正引领酒业供给侧改革和转型升级。中国白酒行业供给侧改革主要包括供给策略改革、产品结构改革和销售渠道改革等方面，产业转型升级主要表现在新型工业化、多产业融合和精细化管理等方面。

生态酿酒正在起步发展阶段，生态酿酒新技术的探索与应用正在不断丰富，酿酒行业呼唤着系统介绍生态酿酒新成就的著作。本人一直怀揣为酒业发展尽绵薄之力的梦想，对生态酿酒具有认同、喜爱与思考，在参考国内外酒类相关文献资料与向一些著名的企业家、工程技术人员和科技工作者请教学习的基础上，结合自己从事酒类教学和研究三十多年的经历，编写了《生态酿酒新技术》一书。该书的出版，旨在宣传中国酒文化、生态酿酒的理念和技术进步，为高校酿酒、食品、生物工程等相关专业的学习提供系统性教材，为科技工作者的技术创新研究提供思路，为酒界企业家的科学决策提供指导，为企业推广应用新技术提供可借鉴的案例，为爱酒人士了解、认识生态酿酒与培养生态消费习惯提供帮助。

全书共分为十章：第一章生态酿酒，第二章生态化酒曲生产技术，第三章窖池窖泥微生态技术，第四章生态化原料预处理技术，第五章生态化发酵技术，第六章生态化贮存与勾调技术，第七章酒质检测新技术，第八章生态化资源利用技术，第九章生态化白酒包装技术，第十章生态化管理信息技术。各章节采用案例式叙述方法，比较全面和详细地介绍了生态酿酒的基本知识与产前、产中和产后各环节中主要的技术成果，每一项新技术强调特点、原理、要点和应用等情况。

在本书的编写过程中，得到了邵阳学院的大力支持，也得到了四川大学张文学教授的精心指导，湖南湘窖酒业有限公司的汪小鱼总经理、江西李渡酒业有限公司汤向阳总经理、四川沱牌舍得酒业股份有限公司的李家民高级工程师给予了极大的帮助，湖南湘窖酒业有限公司、江西李渡酒业有限公司、沱牌集团、四川宜宾岷江机械制造有限责任公司等单位提供了很多重要的资料，全书由曹智华统稿，曾豪、曹静、龙艳珍、李明、江振桂、杨莹、巢玲、雷志明、吉琳琳、丁阳光、孙菁、何鹏、赵洪一等研究生参与了校稿。在本书得以出版之际，对以上各方的支持和帮助谨致以衷心的感谢！

酒是陈的香，从与酒结缘、与酒为伍到以酒领悟人生，我深知自己"历久而未弥香"，仅以此书抛砖引玉。水平有限，书中难免有不妥甚至谬误之处，恳请批评赐教，以期日臻完善。

余有贵

2016 年 11 月于邵阳学院

目录 | CONTENTS

第一章 生态酿酒

人类在处理人与自然的关系中，"人类中心主义"思想在 20 世纪中期以前一直占主导地位，人类无视生态环境和肆意浪费资源，工业畸形发展。20 世纪后期开始，人类在反思中觉醒，发展绿色工业、保护生态环境、节约自然资源的思潮席卷全球，人们逐渐接受和追求"健康、环保、珍爱生命"的生活理念，白酒行业的有志之士开始酝酿如何协调好产业发展与改善自然环境之间的关系，将传统粗放的酿酒产业引入可持续发展的道路上。1999 年 11 月在北京举行的国际企业创新论坛上，沱牌集团李家民总工程师首次提出了"生态酿酒"一词。2008 年"生态酿酒"词条增补录入了 GB/T 15109—2008《白酒工业术语》中。

第一节 生态酿酒术语

一、基本概念

（1）生态（Ecological） 源于古希腊字，意思是指家（house）或者我们的环境。简单地说，生态就是指一切生物的生存状态，以及它们之间和它与环境之间环环相扣的关系。如今，生态学已经渗透到各个领域，"生态"一词涉及的范畴也越来越广，人们常常用"生态"来定义许多美好的事物，如健康的、美的、和谐的等事物均可冠以"生态"修饰。

（2）酿酒（Liquor making） 是利用微生物发酵生产含一定浓度酒精饮料的过程。酿酒过程可分为上游加工工程和下游加工工程两个部分，上游加工过程：淀粉质或糖质原料通过微生物或酶的作用生成酒精和香味成分，酿酒原料不同，所用微生物及酿造过程也不一样；下游加工过程：从发酵物中分离、提纯酒精和香味成分，方式有蒸馏：如白酒；过滤：如啤酒、黄酒、葡萄酒。

（3）生态酿酒（Ecological Liquor - making） 指保护与建设适宜酿酒微生物生长、繁殖的生态环境，以安全、优质、高产、低耗为目标，最终实现资源的最大利用和循环使用。

（4）生态经营（Ecological management）　指生产性企业以市场需求为导向，以科技进步为前提，以资源综合利用、降低消耗、减少污染为立足点，以企业效益、社会效益、生态效益为目标，在发展企业主导产品的基础上，开发关联性产品，培育相互依存、相互补充、相互促进的经营共生体，实现以尽可能少的投入而获得尽可能多的产出的经营管理方法。就酿酒业而言，生态经营即按照生态经济学原理，将生态理念融入产前、产中和产后的各经营环节，建立起系统内"生产者、消费者、还原者"的产业生态链，实现经济发展与环境资源相互协调，企业与社会的可持续和谐发展。

（5）生态学（Ecology）　德国生物学家恩斯特·海克尔于1869年定义的概念：生态学是研究生物体与其周围环境（包括非生物环境和生物环境）相互关系的科学。目前已经发展为"研究生物与其环境之间的相互关系的科学"。

（6）生态系统（Ecological system）　是指一定空间区域内，生物群落与非生物环境之间，通过不断地进行物质循环，能量流动和信息传递而形成的相互作用和相互依存的统一整体。

（7）生态经济学（Ecological economics）　是研究生态系统和经济系统的复合系统的结构、功能及其运动规律的学科，即生态经济系统的结构及其矛盾运动发展规律的学科，是生态学和经济学相结合而形成的一门边缘学科。主要内容包括：①生态经济基本理论。包括：社会经济发展同自然资源和生态环境的关系，人类的生存、发展条件与生态需求，生态价值理论，生态经济效益，生态经济协同发展等；②生态经济区划、规划与优化模型；③生态经济管理；④生态经济史。

（8）产业链（Industry chain）　各个产业部门之间基于一定的技术经济关联，并依据特定的逻辑关系和时空布局关系客观形成的链条式关联关系形态。产业链是一个包含价值链、企业链、供需链和空间链四个维度的概念。这四个维度在相互对接的均衡过程中形成了产业链，这种"对接机制"是产业链形成的内模式，作为一种客观规律，它像一只"无形之手"调控着产业链的形成。

（9）经济效益（Economic performance）　是通过商品和劳动的对外交换所取得的社会劳动节约，即以尽量少的劳动耗费取得尽量多的经营成果，或者以同等的劳动耗费取得更多的经营成果。经济效益是资金占用、成本支出与有用生产成果之间的比较。所谓经济效益好，就是资金占用少，成本支出少，有用成果多。

（10）社会效益（Social results）　是指最大限度地利用有限的资源满足社会上人们日益增长的物质文化需求。人的行动自由只能在必要的公共利益范围内才得以限制。往往在一段比较长的时间后才能发挥出来。

（11）生态效益（Eco - efficiency）　是指人们在生产中依据生态平衡规律，使自然界的生物系统对人类的生产、生活条件和环境条件产生的有益影响和有利效果，它关系到人类生存发展的根本利益和长远利益。生态效益的基础是生态平衡和生态系统的良性、高效循环。

（12）生态环境（Ecological environment）　　就是"由生态关系组成的环境"的简称，是指与人类密切相关的，影响人类生活和生产活动的各种自然（包括人工干预下形成的第二自然）力量（物质和能量）或作用的总和。生态环境是指影响人类生存与发展的水资源、土地资源、生物资源以及气候资源数量与质量的总称，是关系到社会和经济持续发展的复合生态系统。

（13）生态产业链（Eco-industry chain）　　指依据生态学的原理，以恢复和扩大自然资源存量为宗旨，为提高资源基本生产率和根据社会需要为主体，对两种以上产业的链接所进行的设计（或改造）并开创为一种新型的产业系统的系统创新活动。

（14）生态酿酒工业园（Eco-industry park of liquor making）　　模拟自然生态系统的功能，建立起系统内"生产者、消费者、还原者"的工业生态链，以低消耗、低（无）污染、工业发展与生态环境协调发展并形成良性循环为目标的酿酒体系。

二、五三原理

中国的食品酿造多采用固态发酵方式，利用微生物发酵的传统工艺技术生产产品。通过对多菌种固态发酵过程中微观生产环境大量验证后，李家民总结出了广泛存在的"五三"原理，体现为"五法则三层次"规律：

（1）固、液、气三相变化规律　　固态发酵过程中固－液－气三相协同作用，三相的比例及转化程度直接影响到发酵质量。

（2）微生物繁衍规律　　各类微生物在发酵过程中，经历菌种－种群－群落的生态演替过程。

（3）生物转化规律　　微生物所处环境中的物系－菌系－酶系相互影响、相互关联，处于一种不断变化的动态平衡中。

（4）封闭系统的氧变规律　　自然封闭状态下，整个微生物体系要经历好氧－微氧－厌氧的代谢环境。

（5）固态发酵体系温变规律　　体系温度变化总会表现出前缓－中挺－后缓落的共同特征。

该原理获得了著名微生物学家、中国科学院院士张树政以及程光胜、曾祖训、徐岩、王延才、宋书玉、吴衍庸、胡永松、庄名扬、李大和等酿酒或微生物专家的高度认可。

三、5P 体系

四川沱牌集团有限公司于 2000 年率先逐步将药业推行的 GAP（中药材良好种植规范）、GLP（非临床研究质量管理规范）、GCP（药品临床试验管理规范）、GMP（药业生产质量管理规范）及 GSP（药品经营质量管理规范）嫁接到生态酿酒的产前、产中、产后各环节中，形成了完善、科学、适用的 5P 标准体系。生态酿酒 5P 标准体系由 GAP（良好种植规范）、GLP（良好研发管理规范）、GBP（良好生物试验规范）、GMP（良好操作规范）及 GSP（良好供应规范）组成。

（1）生态酿酒 GAP 根据不同原料种植对土壤、气候、水分等环境条件的不同要求，从地块、土壤选择、选种、播种、田间管理、施肥灌溉、病虫害防治、采收与贮存等方面进行科学的规范，生产基地按照此标准组织原料的种植及管理，使产品的安全、质量管控体系向前延伸，最终实现从种子到餐桌的无缝链接。贮存阶段，利用低温冷冻物理贮存，不得使用灭虫灭鼠药品，杜绝农药或化学药品对原料造成污染等。

（2）生态酿酒 GLP 结合白酒产品研发过程安全性、功效性质量评价要求，对研发组织机构和人员、试验设施、仪器设备和试验材料、研究工作实施过程、档案管理及试验室资格认证及监督检查等进行规范，严格控制涉及白酒产品安全性、功效性质量评价的各个环节，即严格控制可能影响试验结果准确性的各种主客观因素，降低试验误差，确保试验结果的真实性。如要求定期验证试验系统和校准仪器设备，数据的记录要及时、直接、准确、清楚，要经常自查数据记录的准确性、完整性，更正错误时要按照规定方法等。

（3）生态酿酒 GBP 指良好生物试验质量规范，主要利用植物、动物及人对白酒进行生物验证试验，以确保酒质的安全、优质。它不同于药业 GCP（药品临床试验管理规范），GBP 更注重于动物和人这一广泛的生物体试验，其试验项目更注重产品的安全、优质、舒适，更贴近人的口味嗜好需求。GBP 的质量保证措施主要包括合格的研究人员、科学的试验设计、标准的操作规程、严格的监督管理和完备的资料管理。科学的试验设计指对试验设计要求科学化、规范化和标准化，如有关人的试验中，不仅要从专业的角度，对酒体色、香、味、风格进行全方位评价，而且还应进行试饮和长期适量饮用试验，从有益于身体健康的角度进行酒体安全优质的验证，相反，还应对身体有危害的醉酒进行试验，以验证适宜的饮用量确保对人体的健康安全。

（4）生态酿酒 GMP 由管理规范、操作规范、技术规范和记录规范四个方面的内容组成，是在传统酿酒的基础上，综合利用现代科学技术，改造传统技艺，以 GMP 标准为载体，在规范化、科学化、精细化上下工夫，操作更加落小落细，既保留了药业生产的严谨性，又能满足白酒酿造具有开放式生产的特点，使产品的安全性和质量保障提升到了一个新的层次。

（5）生态酿酒 GSP GSP（药品经营质量管理规范）是药品经营企业围绕保证药品质量的宗旨，从药品管理和人员、设备、采购、入库、贮存、出库、销售等环节建立一套完整的质量保证体系。将 GSP（药品经营质量管理规范）嫁接到白酒行业，即要求酒类批发商、零售商除了遵守国家法律法规的要求之外，还要受 GSP 要求的约束，这些要求是根据生产企业的质量管理实际提出的，其目的是为了保证向最终的消费者提供最优质的产品。通过 GSP 的实施，使质量管理链条延伸到流通和消费领域，真正实现生产企业对产品经营全过程的质量控制，从而达到质量可追溯的目的。

　　"生态酿酒 5P 标准体系"是对白酒研发、生产、加工和流通（即"从农田到餐桌"）等产前、产中、产后各个环节中，影响食品安全和质量的关键要素及其控制所涉及的全部标准，是解决食品安全问题的一揽子工程，既治标，又治本，同时，对于规范和提升整个白酒行业，乃至食品行业都是科学、有效的，可提高行业准入门槛，实现对食品安全的有效监控，提升食品安全整体水平，必将引导、推动白酒及食品等优势产业走向规范化、标准化、国际化。目前经四川沱牌集团有限公司应用实践证明，按照 5P 标准体系酿造出的"超值享受型"高品质生态白酒，具有高档白酒所独有的幽雅、舒适、健康、安全的特性，无论从品质、口感都属于行业佼佼者。

第二节　生态酿酒技术环节

　　酿酒工业生态工程包括：尽量减少粮食等原辅材料消耗；传统技艺与现代科技相结合；优化生产工艺，减轻劳动强度；废物深加工，再生资源化，减少或消除环境污染。

一、产前环节

　　资源生产为酿酒工业生产提供原辅料及能源；将传统的酿酒生产向前延伸，建立原料基地，采用标准化种植技术，为生态酒酿造提供可靠原料保障；同时，使用生物质等清洁能源，确保良好的生态环境，形成良性循环（图 1-1）。

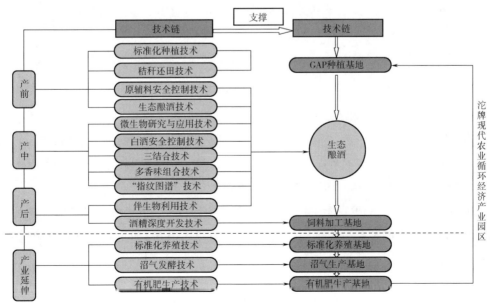

图 1-1　以生态酿酒为核心的循环经济型现代农业产业链

二、产中环节

加工生产以低消耗、低污染或无污染为目标，生产人类所需的生态酒产品；科学配置厂房和设备设施，避免危害白酒安全卫生的物质侵蚀；严格控制白酒内在卫生指标，制订优于国家标准的企业内控标准；采用人工智能优化、优质安全生态维护、近红外光谱等高新技术；"口感更好、卫生指标更低"的酒体设计原则；实施全面、全员、全过程管理控制，进一步提升产品质量安全水平。传统酿酒产业升级，实现新型工业化（图1-2）。

图1-2 集成创新实现新型工业化

三、产后环节

（一）还原生产——将加工生产中的各种副产物再资源化

对传统酿酒发酵副产物进行再加工，在产业内部形成资源的循环利用，酿酒企业以酒产品为中心，加工多品种的关联产品（图1-3），形成循环经济的产业链。

（二）生态经营——引导消费者科学、健康、文明消费

生态经营具有经营理念的创新性、经营产品的创造性、经营效益的持续性的特征，把生产者和消费者的利益有机统一，把经济效益、社会效益和生态效益有机统一。酿酒企业根据社会需求，开发出生态酒产品，通过多种途径宣传和展示生态酒产品特性、品牌特征、酒文化，倡导科学、文明和健康的饮酒方式。消费者接受生态酒产品，认可生态酒品牌，形成生态消费酒产品的习惯，自觉保护生态环境。如贵州茅台集团的

茅台酒，集绿色食品、有机食品、地理标志保护产品于一身的白酒品牌，从原料的绿色获取、产品的绿色加工到副产物的绿色回归、产品的绿色供应、消费者的生态消费，实现了酿酒产业与自然和谐的可持续发展。

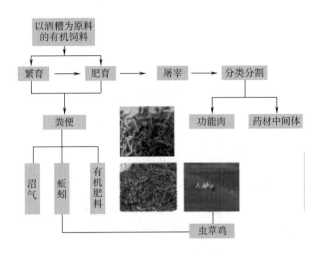

图1-3 酒糟循环产业发展流程

第三节 生态酿酒与生态经营模式

一、中国白酒起源的元代始创说

白酒又名烧酒或火酒，是我国特有的一大酒种，是世界上著名六大蒸馏烈酒［白兰地（Brandy）、威士忌（Whisky）、伏特加、金酒、朗姆酒（Rum）和中国白酒］之一。白酒（Spirits）是以曲类、酒母等为糖化发酵剂，利用粮谷或代用原料（淀粉或可发酵糖类物质）经蒸煮、糖化、发酵、蒸馏、贮存、勾兑、调味而成的蒸馏酒。关于中国白酒起源，有汉代、唐代、宋代起源之说，亦有"国外输入"说，但缺乏考古文物支撑。"江西李渡无形堂元代烧酒作坊遗址"的发现，为中国白酒起源的"元代始创说"提供了更具说服力的证据。

（1）古籍记载证据 有关蒸馏酒即烧酒酿造工艺的准确记载，最早出现于元代1331年的《饮膳正要》等文献中。明代医学家李时珍在《本草纲目》中写道："烧酒非古法也，自元时始创，其法用浓酒和糟入甑、蒸令汽上，用器承取滴露，凡酸坏之酒，皆可蒸烧。近时唯以糯米或粳米，或黍或秫，或大麦，蒸熟，和曲酿瓮中七日，以甑蒸取，其清如水，味极浓烈，盖酒露也。"

（2）文物遗址证据　2002年6月，李渡酒业在对老厂无形堂生产车间改造扩建施工的时候，一个完整齐全的酿酒遗址惊现在世人面前。经江西省文物考古研究所的考古发掘，元、明、清三代李渡酿酒遗址考古勘探面积1600平方米，发掘面积300平方米。遗址中发现了元、明、清三代酒窖群22个，还有水井、蒸馏设施、陶瓷器、酒醅、石臼、青铜用具、铁具、铭文砖、木具、竹签等文物（完整、修复的共350多件，其中元、明、清三代有278件）。在22个酒窖群中，元代圆形砖砌地缸酒窖13个，直径0.65～0.95m，深0.56～0.72m。元代酒醅被挖掘出来时按国家文物保护要求用玻璃器皿装好存放于酒醅展柜中，但在后来的文物展示中发现，酒醅展柜玻璃内壁凹凸不平、有雾浊现象，经分析验证，酒醅中微生物仍有活体成分，经国家文物部门2013年批准，李渡酒业将此酒醅中微生物复活并开发利用少数古窖池酿酒。在《李渡镇志》中有明确记载：2003年10月10日，被评为全国十大考古新发现之一的李渡元代烧酒作坊遗址颁奖仪式在南昌举行，而李渡酒是公认的中国蒸馏酒（即烧酒）的发源地。2006年6月，李渡无形堂烧酒酿造古遗址被评为全国重点文物保护单位。同年12月，又作为中国白酒酿造遗址和泸州老窖、水井坊等名酒共同列入《中国世界文化遗产预备名单》，正式踏上了申报世界文化遗产之路（图1-4、图1-5）。

已故白酒泰斗周恒刚先生多次到李渡酒业考察和指导工作，抚今追昔，感慨万千，不但给予了"李渡烧酒作坊遗址的发现和发掘是我们酒行业难得的国宝，是一部中国白酒酿造的无字史书"的最高评价，在品尝李渡酒之后，还诗兴大发，当场口占一绝：李渡高粱甜又香，八百多年窖龄长，继往开来夸酒业，重新崛起创辉煌。

图1-4　元代酒窖群的现场外形

图1-5　密封保存于玻璃瓶中
的元代窖池酒醅

二、生态酿酒模式

（一）中国酒的三种酿酒模式

在中国酒历史的演变过程中，中国酿酒经历了三种发展模式（表1-1）。

表1-1　　　　　　　　　　　　　中国酿酒模式的比较

酿酒模式	定义	特点	侧重点
传统酿酒	利用传统工艺技术，以家庭、作坊为单位的手工为主、机械为辅的生产经营、管理的小规模生产方式	劳动强度大，资源消耗高，环境污染大，不可控因素多，质量安全风险大，产量小	生产工艺和产品质量的符合性控制和管理，更关注结果——诉求"产品达标"
工业规划化酿酒（GAP＋GMP）	将规范化种植（GAP），良好作业规范（GMP）与传统酿酒的原辅料种植，酿酒操作工艺规范有机结合，规范化、科学化、精细化地组织生产，是一种机械操作为主，手工为辅，且特别注重酿造过程质量，提高产品卫生安全性的自主性生产方式	在吸收了传统酿酒精华的基础上，使感性认识上升到了理性认识，在规范化、科学化、精细化上下功夫，操作更加细节细化，克服了传统酿酒过于依赖个别技师经验以及简单规模化生产导致工艺粗放，产品风格变型的缺陷	强化、细化了厂区环境、厂房和设施、设备与加工器具、人员管理与培训、物料控制与管理、加工过程控制、质量管理、卫生管理、安全管理、成品贮存和运输、文件和记录以及投诉处理和产品召回等方面的基本要求，特别注重制造过程中产品质量与卫生安全的自主性管理——诉求良心品质
生态酿酒	保护与建设适宜酿酒微生物生长、繁殖的生态环境，以安全、优质、高产、低耗为目标，最终实现资源的最大化利用和循环使用	生态酿酒是利用生态学技术，使酿酒产业完成了从依赖自然环境到理性建设与保护环境的升华，利用产前、产中、产后所涉及的资源，进行闭路循环生产，形成低投入、低耗用、高产出、无污染的良性生产链，更深层次地使酿酒产业与生态环境持续、协调、健康发展，为酿酒业的发展拓展了新的产业链	在酿酒的基础上，以多重生态园为依托，立足于产业链的资源循环利用，从产前开始延伸，采取"公司＋农户"，生产绿色原料；产中通过建立系统内"生产者—消费者—还原者"工业生产链，生产生态型白酒，实现生产的低消耗、低（无）污染、工业发展与生态环境协调发展的良性循环；产后延伸到消费领域、企业文化及其品牌培育，倡导生态营销和生态消费，向消费者传播生态理念，达到人与自然和谐相融的目的——诉求"人文关怀"

（二）生态酿酒的成效实例

生态酿酒已成为酿酒行业的发展方向，在一些企业取得了良好的成效。以笔者主持的《生态酿酒综合技术的研发及产业化》成果为例，该成果获得 2014 年湖南省科学技术进步奖二等奖，其创新点有三：①人工窖泥建窖技术。老窖泥和己酸菌液培养人工窖泥，提高窖泥质量，在华泽集团的湖南湘窖酒业有限公司新基地的一期建立人工老窖；建立了湘窖酒业己酸菌液及老窖泥液检测标准，应用结果表明，窖泥中己酸菌 $2.5 \times 10^8 CFU/mL$ 以上；②丢糟强化大曲技术。纯种红曲霉强化的机压丢糟包包曲生产工艺，提高大曲生香功能，促进酒醅发酵酯化生香，有利于提高产酒的优质品率；酿酒效果显示，出酒率达到了 43.36%，比浓香酿酒平均出酒率 35% 高 8.36%；采用机压强化包包曲生产的原酒中己酸乙酯比机压纯小麦包包曲生产出的原酒高 40.0mg/100mL，乳酸乙酯低 44mg/100mL，己乳比例更为协调。③回糟降酸与再利用技术。回糟降酸技术及专用曲发酵，提高回糟出酒率。用 60～70℃ 热水按 250kg/甑打入蒸酒后的糟中，打完水后滤水 20min 即可出甑，有效控制入池酸度 2.0 以内，该技术申请了国家专利并获得发明专利授权。回糟专用曲以 25kg 机压丢糟强化包包曲与 0.5kg 糖化酶配比，既有利于提高出酒率，也能保证酒体质量。经专家鉴定，成果居国内同类研究领先水平。成果在湖南湘窖酒业有限公司推广应用，自 2010—2013 年间，累计新增利润 6144 万元，新增税收 13850 万元，合计新增利税 19994 万元，节支总额 23632 万元。浓香型大曲基酒生产量达 10000t/年，可节约粮食达 5300t/年，减少丢糟的直接排放量 576t/年，同时新增就业岗位 298 人。另外，能推动湖南省高粱种植业的发展，在邵阳周边市县形成了年产 20000t 的高粱生产基地，促进湖南省农业结构调整，每年增加农民收入 8000 万元以上；同时，进一步带动了玻璃制品、印刷包装等相关产业的发展。

三、生态经营模式

（一）中国酒的三种经营模式

在中国酒历史的演变过程中，中国酒经历了三种经营模式（表 1-2）。

表 1-2　　　　　　　　　　　中国酿酒经营模式的比较

经营模式	定义	特点	侧重点
生产经营	将资金投入企业对产品按照供、产、销的方式进行的经营活动，既通过生产要素的合理配置，取得利润最大化的经营管理方式	由作坊向产业化过渡	以产品为导向的经营
质量经营	指在市场经济条件下，企业在经营管理活动中以顾客为中心，以创造相关方（顾客、员工、投资方、供方和社会）价值为目标，追求卓越的经营绩效模式	将传统质量管理提升到一个新的阶段，属于广义质量范畴，由产业化向品牌化发展	以市场为导向的经营

续表

经营模式	定义	特点	侧重点
生态经营	按照生态经济学原理，将生态理念融入产前、产中、产后的各经营环节，建立起系统内"生产者、消费者、还原者"的产业生产链，实现经济发展与环境资源相互协调，企业与社会的可持续和谐发展	由品牌化向生态化演进	以生态文明为导向的经营

（二）生态经营的成效实例

江西李渡酒业有限公司负责人汤向阳总经理在整合资源的基础上，坚持生态营销理念，确立差异发展定位，把握五个体验环节，创新宾主互动模式，弘扬中国白酒文化，铸造酒旅融合特色。李渡酒业以李渡元代烧酒作坊遗址为酒旅融合的切入点，凭借千年酒文化底蕴和江西白酒首家国家 AAA 级旅游景区的优势，主动"开门迎客"，让每一位游客在公司"看、吃、喝、玩、乐"的五大体验（看"元代遗址、白酒酿造"，吃"酒醅鸡蛋、酒糟冰棒"，喝"国宝李渡、李渡高粱"，玩"亲自调酒、封坛体验"，乐"糟水泡脚、全酒欢宴"）中，感受中国酒文化的博大精深、李渡酒业的传承与创新、李渡高粱酒的高品质、健康饮酒与文明消费。自 2014 年初"开门迎客"以来，李渡酒业已经接待省内外游客近 10 万人次，实现销售额超过 6000 万元。因此，李渡酒业不仅成为江西首家"开门迎客"的白酒企业，而且现已发展成为全国酒旅融合的典范；不仅使白酒企业固定资产得到了盘活和高效利用、节省大量包装材料，而且使得白酒这一民族产业的非物质文化遗产得到了有效传播（图 1-6）。

图 1-6　江西李渡酒业有限公司修建的元代遗址牌坊

第四节　生态酿酒主要思想

"生态酿酒"是指保护与建设适宜酿酒微生物生长、繁殖的生态环境，以安全、优质、高产、低耗为目标，最终实现资源的最大化利用和循环使用。生态酿酒以提高经济效益为基础，兼顾社会效益与生态效益，三者和谐统一成为酿酒产业发展的最高准

则，最终实现人、产业、社会与自然环境的全面协调发展。生态酿酒进一步深化了人
与自然关系、产业发展与环境保护关系、工业生产系统与自然环境系统关系的本质认
识，蕴含着一系列传统与现代的产业发展思想。

一、生态酿酒与道家儒家思想的契合

道家是中国古代哲学的主要流派之一，由老子始创、庄子继承和发展。无论是
《道德经》中"道生一，一生二，二生三，三生万物。万物负阴而抱阳，冲气以为和"
的宇宙生成模式，还是《淮南子》的"道曰规始于一，一而不生，故分而为阴阳，阴
阳合和而万物生"的"道—气—物"模式，都遵循"万物同出于道"的本原论。因
此，道家思想精髓为"人法地，地法天，天法道，道法自然。"这里的"道"就是客
观规律，"自然"是指"客体"的"存在方式"和"状态"即"自己如此"。儒家
"天人合一"则揭示了天与人的关系、生态道德目标、生态道德准则的基本规律，即天
与人是一个完整的系统，人只有尊重自然规律，与自然界和谐相处，才能实现人类的
可持续发展。

生态酿酒的思想与道家思想在顺应自然、遵循自然规律上是一致的，两者对自然
怀有一种"敬畏感"。典型的中国酒一般是指以酒曲作为糖化发酵剂，以粮谷类为原料
酿制而成的黄酒和曲酒以及以其为酒基生产的露酒。中国白酒是自然发酵的产物，中
国白酒要创新发展，前提是要保护好适宜酿酒微生物生长、繁殖的生态环境，只有回
归酿酒的本原，才能坚守"工艺特殊、香型繁多、风格迥异"的三大特点。

（一）酒是自然的产物

关于中国酒的起源，根据现代观点，从自然成酒到人工酿酒经历了 4 个阶段（表
1-3），说明人类并不是发明了酒，而只是发现和利用了酒。酿酒的基本原理是自然界
的微生物作用于淀粉质的谷物原料或糖质原料，霉菌作为糖化主要菌种将淀粉液化、
糖化变成糖，其中可发酵性糖经过酵母发酵产生酒精，细菌作为产香的主要菌种将原
料中有机物代谢生成醇、醛、酸、酯等风味物质，发酵产物经人工蒸馏提香便可得到
蒸馏酒。

表 1-3	酒起源的 4 个阶段	
阶段	与酒有关的事件	推测期间
1	自然界天然成酒	人类产生以前
2	人类饮酒（发现果酒，祭祀天神和祖先）	距今 50 万年左右
3	人类酿酒（发现、认识酒，初步学会酿酒）	距今 4~5 万年
4	人类大规模酿酒	距今 5~7 千年（考古、文字）

（二）酿酒生产传承古法

（1）"曲是酒之骨"　酒曲作为酿酒糖化发酵剂是中国酒技艺的源泉，制曲的本质为扩大培养酿酒微生物的过程，酒曲微生物来源于人、机械（曲模、粉碎机、压曲机等）、材料（谷物、水、草等）、环境等因素，一直沿用"生料制曲""自然接种"方式，通过控制曲坯的形状、温度和湿度等工艺条件，培养了各具特色的大曲（可分为高温曲、偏高温曲和中温曲）与小曲，为酿造出风格迥异的白酒产品奠定基础。

（2）"水是酒的血液"　酿造用水直接进入了白酒产品中，占成品酒的40%～65%。中国名酒企业一般出现在长江、黄河、淮河、渭河、赤水河等流域，充沛的水源、优良的水质，以及由庞大水系造就的适合微生物生长的环境，对酿酒来说都是必不可少的基本条件。

（3）白酒是"天地共酿，人间共生"　酿酒过程强调"天时、地利、人和"，五谷杂粮产酒采用野生多微的发酵方式，因地制宜，人为控制入窖条件，入窖酒糟在边糖化与边发酵的过程中积累酒精和风味物质，成熟酒醅经固态甑桶蒸馏，运用"探汽上甑、缓火蒸馏、截头去尾、量质摘酒"等工艺操作获得了不同香型风格的新酒。

（4）"酒是陈的香"　在白酒贮存老熟中，将新酒置于地下室、防空洞和天然溶洞等环境中贮存一段时间，经过物理和化学的变化，将新酒的刺激性和辛辣味降低，促进酒体的增香、酒味的柔和。

（5）特色是酿酒工艺的坚守　中国白酒为世界六大著名蒸馏酒之一，不同香型白酒有自己独特的生产工艺特点（表1-4），其中关键工艺代代相传，坚守便形成了各具特色风格的白酒。如酱香茅台酒的生产，严格遵循"端午踩曲，重阳下沙，七次蒸馏，八次发酵，九次蒸煮"的季节性生产规律，达成人与自然天人合一的结晶；茅台酒对粮耗与产酒的比例，始终不渝地坚守"5kg粮食生产1kg酒"的铁律。

表1-4　　不同香型大曲酒生产特点

白酒香型	发酵容器	发酵次数/次	发酵时间/d	贮藏周期/年	出酒率/%
浓香型	黄泥老窖	1	45～60	1	41～47
酱香型	石料地窖	7	300	3	27（酱香原酒6～7）
清香型	地缸发酵	2	56	2	45

（三）白酒品质的自然选择

白酒作为独特的地域生态产品，极大地依托生态环境（表1-5）。地域决定白酒的兴盛优劣，故有川黔"江酒"和苏皖（豫）"河酒"之分，"江酒"以"浓郁、丰满、悠长"见长，"河酒"则以"秀雅、绵柔、净爽"著称。其中"中国白酒金三角"被联合国教科文及粮农组织誉为"在地球同纬度上最适合酿造优质纯正蒸馏白酒的地区"，是中国名优白酒生产的不可或缺的地域资源优势。因此，四川称为浓香型白酒的故乡，贵州称为酱香型白酒的故乡，浓香型白酒占中国白酒市场份额的70%。

表 1–5		白酒产品与自然环境的关系		
酒名	产地	气候带	水源	土壤
五粮液	四川宜宾	亚热带湿润性季风	岷江江心、安乐泉	紫色土
茅台	贵州仁怀	亚热带湿润性季风	赤水	赤土
三花酒	广西桂林	亚热带湿润性季风	漓江水	七色朱红
汾酒	山西汾阳	暖热带半湿润性季风	当地古井和深井	黄土

二、生态酿酒与系统论整体观的契合

系统论是由 L. V. 贝塔朗菲（L. Von. Bertalanffy）在 20 世纪 30 年代创立的学说，系统的整体观念是系统论的核心思想，对某一事物来说，要求从整体去了解该事物的各组成要素，弄清楚各要素之间的相互关系、各组成要素与事物整体的关系，同时又要把该事物整体作为一个要素融入更大的整体和周围环境之中一起来考虑，通过协调各要素的关系、调整系统的结构，实现系统的最优化。在产业革命中，人、技术与自然组成了一个密不可分的系统，于是系统论逐渐应用于不同的产业领域。

生态酿酒的思想与系统论思想在整体性上是一致的，强调系统的整体观念和最优化。生态酿酒是个系统工程，它从安全、优质、高产、低耗的整体目标出发，倍加珍惜生态、资源、环境等人类赖以生存的要素条件，以生态酒生产与供应为中心，依托多重生态圈，精心打造原料种植、循环加工和产品供应三个生态子系统的酿酒产业系统，构建"从农田到餐桌"的现代立体循环酿酒产业大系统，自觉地将酿酒产业大系统融入到人类生存需要的自然生态系统之中，从而实现经济、社会和自然之间的和谐相融。

（1）生态酿酒拓展了传统酿酒产业链　传统白酒企业按单一的白酒产品组织生产，生产过程为"酿酒原料—加工—酒—废物"。然而，生态酿酒的白酒企业拓展了传统白酒的产业链，形成了上游产业链和下游产业链相互联系的两条产业链，其中上游产业链为"农业—粮食—酿酒业—饲料业或肥料业—畜牧（饲养）业—农业"的良性生物循环链，下游产业链则与第一条产业链匹配，酿酒业与机械装备、包装、建筑等行业的融合，推动和提升加工设备、包装印刷、生态建筑、物流运输等一系列相关产业的快速发展。

（2）生态酿酒构建要素的有序缔结　生态酿酒涉及原辅材料、机械设备、工艺技术、包装运输、消费市场、人员操作、质量管理、生态环境等要素，它们相互作用，共同影响白酒产品的安全与质量、生产的效率与成本、加工的效益与环境。生态酿酒全面考虑各生产要素与生产环节的关联，从酿酒材质的生态化、酿造过程的生态化、包装储运过程的生态化、销售消费过程的生态化着手，打造中国白酒产业的生态化。

（3）生态酿酒实现子系统良性循环　白酒生产由原来唯一的产中加工子系统，向前延伸了产前子系统和向后延伸了产后子系统。生态种植酿酒原料的产前子系统，建立酿酒原料生产基地，采取"公司＋基地＋农户"方式和 GAP 标准体系，种植高粱、小麦、玉米、糯稻等酿酒原料，为生态酿酒生产提供安全优质的专用原料；清洁加工多产品的产中子系统，在企业内建立由"生产者—消费者—还原者"组成的工业生态链和推行 GLP、GCP 和 GMP 标准体系与 6S（整理 Seiri、整顿 Seiton、清扫 Seiso、清洁 Seiketsu、素养 Shitsuke、安全 Safety）管理等，采用新技术把好生态酒产品生产的过程关，除生产出安全、优质的生态白酒主产品外，对发酵副产物如酒糟、黄水、酒头与酒尾、底锅水、窖皮泥等进行资源化再利用和深加工，做到物尽其用、零排放、无污染；生态营销生态酒的产后子系统，生态经营和推行 GSP 标准体系，向消费者传播生态消费理念，引导消费者科学、健康、文明消费白酒，鼓励生态包装物的定点回收与再利用等。协调好三个子系统，打造生态酿酒系统的良性循环，自觉将生态酿酒产业系统融入大自然的生态系统大循环中，最终实现经济效益、社会效益和生态效益之间的平衡。

三、生态酿酒与可持续发展思想的契合

胡锦涛同志生态伦理思想的集中体现，在于首次提出了建设生态文明和建设资源节约型、环境友好型社会。科学发展观的具体内容包括以人为本的发展观、全面发展观、协调发展观和可持续发展观，其中，发展是第一要务，以人为本是核心，全面协调可持续发展是基本要求，统筹兼顾是根本方法。

与科学发展观在可持续发展上相同，生态酿酒思想强调经济发展、社会进步和环境友好三者协调。生态酿酒从产业生态学角度指出了酿酒业未来的发展模式，推动传统的"资源—产品—废弃物"的线性增长模式转变为物质闭环流动的可持续发展系统，实现传统白酒粗放型发展向"资源节约＋环境友好"型发展的根本转型，形成绿色低碳循环发展新方式。

（一）产业发展

在环境保护和技艺传承的前提下，应用现代生物工程技术改造传统白酒产业，加速行业的技术创新，通过扩大生产规模、结构调整、产业升级等途径促进降低粮耗和能耗、增加出酒率和优质品率、提高酿酒副产物的附加值，依靠发展解决酿酒产业内部矛盾，把握好自然生态、人文生态和社会生态的平衡。

（二）以人为本

从消费者角度看，提供生态酒产品。白酒作为承载中国传统文化的特殊饮料，要以安全优质为前提组织生产，优化生产工艺，加强生态加工全过程的品质控制，开发新产品，调整产品结构，为消费者提供安全、优质、低度、营养、保健与人文关怀的

生态酒产品，不断满足市场对白酒消费在物质方面和精神方面的新需求。从生产者角度看，制造取代手工操作。传统白酒生产是手工劳动过程，白酒是智慧和汗水的结晶。酿酒人要发扬工匠精神，在传承传统工艺精华的前提下，不断创新，依靠科学技术进步，全面提高酿酒产业的技术装备和管理水平，用机械化、自动化逐渐取代传统的手工操作，提高生产效率的同时，改善劳动者的生产环境和降低生产者劳动强度。

（三）全面协调可持续发展

优化生态酿酒产业的顶层设计，建设好原料基地、酿酒生态工业园和销售网络渠道，建设好人工老窖和保护窖泥微生态，保护和合理利用水资源，为产业可持续发展奠定良好的基础；酿酒工业经济增长方式从粗放型向集约型转变，以生态酒生产带动相关产品生产，实现新型工业化，打造多样化的产品群；以节约资源、保护环境为目标，大力发展循环经济，用无用变成有用、有害变成无害的思路处理传统意义上的"三废"，实现资源的最大化利用，努力实现零排放，减少环境污染。

（四）注意统筹兼顾

兼顾国家产业政策、酿酒企业、消费者三者目标追求的一致性，达成经济效益、社会效益和生态效益的平衡；兼顾白酒产业的循环经济链的良性循环，白酒产业要实现以酒为主、多元发展的生态酿酒格局；兼顾企业发展规模、产品结构与市场需求的平衡，合理控制人力、物力、财力的投入，在激烈的市场竞争中确保企业做大、做强、做长。

四、生态酿酒与美丽中国思想的契合

建设生态文明的核心就是增加优质生态产品供给，让良好生态环境成为普惠的民生福祉，成为提升人民群众获得感、幸福感的增长点。促进生态文明是中国社会发展迈上新台阶，打造经济升级版的重要战略抉择。"美丽中国"是中国共产党第十八次全国代表大会提出的概念，十八届五中全会上，"美丽中国"被纳入"十三·五"规划。"美丽中国"的深层次内涵是指"人与自然之间的和谐"，核心就是要按照生态文明要求，通过生态、经济、政治、文化及社会五位一体的建设，实现人民对"美好生活"的追求，实现民族伟大复兴的"中国梦"（图1-7）。

生态酿酒的思想完全契合了生态文明建设的"美丽中国"思想，强调在保护环境中实现经济的发展和民生的改善。在经济发展新常态下，生态酿酒以工业生态学理论为指导，结合酿酒行业的特点，大力推动企业循环式生产、产业循环式组合、园区循环式改造，创建了酿酒工业生态体系，形成绿色低碳循环发展新方式（图1-8），体现了酿酒由农耕文明到生态文明的历史性跨越，酿酒产业在推进"美丽中国"的实践中贡献智慧和添砖加瓦。

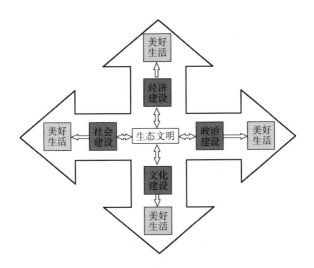

图1-7 "美丽中国"概念模型图

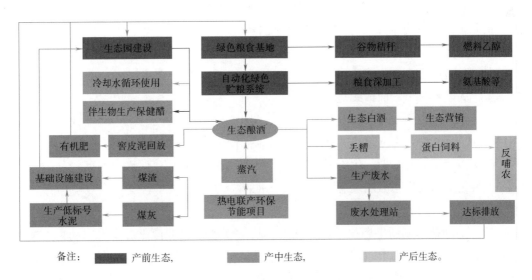

图1-8 生态酿酒工艺流程闭路循环

（一）增加生态酒产品供给

行业依靠生态酿酒技术，提高安全、优质生态酒产品的比例，增加生态酒产品供给量，不断满足消费者对白酒产品的消费需求，让消费者买得放心、喝着开心、喝后安心。

（二）建设优美的生态环境

工业园的建设应合理布局、加强绿化，建设优美的生态酿酒工业园，升级成为对外开放的4A级或5A级景区，为白酒消费者提供"旅游＋体验"的舒适环境，让良好的生态环境成为提升消费者获得感、幸福感的增长点。

（三）创新酿酒企业发展新模式

依靠科学技术进步，促进多元发展，建立酿酒企业新的经济循环发展模式。在生态酿酒发展模式中，"沱牌舍得"循环发展模式和"循环经济五粮液模式"为酿酒行业的典范。四川沱牌舍得酒业股份有限公司早在 20 世纪 80 年代就提出了以"绿色、低碳、生态"为主题，以"质量经营与生态经营相结合"为方针，保护与改善生态环境，开创"生态酿酒"之先河，成功创建了全国首家生态酿酒工业园；以"新型工业化"改造和提升传统产业，全面推行"清洁无污染生产"，提供生态酒产品与实施"沱牌舍得"循环发展模式，被评为"国家环保先进企业"和"四川省循环经济试点单位"。五粮液集团有限公司作为中国第一大白酒生产企业，从最早提出"三废是放错位置的资源"，到企业实施清洁生产，走循环经济的发展道路，再到实行以节约资源和生态建设为主的环保发展战略，创建了低投入、低消耗、高产出、高效益、生态化的"循环经济五粮液模式"。推行"粮食购进酿酒—废弃酒糟—烘干—环保锅炉—糟灰—生产白炭黑"的循环型生产方式，实施废弃物资源化再利用、清洁能源、节能减排的配套产业发展，被国家六部委确定为全国 42 家循环经济试点企业——白酒行业唯一企业，在倡导白酒生态、推动绿色经济、构建行业规范上，走在了先列。

中国白酒产业生态化代表了行业未来发展的方向，但要实现这一目标可谓任重道远，需要从以下三个方面继续努力。

（1）生态酿酒理念普及化是先决条件 四川沱牌舍得集团有限公司树立了中国生态酿酒标杆，得到了部分规模以上的白酒企业积极响应，但全国白酒企业众多，在白酒行业发展处于低谷时期，生态酿酒理念要被全体酿酒企业和酿酒人普度接受的难度增大。因此，加大生态酿酒理念宣传力度、提高企业生产许可门槛、市场竞争中优胜劣汰是行业发展的必然选择。

（2）酿酒技术创新生态化是核心支撑 技术创新是促进行业进步的原动力，酿酒技术创新生态化是实现中国白酒行业可持续发展的核心支撑。生态化酿酒的技术创新是在保护自然生态平衡和酿酒技艺传承的前提下实现经济增长的目的，把追求经济效益最佳与追求生态效益最好和社会效益最优有机结合。

（3）生态酿酒行动化是关键环节 生态酿酒理念不仅是白酒行业的标志性口号，而且要自觉付诸行动予以实施，对酿酒人来说，要将生态酿酒系统自觉地融入"社会—经济—自然"系统中，认真落实在原料种植、循环加工和产品供应的各个环节上，促进产业永续发展，最终实现经济效益、社会效益和生态效益三者的和谐统一。

第五节　酿酒生态工业园

一、生态工业园

（一）生态工业园关注重点

生态工业园关注重点六个方面（图1-9），它们相互关联。

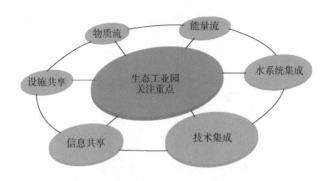

图1-9　生态工业园关注重点

（二）最典型的生态工业园

20世纪70年代以来，丹麦卡伦堡工业园区是目前世界上工业生态系统运行最为典型的代表（图1-10）。卡伦堡模式即建设生态工业园（Eco-Industrial Parks，EIPs）可称之为企业之间的循环经济运行模式，其要义是把不同的工厂联结起来，形成共享资源和互换副产品的产业共生组合，使得一家工厂的废气、废热、废水、废渣等成为另一家工厂的原料和能源。这个工业园区的主体企业是电厂、炼油厂、制药厂和石膏板生产厂，以这四个企业为核心，通过贸易方式利用对方生产过程中产生的废弃物或副产品，作为自己生产中的原料，不仅减少了废物产生量和处理费用，还产生了很好的经济效益，使经济发展和环境保护处于良性循环之中。其中的燃煤电厂位于这个工业生态系统的中心，对热能进行了多级使用，对副产品和废物进行了综合利用。电厂向炼油厂和制药厂供应发电过程中产生的蒸汽，使炼油厂和制药厂获得了生产所需的热能；通过地下管道向卡伦堡全镇居民供热，由此关闭了镇上3500座燃烧油渣的炉子，减少了大量的烟尘排放；将除尘脱硫的副产品工业石膏，全部供应给附近的一家石膏板生产厂作原料；同时，还将粉煤灰出售，以供修路和生产水泥之用。炼油厂和制药厂也进行了综合利用，炼油厂产生的火焰气通过管道供石膏厂用于石膏板生产的干燥，减少了火焰气的排空。一座车间进行酸气脱硫生产的稀硫酸供给附近的一家硫酸厂；

炼油厂的脱硫气则供给电厂燃烧。卡伦堡生态工业园还进行了水资源的循环使用。炼油厂的废水经过生物净化处理，通过管道每年输送给电厂 70 万 m^3 的冷却水。整个工业园区由于进行了水的循环使用，每年减少 25% 的需水量。

虽然丹麦卡伦堡工业园区主要是以燃煤及化工为主的生态工业园，但它形成了蒸汽、热水、石膏、硫酸、生物污泥的相互依存和共同利用的格局。这一模式成为了全球各种类型生态工业园区建设的表率，美国于 20 世纪 90 年代相继建成了开普查尔斯可持续科技工业园和红丘陵生态园等全球著名生态工业园。

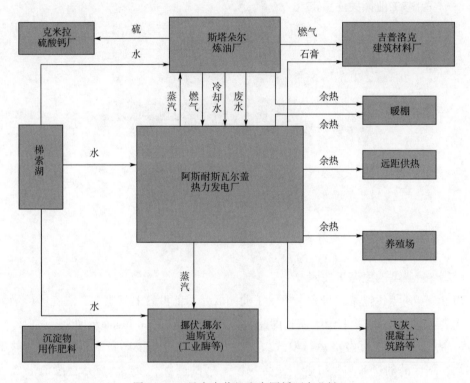

图 1-10　丹麦卡伦堡生态园循环产业链

二、我国酿酒生态工业园

我国改革开放的政策拓宽了与世界交流渠道，国内生态工业园的建设基本上跟上了国外生态工业园建设的步伐。据报道，国内陆续出现与在建的生态酿酒工业园 20 多个，其中四川沱牌集团舍得酒业为行业首座生态酿酒工业园，五粮液产业园区、泸州老窖罗汉基地生态园区、湖南湘窖酒业生态工业园等一批生态酿酒工业园相继建成。

（一）舍得酒业生态酿酒工业园

四川沱牌集团舍得酒业在 20 世纪 90 年代，提出了以"绿色、低碳、生态"为主题，以"质量经营与生态经营相结合"为方针，开创"生态酿酒"之先河。沱牌集团借鉴全球首个生态共生系统"丹麦卡伦堡工业园",斥巨资、倾 20 年之力,于 2001 年率先建成了中国首座生态酿酒工业园——舍得酒业生态酿酒工业园(图 1-11),赋予它三大内涵:一是用高新技术改造和提升传统酿酒产业;二是构建"低投入、低消耗、高产出、高效益、生态化"的循环经济发展模式,促进地方经济的可持续发展;三是以信息化带动工业化、以工业化促进信息化,发展高新技术,从而实现生产力的跨越式发展。通过培养生态酒品牌及产业生态化经营的实践与探索,将酿酒工业全程生态、酿酒产业目标模式与经营方式提高到一个全新的产业生态文明价值台阶。沱牌集团创建酿酒工业生态园的新理念,理论深度高,生态文明创新实践突出,为酿酒工业生态园建设和酿酒产业生态化经营提供理论指导。正如中国科学院院士、生态学家庞雄飞在《走向生态化经营——沱牌集团的创新及其思考》著作的序言中指出,沱牌集团酿酒工业生态园创新实践的意义在于:第一,沱牌集团的实践突破了传统酒文化的藩篱,开创了生态酒文化之先河,构建了全新的生态理念与绿色情怀及人文关怀;第二,沱牌集团的实践突破了传统酿酒产业的发展模式,开创了酿酒产业生态化经营的崭新思路,构建了具有广泛示范价值的生态生产与生态消费的组织形式;第三,沱牌集团通过建立满足生态酒酿造要求的原料型生态农业,一方面为农业结构的调整提供了示范;

另一方面为农副产品深加工提供了思路,为我国新形势下的农业发展提供了启示;第四,沱牌集团的实践突破了资源耗用与环境污染的工业发展思路,开创了工业发展走向生态化的新路径,构建了实施可持续发展战略的微观基础;第五,沱牌集团的实践突破了传统文明观的局限,开创了社会文明形态演化的新进程,构建了物质文明、精神文明与生态文明有机结合的文明体系。

图 1-11 舍得酒业生态酿酒工业园

(二)湖南湘窖酒业生态工业园

湖南湘窖酒业有限公司前身是邵阳市酒厂,始建于 1957 年,2003 年 8 月由华泽集团整合并购后更名为湖南湘窖酒业有限公司。2004 年 10 月至 2007 年 9 月,华泽酒业集团在邵阳江北工业园第一期征地 530 亩,投入 10 亿元,历时三年打造了一座集园林、生态、环保和工业旅游、汇集国内多项酿酒高新技术为一体的绿色酒城(图 1-12)。为做大做强湘窖酒业,再造绿色酒城,打造酒业航母,公司于 2009 年 11 月第二期征地 1100 余亩,总投资 19 亿元的生态酿酒园奠基动工,2011 年 12 月 26 日新的固态酿酒车间正式投产。该园年酿造能力 5 万 t,高档基酒年入库贮存量 5000t,麻坛酒库贮存能力 5 万 t,为消费者提供"湘窖""开口笑""邵阳"三大系列的生态酒产品;产业链向前、向后延伸，进一步带动了当地农业、印刷、玻璃制品、印刷包装等相关产业的发展。经过现任总经理汪小鱼带领的湘窖酒业团队的努力打拼，一座占地1700亩（1亩＝666.6m²）的绿色生态酒城在有2500多年历史的古城宝庆正式建成，该园集园林、生态、环保、文化、工业、旅游于一体，目前已成为湘酒旗舰、国家4A级景区。

图1-12　湖南湘窖酒业有限公司全景

（三）江西李渡酒业生态工业园

江西李渡酒业位于驰名江南的历史闻名古镇——李渡镇，地处抚河中下游，水冽泉甘，用来酿酒醇厚馥郁；赣抚粮仓，大米细腻圆润，晶莹剔透，是酿酒的上等佳品。因此，李渡酒文化源远流长，底蕴深厚，自古以来就有"酒乡"之美称，李渡元代烧酒作坊遗址被誉为"华夏祖窖"，千年李渡也因此被誉为"中国白酒之源"。2008年10月，华泽集团并购李渡酒业后重新组建江西李渡酒业有限公司，依托进贤山水特色和企业的文化底蕴，在原来的基础上做大规模，建成了千亩生态酿酒园（图1-13），年产成品酒可达10万t，年产值近15亿元。李渡酒业在传承千年古法酿酒工艺的基础上，注重创新，坚持生态酿酒和生态经营的宗旨，充分发挥古法生态酒和深厚的酒文化底蕴优势，打造江西首家中国特色烧酒小镇，将工业园建设成为一座装备先进、功能齐全、环境清新、设计优美的现代生态酒城。同时，企业以生态酒城为依托，积极发展旅游体验式营销方式，大力助推了李

图1-13　江西李渡酒业生态工业园

渡原浆封坛酒、定制酒和自调酒等产品的销售与传播，从而实现从白酒产业到白酒体验旅游行业的华丽转身。

第六节　生态酿酒和生态经营思想传播

在酿酒与饮酒过程中注入生态含义，将酿酒转变为生态生产，将饮酒转变为生态消费，具有悠久文化历史的中国酒文化将成为物质文明、精神文明和生态文明的有机统一。酿酒生态化经营真正体现了可持续性发展战略，生态化是白酒产业发展的方向，是通向白酒产业新型工业化和实现生态文明的重要途径。白酒行业人士一定要以推动白酒的生态化为己任，主动宣传、普及生态酿酒与生态经营的知识，促进酿酒这一民族工业得到健康、可持续发展。

一、会议传播

1999 年 11 月，在国际企业创新论坛会上，沱牌集团做了《中国第一个生态酿酒工业园区诞生》主题报告。

2001 年 3 月，在沱牌集团召开了中国生态酿酒工业园建设研讨会。

2001 年 12 月，中国食品工业协会在宜宾举行国家评委颁证会，沱牌集团在会上专题介绍了公司走向生态化经营的情况。

2002 年 10 月，在中国白酒香型暨沱牌技术研讨高峰会上，沱牌集团对生态酒做了全面的质量安全评价，肯定了生态酿酒对酒质的提升。

2016 年 12 月，在日本鹿儿岛大学举办的第 9 届日中酿造技术及食品研讨会和第 13 届鹿儿岛大学蒸馏酒学研讨会联合大会上，笔者撰写的《生态酿酒体现的主要思想探讨》（简易版）论文在会上展出（图 1 - 14），获得与会专家的一致好评。

图 1 - 14　鹿儿岛大学烧酒教学研究中心原主任鲛岛吉广教授在会展论文前与笔者交流合影

二、著作传播

2001 年 2 月，沱牌出版了《走向生态化经营》专著。

2005 年 5 月，沱牌生态经营模式被中国 21 世纪议程管理中心录入《中国可持续商业发展案例》一书。

2009 年 1 月，被写入了《生态食品工程学》《中国酒概述》大学教材。

2009 年 10 月，与著名生态学家达成《生态酿造学》合作撰写的协议。

2010 年 1 月，被写入国家"十一五"规范化教材《食品发酵设备与工艺》一书。

三、标准传播

2008 年 5 月，由沱牌主持制定的生态酿酒产品标准上升为国家标准《地理标志产品 舍得白酒》和《地理标志产品 沱牌白酒》（GB/T 21820—2008 和 GB/T 21822—2008）。

2008 年 10 月，由沱牌提出的"生态酿酒"这一术语被写入国家标准《白酒工业术语》（GB/T 15109—2008）中。

第二章　生态化酒曲生产技术

白酒的酿造过程实际上是微生物在酿酒原料中的自然生长过程和有机质的生物转化过程，酒曲作为糖化发酵的催化剂，在酿酒生产中起着生物转化的动力作用，其质量也直接影响到酒质。传统制曲工艺主要采用人工踩曲成型、人工翻曲控温调湿等方式，过度依赖经验和自然气候，曲块质量不稳定。随着微生物技术和机械化、自动化和智能化技术的发展，传统的酒曲生产迎来了新的发展机遇，生态制曲已引起行业内的共鸣。其中沱牌舍得酒业建成了全国最大的制曲生态园，采用全自动生态制曲替代人工踩曲，从原辅料处理到曲坯成型实现了全线的自动化、封闭式，使配料更精确、拌料更均匀，生产更安全，曲坯成型规范、统一，曲块质量更稳定，被我国知名酿酒专家周恒刚老先生称赞其代表了同行业最高水准。

第一节　白酒酒曲与微生物

酒曲是中国白酒酿造必不可少的糖化、发酵和生香剂，千百年来，酿酒先辈们从实践中总结出了"曲乃酒之骨""好酒必有好曲"的精辟论断，可见酒曲质量的好坏直接影响着白酒品质的高低。

一、酒曲的类型

白酒酒曲可分为大曲、小曲和麸曲三大种类。

（1）大曲　又称砖曲，制作大曲的原料主要是小麦、大麦、高粱和豌豆。可分为三类：一是按培曲的品温分为中温曲、偏高温曲和高温曲；二是按所作用原料生产的产品来分有酱香型大曲、浓香型大曲、清香型大曲、兼香型大曲等；按工艺区分为传统大曲、强化大曲和纯种大曲。

（2）小曲　制作小曲的主要原料是稻米，有的添加了少量中草药或辣蓼粉为辅料，有的加少量白土为填料。可分为四类：按制曲原料分可为粮曲和糠曲；按添加中草药与否分为药小曲和无药小曲；按形状可分为酒曲丸、酒曲饼和散曲；按用途可分为甜酒曲和白酒曲。

（3）麸曲　制作麸曲的原料为麸皮，接入纯种经人工培养的散曲。

二、酒曲的作用

酒曲在酿酒中主要作为糖化发酵剂，比如，大曲在酿酒中的功能是提供菌源酶源、糖化发酵、投粮作用、生香作用等。

三、酒曲微生物来源

制曲的本质是扩大培养酿酒微生物的过程。传统制曲是一个敞口作业的过程，采用开放式的生产操作，网罗自然环境中的微生物，通过控制温度、湿度、空气和养分等因素，让有益于白酒生产的产酒生香微生物在曲坯上生长繁殖的生物转化过程。

（1）传统大曲、小曲中微生物的来源，可归纳为空气、水、原料、曲母、器具和曲房环境等方面。一般来说，空气以细菌为主，原料中以霉菌为主，场地以酵母为主。

（2）强化大曲的制作则除了从网罗自然环境中的微生物外，还需要接种少量的经纯种培养的微生物菌种，通过共生、竞争，让接入的纯菌种占优势（强化大曲中加入的微生物见表2-1）。

（3）麸曲是一个纯种培养的过程，微生物完全来源于人工接入的种子。

表2-1　　　　　　　　　　　　　**浓香型白酒大曲微生物的研究**

研究机构	时间/年	方法	结果
河南宋河酒厂	1991	各种菌的比例为霉菌∶酵母∶细菌约为1∶1∶0.2，在制作大曲时加入，适当提高曲温，增加翻曲次数	强化大曲曲香浓郁，糖化力较普通大曲高，微生物数量大大提高，游离氨基酸比普通大曲高54%，降低用曲量5%～8%可提高出酒率2%～5%，提高优质品率5%左右
宋河酒厂研究所	1992	单独培养红曲霉、黄曲霉、根霉、酵母，制成帘子曲，然后添加到浓香型大曲中，制得强化大曲	用曲量减少，优质酒率和出酒率均有显著提高
襄樊市酿酒厂	1992	鲜干酒糟5%和耐高温活性干酵母2‰～3‰	酒质稳定，总酯、总酸有增加
江苏省泗洪县双洋酒厂科研所	1992	用纯种分别培养红曲霉、酵母，接入传统的大曲中	糖化率、发酵力、液化力、酯化力提高，提高曲酒质量和产量，可以调整己酸乙酯和乳酸乙酯的比例

续表

研究机构	时间/年	方法	结果
贵州习酒股份有限公司	1995	同时应用糖化酶、强化大曲、耐高温酒用活性酵母（TH－AADY）、酯化霉（强化大曲添加 TH－AADY、红曲功能菌）	用曲量降为14%，发酵周期缩短15d，出酒率提高5%以上，名优酒率上升15%以上
河套酒业集团股份有限公司	2000	将优良大曲和自培养的红曲霉混合，取其水溶液作为喷洒液培养强化大曲	强化大曲曲皮菌丝生长较密，色泽均匀纯白，曲香浓厚，发酵力、酯化力均提高
山东泰山生力源集团股份有限公司	2004	糖化菌与发酵菌1∶1，糖化菌中，黄曲霉70%，根霉20%，红曲霉20%；发酵菌中，产酯酵母50%，产酒酵母50%	出酒率提高，总酯总酸均提高
四川农科院水稻高粱研究所生物中心、四川郎酒集团	2005	酯化功能菌（红曲霉），糖化功能菌（根霉），发酵功能菌（酵母）混合接种制曲	糖化力、液化力、发酵力、酯化力提高
河北三井酒业股份有限公司	2012	往大曲上均匀喷洒拌和了红曲霉菌液的大曲水	强化大曲普遍菌丝密，断面整齐，色泽好，曲香正且浓，强化大曲发酵力略低于普通大曲，酸度、糖化力、液化力、酯化力略高于普通大曲，蛋白分解力几乎为普通大曲27倍，效果显著
武汉佳成生物制品有限公司	2004	在大曲中加0.5%的酯化红曲	大曲香味增强，酯化力提高16.8%

四、酒曲微生物种类

（一）大曲

传统大曲中微生物主要有四类：霉菌、酵母菌、细菌和放线菌。

（1）霉菌　主要功能是糖化动力，包括有曲霉属、根霉属、毛霉属、青霉属、红曲霉属、犁头霉属等菌类。

（2）酵母　主要功能是发酵动力，包括有酒精酵母、产酯酵母、假丝酵母等菌类。

（3）细菌　主要功能是生香动力，包括乳酸菌属、醋杆菌属、枯草芽孢杆菌等菌类。

（4）放线菌　产生的次级代谢产物种类与生物活性物质具有其独特的性质。目前检测到浓香型、芝麻香型、酱香型大曲中有高温放线菌属的放线菌，具有多种酯酶、碱性磷酸酶、脂肪酸酶，在高温大曲中有重要作用，需要结合酶学进行进一步的研究证实。

强化大曲中微生物种类有霉菌、酵母菌、细菌，见表 2-1。

（二）小曲

小曲中微生物主要有霉菌和酵母菌。霉菌一般包括根霉、毛霉、黄曲霉、黑曲霉等；酵母菌有酵母属、汉逊酵母属、假丝酵母属、拟内孢霉属、丝孢酵母等。

（三）麸曲

用于白酒的麸曲中菌种有几十株，可分为曲霉、根霉、纤维素分解霉、其他霉菌四大类。

五、大曲中微生物类群数量

（一）不同地域偏高温大曲微生物比较

以泸州大曲和邵阳大曲培养过程（前 40d）中主要微生物类群的变化作为比较对象，采用 SAS6.12 进行方差分析，探讨两者曲皮和曲心微生物变化的异同。方差分析结果表明：①两者曲皮和曲心的主要微生物总数、酵母菌数均分别无显著性差异（$p > 0.05$），两者曲皮的细菌和霉菌数分别只在第 2d 存在显著性差异（$p < 0.05$），曲心的细菌数无显著性差异（$p > 0.05$）而霉菌数只在第 2d、5d 存在显著性差异（$p < 0.05$）；②两者在同一时间内主要微生物变化为曲皮的细菌、霉菌和酵母菌只在第 2d 和 5d 有所不同而在第 10~40d 类似，但曲心细菌、霉菌和酵母菌只在第 5~15d 类似而其他时间均有所不同（表 2-2 和表 2-3）。

表 2-2　　　　　　　　两种大曲曲皮的主要菌群变化方差分析结果

培养时间/d	泸州大曲菌数			邵阳大曲菌数		
	细菌	霉菌	酵母菌	细菌	霉菌	酵母菌
2	7.00[a]	5.70[b]	6.88[a]	7.78[a]	7.23[b]	7.11[b]
5	5.90	6.48	5.90	5.88[b]	6.65[a]	5.70[b]
10	5.48[a]	6.30[a]	5.04[b]	5.85[a]	6.56[a]	5.30[b]
15	4.78[b]	6.20[a]	3.60[C]	5.00[b]	6.42[a]	3.84[C]
20	4.70[b]	6.18[a]	4.00[b]	5.01[b]	6.40[a]	4.58[b]
25	4.54[b]	6.30[a]	4.90[b]	4.99[b]	6.41[a]	5.36[b]
30	4.60[b]	6.18[a]	5.00[b]	4.98[b]	6.36[a]	4.98[b]
35	4.95[b]	6.15[a]	4.90[b]	5.23[b]	6.34[a]	4.83[b]
40	5.60[a]	6.00[a]	4.85[b]	5.58[a]	6.30[a]	4.70[b]

注：同一种曲的同行中肩标有不同小写字母者差异显著（$p < 0.05$），标有相同字母或未标字母者差异不显著（$p > 0.05$），下表同。

表 2-3　　　　　　两种大曲曲心的主要菌群变化方差分析结果

培养时间/d	泸州大曲菌数			邵阳大曲菌数		
	细菌	霉菌	酵母菌	细菌	霉菌	酵母菌
2	6.48[a]	4.00[b]	5.90[a]	7.00[a]	5.85[b]	5.91[b]
5	3.95[b]	4.85[a]	3.91[b]	4.54[b]	5.74[a]	3.94[b]
10	3.85[b]	5.30[a]	3.48[b]	3.93[b]	5.26[a]	3.57[b]
15	4.54[a]	5.00[a]	3.30[b]	4.70[a]	5.04[a]	3.32[b]
20	4.31[b]	5.31[a]	3.71[c]	4.79[a]	5.26[a]	3.73[b]
25	4.30[b]	5.40[a]	3.90[c]	4.71[ab]	5.30[a]	3.94[b]
30	4.48[b]	5.48[a]	3.95[b]	4.85[a]	5.32[a]	3.97[b]
35	4.78[b]	5.52[a]	3.95[c]	4.99[a]	5.48[a]	3.98[b]
40	4.90[a]	5.61[a]	3.97[b]	5.00[a]	5.59[a]	4.00[b]

因为泸曲和邵曲同属偏高温曲，因而曲中微生物消长有一定的相似性，但两种大曲在地域、曲坯制作和培养过程中存在着差异（表2-4），所以曲中微生物消长也有其特殊性。

表 2-4　　　　　　　　两种大曲的曲模规格和比表面积的比较

名称	曲模规格/cm³	总体积/cm³	表面积/cm²	比表面积/（cm²/cm³）
邵阳大曲①	28×19×6	3192	1628	0.51
邵阳大曲②	28×19×5	2660	1534	0.58
泸州大曲	33×20×5	3300	1850	0.56

（二）有机大曲与普通大曲微生物比较

选用有机小麦和普通小麦作为制曲的原料，分别生产中高温大曲，对生产过程中大曲微生物变化情况等进行跟踪监测，采用稀释平板涂布分离法计数比较研究两种大曲微生物类群存在的差异。

1. 制曲工艺流程

原粮 → 润粮 → 粉碎 → 拌料 → 制坯 → 接运曲坯 → 安曲 → 培菌管理 → 成品曲

2. 不同时期曲块微生物数量比较

有机大曲与普通大曲的微生物数量存在着差别（表2-5），从对比中可以看出：有机大曲富集微生物的能力较普通大曲强，成品曲中有机大曲的微生物数量也较普通大曲多。因而有机大曲中的酶系和香味成分也更为丰富，这能够为酿酒过程提供更多的酶系和香味物质，从而提高酒的产量和质量。

表 2-5　　　　　　　　　不同大曲贮存期微生物变化情况　　　　　单位：$\times 10^6 CFU/g$

时间	细菌		芽孢杆菌		霉菌		酵母菌	
	有机大曲	普通大曲	有机大曲	普通大曲	有机大曲	普通大曲	有机大曲	普通大曲
翻曲时	17.43	12.8	6.38	3.13	7.05	6.24	0.85	0.55
30d	16.35	11.63	7.85	3.83	6.13	5.88	0.64	0.42
60d	16.00	10.46	7.29	3.14	6.65	6.45	0.57	0.34
90d	15.60	8.85	7.07	2.68	6.27	5.95	0.48	0.29

结果表明：有机大曲原料为微生物提供更加丰富的营养物质，在培菌期利于微生物的富集与繁殖，微生物数量更多，活动更旺盛。因此，使用有机原粮制作有机大曲较普通原料生产的普通大曲的曲质更高，更有利于酿酒过程中提高产量与质量。

第二节　强化大曲生产技术

强化大曲生产技术研究始于20世纪90年代初、90年中后期，而技术应用与推广在进入21世纪之后，特别是兴于"白酒发展的黄金十年期"。强化大曲的生产方法总体上可分为两大类：一是将分离纯化的菌种加入大曲中进行培曲；另外一种是将培养的菌种制备成菌悬液，在大曲培养过程中喷洒在大曲表层。现以贵州大学胡峰与习酒公司合作制作培养的红曲霉强化大曲生产为例，介绍强化大曲生产技术的具体情况。

一、技术特点

大曲强化技术就是在大曲配料时加入一定量的纯种培养微生物、酶制剂或两者同时加入，以弥补大曲中某种微生物数量或酶系种类的不足，提高曲中酿酒有益菌的浓度，完善不同种类酶系之间的组成。采用的纯种微生物有根霉、曲霉、酿酒酵母、产酯酵母、芽孢菌等，采用的酶系有糖化酶、酸性蛋白酶、纤维素酶、酯化酶等。由于强化大曲的特殊功效，部分酿酒企业陆续对强化大曲进行了探索与实践，与传统制曲相比，该技术能提升曲药糖化、发酵、生香的能力，不仅减少用曲，而且可增加酒中关键风味物质的含量，使酒体丰满醇厚、绵甜柔和，从而能提高白酒生产的出酒率、优质酒率。

二、技术原理

在制曲时，将糖化型和发酵型两大菌类分别经过三角瓶扩大培养，然后按一定比例混合制成强化种曲。糖化型种曲中一般含有黄曲霉、根霉、红曲霉，发酵型种曲中一般含有酿酒酵母、生香酵母及芽孢杆菌等，在制曲原料中加入 0.5%~1.0% 的强化种曲，按常规工艺制曲而成为强化大曲。利用糖化菌种的糖化力强的特点，提高原料中淀粉转化为可发酵性糖的量；利用发酵菌种发酵力强的特点，增加可发酵性糖生成酒精的量。因此，强化大曲利用自然接种和人工接种相结合，可适当缩短生产周期，提高曲药的质量稳定性，从而在酿酒过程中减少用曲量，增加出酒率。此外，红曲霉具有一定的发酵力和较强的酯化力（某些红曲霉能合成酯化酶并排至胞外），添加红曲霉或加入红曲霉和酵母制成强化大曲，在增己降乳、提高出酒率方面优于传统大曲。

酯化酶在酶学上称为解脂酶，是脂肪酶、酯合成酶、酯分解酶及磷酸酯酶的统称，应用白酒生产的酯化酶多为乙酸乙酯合成酶和己酸乙酯合成酶。强化大曲中酯化酶的催化作用在于能促进脂肪酸酯的生成，高活性的脂肪水解酶可将酒醅中的脂肪水解为甘油及脂肪酸，脂肪酸与乙醇酯化生成己酸乙酯与油酸乙酯、亚油酸乙酯、棕榈酸乙酯等高级脂肪酸酯，从而加速促进白酒风味物质的形成。

三、工艺流程

偏高温红曲霉强化大曲生产工艺流程如图 2-1 所示。

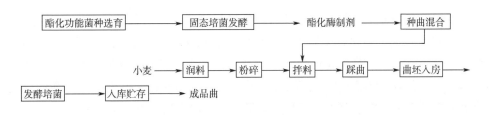

图 2-1　偏高温红曲霉强化大曲生产工艺流程

四、技术要点

与传统大曲生产相比，强化大曲的工艺参数和管理控制要点在于：

（1）菌种来源　红曲霉功能菌从传统优质大曲中分离而获得，具有代谢糖化酶、液化酶、蛋白水解酶、酯化酶活力较高，而产乳酸较少的特性，应用于习酒公司强化大曲的生产。

（2）种曲混合　先将筛选出的红曲霉功能菌经固态培菌发酵制成酯化酶制剂，酯化酶制剂和传统优质大曲按 1:1 比例混合而成为种曲，种曲在小麦粉原料中的添加量为 0.3%~0.5%（质量分数），经拌匀后踩曲制成曲坯。种曲的接种量一般随季节而变化，夏季用量偏小，冬季制曲用量偏大为宜。

（3）培菌管理 曲坯入房安曲后，培养过程要注意保温保湿，观察曲块的品温变化和上霉情况，强化大曲比普通大曲升温快（图2-2），一般入房48～72h后，品温即可上升到35～40℃前，做到适时翻曲。

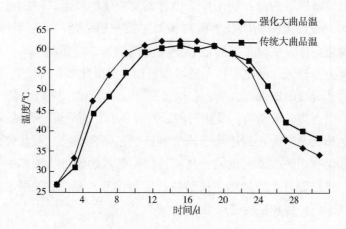

图2-2 强化大曲与传统大曲发酵过程升温情况比较

五、制曲效果

成品曲的感官鉴定、微生物数量和理化指标检测的结果分别见表2-6、表2-7、表2-8。结果表明：强化大曲比传统大曲的感官质量得到明显改善，香气浓、断面颜色好、菌丝多，有红、黄菌斑；强化大曲比传统大曲的霉菌、酵母和细菌类群的数量多，而且三者在数量上趋于协调；强化大曲与传统大曲相比，不仅具有较高的糖化力、液化力、发酵力和蛋白水解力，而且具有酯化力强的突出特点（表2-9）。

表2-6　　　　　　　　　　强化大曲与传统大曲感官指标比较

项目	强化大曲	传统大曲
外观	灰白色或灰黄色，穿衣好	灰白色或灰黄色，穿衣较好
断面	整齐、灰白色，菌丝生长良好，局部有红、黄菌斑，泡气，无裂口，皮张薄	较整齐、灰白色，菌丝生长较好，泡气
香气	具有浓而醇的特殊曲香，并伴有酱香味	具有较浓郁的曲香味

表2-7　　　　　　　　　　强化大曲与传统大曲微生物指标比较

菌类	强化大曲	传统大曲	菌类	强化大曲	传统大曲
酵母菌/（CFU/g 干曲）	1.3×10^6	9.2×10^5	细菌/（CFU/g 干曲）	8.0×10^6	6.3×10^6
霉菌/（CFU/g 干曲）	3.4×10^6	1.6×10^6			

表 2－8   强化大曲与传统大曲理化指标比较

指标	强化大曲	传统大曲	指标	强化大曲	传统大曲
水分/%	13.0	13.2	发酵力/［g/（50mL·72h）］	3.20	2.77
酸度	1.2	1.5	蛋白水解力/［g/（100g·h）］	1.50	0.65
糖化力/［mg/（g·h）］	630.3	573.5	酯化力/［mg/（g·100h）］	57.2	23.8
液化力/［g/（g·h）］	1.23	0.88			

表 2－9   强化大曲与对照大曲的酶活力

曲别	酶蛋白/（mg/g）	蛋白酶活/［mg/（g·min）］ 1	2	糖化型粉霉活/［mg/（g·min）］	脂肪酶活/［mg/（g·h）］	碱性磷酸酯酶活/［mg/（g·h）］	醇脱氢酶/（U/g）
强化大曲	45.0	102.0	96.0	330.8	105.98	0.42	1.554
普通大曲	36.0	28.0	142.0	118.8	74.68	0.37	0.193

六、酿酒效果

纯种培养红曲霉和酵母菌制成的强化大曲，应用于酿酒生产的结果见表 2－10。与传统大曲相比，该强化大曲具有增己降乳、提高出酒率方面的优势。

表 2－10   强化大曲与传统大曲发酵 45d 的效果对比

类别	投料/kg	强化大曲用量/kg	传统大曲用料/kg	入池温度/℃	入池水分/%	入池酸度/%	原料出酒率/%	己酯含量/（g/L）	乳脂含量/（g/L）
试验	700	22	—	19	56	1.4	42.5	1.86	1.68
对比	700	—	25	20	55.5	1.35	39.4	1.52	1.53
试验	700	22	—	21	55	1.2	41.3	2.16	1.82
对比	700	—	25	18	56	1.3	40.5	1.67	1.83
试验	700	22	—	20	57	1.3	39.7	2.21	1.94
对比	700	—	25	19	56	1.4	40.2	1.70	1.68
试验	700	22	—	19	56	1.3	42.6	1.98	1.6
对比	700	—	25	21	57	1.5	40.3	1.48	1.64
试验	700	22	—	18	57	1.4	42.3	2.03	1.81
对比	700	—	25	18	56	1.3	39.7	1.89	1.82

第三节　自动化大曲坯制作技术

以四川宜宾岷江机械制造有限责任公司生产的 YQ－400 液压制曲生产线在湖南湘

窖酒业有限公司的应用为例，介绍自动化大曲坯制作技术的具体情况。

一、技术特点

（一）液压压曲机的特征

在机座上设置有压紧油缸，压紧油缸带动压模安装板和压模上下移动；在压紧油缸的下方设置有顶料油缸，顶料油缸带动顶杆上下移动；设置的送料油缸带动送料体运动，可将粉料送至模盒中与将曲坯推出；各油缸通过各自的管道、控制阀和油路集成系统由同一油泵提供动力。

（二）液压压曲机的优点

液压压曲机替代链条式多次压曲成型机、螺旋挤压成型机等，克服自身结构复杂、运行不稳定、压出的曲块达不到要求、使用维修成本高的不足，具有结构紧凑，动作准确可靠、工作效率高、能耗小、操作维修方便，产品质量稳定可靠等特点。

（三）自动化大曲坯制作技术特点

全自动电脑集中控制制曲系统采取集中控制方式，系统以 PLC 为控制中心，计算机为人机操作界面，料斗秤、流量计、温度传感器、料位计等为现场信号采集点，气动球阀、气动调节阀为执行机构，配水采用 PID 闭环控制，具有操作简单、设定参数方便、完全能满足自动控制系统的要求。部分设备采用单机控制，部分设备采用联锁控制。所有控制变量均可在一定范围内更改，以满足制曲工艺要求；有关润麦、润粉的各项参数均能量化显示与控制。具体的特点为：①原料麦粉拌水均匀；②拌好的曲坯料经延时输送淀粉颗粒吸水充分；③压制的曲坯松紧一致；④曲坯压制时间和压力可根据效果随机调节；⑤成品曲质量稳定；⑥降低劳动强度；⑦改善工作环境。

二、技术原理

（一）液压压曲机的结构

液压压曲机的结构如图 2 - 3 所示。

（二）液压压曲机工作原理

安装于顶座 7 上的压紧油缸 8，带动压模安装板 6 及压模 5 沿导向杆 4 上下运动，在压模下方有模腔 3，通过上下运动压模 5 实现对曲坯的压紧；垂直安装于模腔下面的顶料油缸 1 带动顶杆 2 上下运动，以实现将曲坯顶出模腔 3；水平安装的送料油缸 12 带动送料体 11 往复运动，将料斗 10 中的粉料送至模腔 3 内，并由后端的托板接住料斗 10 中的粉料，同时将顶料油缸 1 顶出的曲坯送到接曲板 17 上，送料体前行中，通过前端的喷水装置 9 对压模 5 下表面进行喷水，由电机带动油泵 13 并给液压站 14 对各个油缸提供动力；通过冷却装置 15 对液压油进行冷却。

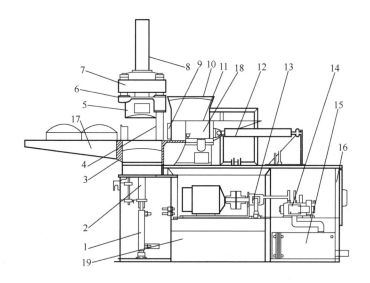

图 2 - 3 液压压曲机结构示意图

1—顶料油缸　2—顶杆　3—模腔　4—导向杆　5—压模　6—压模安装板　7—顶座
8—压紧油缸　9—喷水装置　10—料斗　11—送料体　12—送料油缸　13—油泵
14—液压站　15—冷却装置　16—机座　17—接曲板　18—定量模腔　19—贮油箱

三、工艺流程

（一）压曲机工艺流程

开机后根据程序设置，各液压缸均处于缩回状态，料斗 10 中的粉料落入送料体 11 中，进入自动运行模式后，顶料油缸 1 伸出→送料油缸 12 伸出，带动送料体 11 将粉料送到模腔 3 处→顶料油缸 1 缩回→粉料落入模腔 3 内→送料油缸 12 缩回至原始位置→压紧油缸 8 伸出，带动压模 5 向下运动使曲坯成型→压紧油缸 8 缩回→顶料油缸 1 伸出将曲坯顶出→送料油缸 12 伸出，进行送料的同时将曲坯推出→进入下一循环。

（二）全自动电脑集中控制制曲工艺流程

全自动电脑集中控制制曲工艺流程如图 2 - 4 所示。

四、应用实例

（一）工艺流程

1. 小麦机压制曲工艺流程

小麦机压制曲工艺流程如图 2 - 5 所示。

2. 小麦机压制曲设备流程

小麦机压制曲设备流程如图 2 - 6 所示。

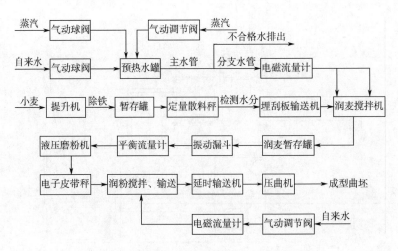

图 2 - 4　全自动电脑集中控制制曲工艺流程

小麦→预处理→润料→粉碎→加曲母→加水搅拌→延时输送→机械压曲→成型曲坯→装车运送入曲房→培菌管理→新曲

图 2 - 5　小麦机压制曲工艺流程

（二）技术要点

1. 原料处理

按国家二级标准进厂的纯小麦，淀粉含量≥62%，水分含量≤12.5%，硬度≤52HI。使用前通过组合粮食清理机进行除尘除杂处理。

2. 润料

加水量：3%~6%，小麦润后水分保持在15%~18%；水温：根据不同季节及不同原料性状进行调整；润料：根据天气、小麦性状等具体情况确定加水量和润料堆积时间，目的是使小麦皮润心干。

3. 粉碎

小麦粉碎过20目筛细粉率：为45%~58%。根据工艺要求在此范围变动。要求小麦粉碎成"心烂皮不烂"，即小麦心为粉状，皮为片状，麦皮不粘麦粉，每粒麦皮1~3片，细粉成粉状而非颗粒状。

4. 加母曲

根据天气和近段曲块生衣、升温状况，在小麦粉碎过程中添加适量的优质母曲粉。

5. 加水搅拌

加水经搅拌延时输送后使压好的鲜曲含水量为36%~42%，水搅拌后要求面筋丰富，手握成团。

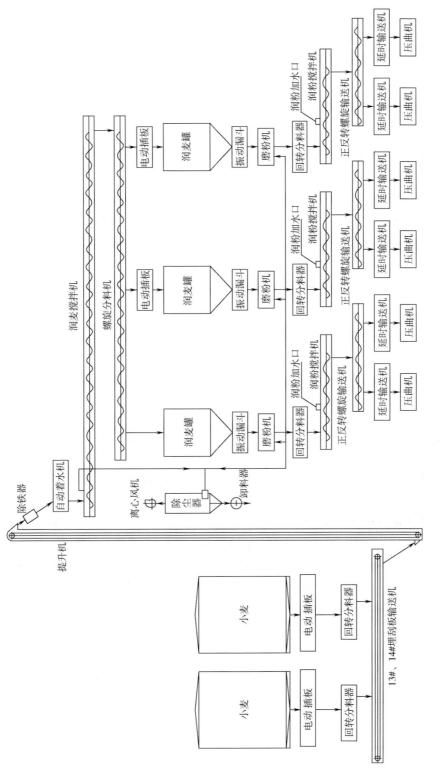

图 2 - 6 小麦机压制曲设备流程

6. 压曲成型

（1）曲块参数

①曲块规格（mm）：$300 \times 200 \times 50$。

②液压系统压力：10MPa。

③曲块公称压紧力：78500N。

④机械压曲停留时间 11~13s。

⑤产量 400~600 块/（h·台）。

（2）曲坯要求 包包曲松紧适宜，棱角分明、饱满；包包面圆润、丰满。

7. 装车运送

曲坯装车侧放一层，上面平放一层，并及时用单层湿麻袋盖好以防水分过多散失。装好后，送曲房安曲培菌。

（三）培菌管理

入室安曲成人字形，曲室面积 $40m^2$/间，安曲量 800 块/间，盖一层湿草袋，关闭门窗培菌管理。入房 3~4d 后平均品温 50℃左右，入房后第 6~8d，品温上升为 55~60℃，即第 1 次翻曲，品温 55~60℃维持 4~7d。当平均品温开始下降时进行第 2 次翻曲，放 6~7 层。当平均品温下降为 50℃左右时进行第 3 次翻曲，收拢 7 层（或 8 层）。培曲历时 28d。

（四）制曲效果

其他条件不变的情况下，采用单因素试验，在小麦原料中添加不同的水分，控制曲坯含水量分别为 37%、38%、39% 和 40%，培菌管理期间分别在第 1d、第 5d、第 10d、第 15d、第 20d、第 28d 时取样，检测曲块酸度、糖化力、发酵力和主要微生物类群、感官品质等指标，探讨其变化的规律，从而确定适宜的水分添加量，为优化机械压曲工艺奠定基础。

1. 曲坯含水量对培曲过程酸度的影响

在其他条件相同的情况下，不同含水量的曲坯在培曲过程中酸度的变化结果（表 2-11）可知，在大曲培养的过程中，不同含水量曲坯的酸度出现了不同程度的增减，至第 28d，酸度依次递增顺序是 39%、38%、37%、40%。

表 2-11　　　　　　不同含水量曲坯在培曲过程中酸度的变化　　　单位：mL/g 绝干曲

培曲时间/d	曲坯含水量/%				培曲时间/d	曲坯含水量/%			
	37	38	39	40		37	38	39	40
1	1.2	1.2	1.2	1.2	15	1.4	1.4	1.1	1.3
5	1.3	1.4	1.4	1.3	20	1.3	1.2	1.2	1.4
10	1.6	1.7	1.5	1.4	28	1.2	1.1	1.0	1.3

2. 曲坯含水量对培曲过程糖化力的影响

在其他条件相同的情况下，不同含水量的曲坯在培曲过程中糖化力的变化结果（表2-12）可知，在大曲培养的过程中，不同含水量曲坯的糖化力变化幅度有所差异，至第28d，糖化力依次递增顺序是37%、38%、40%、39%。

表2-12　　　　　　　　不同含水量曲坯在培曲过程中糖化力的变化

单位：mg/（g绝干曲·h）

培曲时间/d	曲坯含水量/%				培曲时间/d	曲坯含水量/%			
	37	38	39	40		37	38	39	40
1	1284.58	1347.13	1314.75	1338.12	15	969.97	1004.57	890.91	1063.63
5	930.75	688.89	1156.06	734.32	20	754.51	800.00	905.02	806.67
10	1095.23	903.53	905.11	1159.28	28	680.24	720.56	785.35	742.56

3. 曲坯含水量对培曲过程发酵力的影响

表2-13　　　　　　　　不同含水量曲坯在培曲过程中发酵力的变化

单位：g/（g绝干曲·h）

培曲时间/d	曲坯含水量/%				培曲时间/d	曲坯含水量/%			
	37	38	39	40		37	38	39	40
1	5.09	5.24	5.54	4.68	15	2.42	2.51	2.35	2.16
5	3.88	5.97	5.64	3.43	20	2.14	2.38	2.47	2.33
10	2.98	2.47	2.55	2.51	28	1.85	2.41	2.56	2.47

在其他条件相同的情况下，不同含水量的曲坯在培曲过程中发酵力的变化结果（表2-13）可知，在大曲培养的过程中，不同含水量曲坯的发酵力变化幅度有所差异，至第28d，发酵力依次递增顺序是37%、38%、40%、39%。

4. 曲坯含水量对培曲过程微生物类群的影响

表2-14　　　　　　　　不同含水量曲坯在培曲过程中主要微生物类群的变化

曲坯含水量/%		培曲时间/d					
		1	5	10	15	20	28
37	酵母菌	4.76×10^3	3.37×10^5	2.21×10^5	1.17×10^5	7.65×10^4	1.14×10^3
	霉菌	2.54×10^4	1.66×10^5	1.95×10^5	1.10×10^5	1.19×10^5	1.60×10^5
	芽孢杆菌	3.14×10^3	1.52×10^6	1.19×10^6	2.65×10^6	4.05×10^5	1.60×10^6
38	酵母菌	3.18×10^3	3.37×10^4	2.31×10^5	1.32×10^5	8.76×10^4	6.82×10^3
	霉菌	1.45×10^4	1.97×10^5	2.18×10^5	1.23×10^5	1.41×10^5	1.98×10^5
	芽孢杆菌	3.16×10^4	1.66×10^6	7.05×10^5	6.08×10^5	8.38×10^5	9.89×10^5

续表

曲坯含水量/%		培曲时间/d					
		1	5	10	15	20	28
39	酵母菌	8.19×10^3	1.04×10^5	3.01×10^5	1.77×10^5	1.16×10^5	8.51×10^4
	霉菌	6.55×10^3	2.51×10^5	2.61×10^5	1.43×10^5	1.98×10^5	2.69×10^6
	芽孢杆菌	7.12×10^4	2.23×10^6	6.08×10^5	4.77×10^6	4.35×10^6	3.26×10^5
40	酵母菌	3.18×10^3	1.01×10^5	2.52×10^5	1.46×10^5	1.05×10^5	2.27×10^4
	霉菌	1.67×10^3	2.51×10^5	1.34×10^5	1.11×10^5	1.52×10^5	1.83×10^6
	芽孢杆菌	1.82×10^5	1.78×10^6	8.35×10^5	4.31×10^6	3.56×10^6	1.76×10^6

在其他条件相同的情况下，不同含水量的曲坯在培曲过程中酵母菌、霉菌和芽孢菌的变化结果（表2-14）可知，在大曲培养的过程中，不同含水量曲坯的酵母菌、霉菌和芽孢菌的变化幅度有所差异；至第28d，霉菌和酵母菌依次递增顺序是37%、38%、40%、39%，而芽孢菌依次递增顺序39%、38%、37%和40%。从曲块中霉菌、酵母菌和芽孢菌数量变化的结果看，与曲块的糖化力、发酵力和酸度变化相对应。

5. 曲坯含水量对新曲感官品质的影响

在其他条件相同的情况下，不同含水量的曲坯培养而成的新曲感官评定结果（表2-15）可知，不同含水量曲坯的感官品质有所差异，以含水量为39%的大曲坯相对较优，穿衣均匀、无裂口，曲香正、香气浓郁，断面整齐、无杂色和明显火圈，曲心水分排出良好。

表 2 - 15　　　　　　　不同含水量曲坯培养而成新曲的感官品质

感官评价指标	曲坯含水量/%			
	37	38	39	40
外观	穿衣较差、有裂口	穿衣较好、少量裂口	穿衣均匀、无裂口	穿衣均匀、无裂口
曲香	曲香正，香气较淡	曲香正，香气较浓	曲香正，香气浓郁	曲香正，香气浓郁
断面	整齐、菌丝较丰满，曲心干燥，稍有火圈	整齐、菌丝健壮丰满，曲心较干燥，稍有火圈	整齐、菌丝健壮丰满，曲心较干燥，火圈不明显	整齐、菌丝健壮丰满，曲心较湿，火圈明显
皮张	<2mm	<2mm	<2mm	<2mm

结论：①曲坯含水量对机械压制的曲块培养过程中酸度、糖化力、发酵力、霉菌数、酵母数、芽孢杆菌数等均有不同程度的影响，对新曲的感官品质也有一定的影响，控制曲坯适宜的含水量有利于提高机压大曲的品质；②以曲坯含水量39%所培养的大曲品质相对较优，其糖化力、发酵力较高而酸度较低，感官品质好，有利于有益微生物的生长，为发酵增香奠定了基础。

第四节　人工智能架子曲生产技术

在传统的大曲生产过程中，包括配料、制坯和培菌三大步骤。该方法存在的缺陷：大曲培养采用地面堆积式自然发酵方式，曲房利用率低；控温控湿采用多次人工翻曲，劳动强度大，环境恶劣；培菌生产周期长，需要 30～40d；受制曲工人的经验和气候条件影响，大曲质量不稳定。为了解决传统大曲生产上的上述缺陷，制曲的机械化和大曲发酵的自动化控制技术应运而生。以冷崇丰等人的发明专利"微机控制架式大曲发酵制曲方法"（ZL89105919.9）为例，介绍该技术的情况。

一、技术特点

在曲块入房时，操作人员将大曲坯安放在曲房内设置的多层多架上，然后关闭门窗培菌发酵。培菌发酵过程的条件采用微机控制，完成架式发酵。微机控制以模拟控制大曲发酵最佳温度工艺曲线为主，对温度采用闭环控制；以控制曲房内湿度、温度差以及空气交换为辅，对湿度、温度差及空气交换采用开环程序控制，从而实现大曲在曲房内的架子上同步进行立体发酵过程而获得新曲。该技术无需人工翻曲，曲房利用率高，所制大曲优质品率达 95% 以上，生产周期（10～15d）比传统方法（30～40d）短，曲块微生物区系稳定，不受外界条件影响。因此，该技术具有提高大曲品质、提高劳动生产效率、降低劳动强度、改善工作环境的优点。

二、技术原理

曲房内曲架设计为多层多架立体结构，每层上面有放置曲块的支撑笆，下面有加热镍铬电热丝。将曲块有间隔地安放在大曲发酵架上，借助温、湿度传感器检测曲房内温度和湿度，用计算机进行比较、判断、处理等，当偏离标准工艺曲线一定量时，发出温、湿度调节信号，经执行电器调节曲房的温度和湿度，并根据发酵过程给出对流搅拌及空气交换信号，经执行电器调节控制曲房内各点温度差及新鲜空气量。通过大曲发酵主要微生物生态环境的人工模拟自动化控制，使大曲发酵避免受到工人经验和气候条件的影响，从而保证大曲质量的稳定。

三、工艺流程

（一）生产流程

人工智能架子曲生产工艺流程如图 2-7 所示。

小麦 → 润粮 → 制曲坯 → 入室上架 → 微机发酵控制 → 出室贮存 → 检测分析

图 2-7 人工智能架子曲生产工艺流程

（二）微机发酵控制流程

微机发酵控制流程示意图如图 2-8 所示。

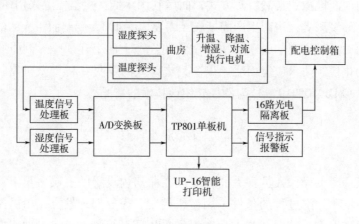

图 2-8 大曲发酵微机控制示意图

四、技术要点

（一）温度控制

由温度探头产生的温度信号送温度信号处理板处理后送到 A/D 变换板，将模拟信号变成数字信号（将温度转换成电压信号）送入 TP801 单板机（架式大曲发酵微机控制的中央处理机），单板机的 CPU 在相应的软件的支持下对收到的信号进行变换、存贮、比较后发出相应的升温（或降温）信号经 PIO 送到 16 路光电隔离板、经两极继电器触点控制配电控制箱中相对应的升温（或降温）交流接触器，交流接触器再接通升温（或降温）电器，以调节曲房的温度，形成温度的闭环控制。

（二）湿度控制

湿度信号的走向与温度信号类同。

（三）数据显示

单板机将处理结果进行实时显示，并定时送给 UP-16 智能打印机实现数据的硬拷贝。

五、制曲效果

人工智能架子曲生产的大曲发酵过程中理化与生化指标的变化结果见表 2-16，微机大曲与传统大曲的理化与生化指标相近。人工智能架子曲生产的大曲发酵过程中感官鉴定结果见表2-17，微机大曲优于传统大曲的感官质量。因此，人工智能架子曲生产大曲技术可行。

表2-16　　　　　　　　　微机大曲与传统大曲同期理化数据的比较

曲名	项目	时间				
		5d	9d	14d	入库	出库
微机大曲	水分/%	29.93	24.33	16.97	15.66	12.10
	淀粉/%	47.27	52.28	54.75	56.75	57.30
	糖化力/[mg/(g·h)]	715	618	758	990	870
	液化力/[g/(g·h)]	0.41	0.90	1.08	0.95	0.94
传统大曲	水分/%	27.27	21.53	18.21	16.17	12.90
	淀粉/%	50.36	55.70	57.63	58.34	58.76
	糖化力/[mg/(g·h)]	510	600	580	620	580
	液化力/[g/(g·h)]	6h呈蓝色	0.43	0.74	0.72	0.69

表2-17　　　　　　　　　微机大曲与传统大曲同期感官鉴定的比较

评定指标		时间				
		5d	9d	14d	入库	出库
微机大曲	曲面	全部穿衣，无裂缝	一片灰白色	一片灰白色	一片灰白色	一片灰白色，长满菌
	断面	整齐，有75%糖心	菌丝生长健壮	整齐，菌丝生长健壮	整齐，灰白色带微黄点	整齐，灰白色带微黄点
	香味	有"甜酸"味且具芳香	初具大曲特殊香	具有大曲特殊香	独具大曲特殊香	独具大曲特殊香
	皮张	无明显曲皮	0.05cm	0.1cm	0.1cm	0.1cm
	等级				全优	全优
传统大曲	曲面	70%穿衣，有些微裂缝	80%灰白色	大部分灰白色	大部分灰白色	大部分灰白色
	断面	较整齐，有70%糖心	菌丝生长一般（上）	整齐，菌丝生长一般（上）	较整齐，菌丝一般	较整齐，大部分为灰白色
	香味	有"甜酸"味，有些微芳香	初具大曲香味（下）	具大曲香味（下）	有大曲特殊香	有大曲特殊香，无异味
	皮张	0.1cm	0.15cm	0.2cm	0.2cm	0.2cm
	等级				优等65%合格35%	优等60%合格40%

第五节 机压丢糟包包曲生产技术

国内外已有少量关于丢糟替代部分原料制曲的报道，以笔者等人在湖南湘窖酒业有限公司的研究《机压丢糟包包曲的生产技术》为例，介绍该技术的情况。

一、技术特点

机压丢糟包包曲生产技术特点有：

（1）利用丢糟代替部分小麦生产包包曲 在纯小麦制曲原料中适当添加丢糟，可降低原料小麦的用量，开拓丢糟循环利用的途径，有效改善包包曲的品质。

（2）采用机械化制曲坯 与传统的人工踩曲相比，可显著提高工作效率、降低劳动强度和改善工作环境；

二、技术原理

丢糟中含有18%～20%的粗纤维，约8%的粗蛋白，6%～7%的残余淀粉，多种氨基酸及少量乙醇和有机酸。曲酒丢糟的干物质中粗蛋白可以为微生物提供丰富的氮源，天门冬氨酸和谷氨酸等是形成大曲酒香味物质的重要来源，残余淀粉及以磷为主的多种矿物质元素则是构成微生物细胞的物质基础。同时，酒糟还带有一定酸度，可起到"以酸制酸"的目的，有利于抑制有害菌繁殖；丢糟在制曲中还可起到疏松作用，使大曲发酵透彻，促进有益于酿酒微生物生长繁殖。

三、工艺流程

机压丢糟包包曲生产工艺流程如图2-9所示。

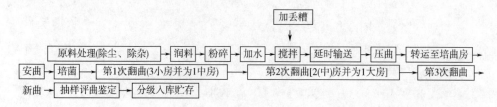

图2-9 机压丢糟包包曲生产工艺流程

四、技术要点

（1）制曲场所情况　湖南湘窖酒业有限公司位于湖南省邵阳市区，属中亚热带季风湿润气候，春末夏初多雨。曲房为四合院式红砖平顶的二层楼房，每间曲室为 4m×10m×4m，一楼曲室地面为红砖贴面，二楼曲室地面为水泥面。在原纯小麦原料中添加部分新鲜丢糟生产偏高温大曲，环境温度变化为 12～31℃，平均气温 21℃。

（2）丢糟曲坯制作　粉碎后的小麦加入一定量的丢糟，拌和均匀后通过压曲机制成曲坯，曲模规格为 20cm×30cm×10cm，压曲时间 13s，该机械制曲的生产能力为 400 块/h，曲坯含水量 38%～40%，曲坯鲜质量 4.5kg 左右。

（3）曲坯培菌管理　入室安曲，曲室面积 40m²，800 块/间，关闭门窗培曲。入房 3～4d 后平均品温 50℃左右，入房第 6～8d，平均品温上升到 55～59℃，即第一次翻曲，品温 55～59℃保持 4～7d。当平均品温开始下降时翻第 2 次曲，放 6（或 7）层。当平均品温下降至 50℃左右时，翻第 3 次曲，收拢、放 7（或 8）层。

五、制曲效果

（一）丢糟添加量对机压包包曲品质的动态影响

1. 不同丢糟含量对大曲培养过程中水分的影响

在其他条件相同的情况下，对不同丢糟添加量的曲坯进行机械压曲、入室培养，在培曲过程中水分的变化结果如图 2－10 所示。在大曲培养过程中，随着培曲时间的延长，不同丢糟添加量的曲坯水分均呈下降趋势，下降幅度有所差异，但至 26d，曲块中水分接近。其中，在培曲的前 12d 水分下降速率较快，而第 12 天后水分减少的幅度较小。比较丢糟不同添加量的水分下降速率，添加量为 9% 时水分下降幅度相对较佳，因为它有助于曲块在后期品温的缓慢下降，从而有利于曲心水分的排出。

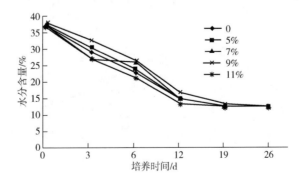

图 2－10　不同丢糟含量大曲培养过程中水分的变化

2. 不同丢糟含量对大曲培养过程中酸度的影响

不同丢糟含量对大曲培养过程中酸度的变化如图2-11所示，在大曲培养过程中，不同丢糟添加量的曲坯酸度出现了不同程度的增减，至26d曲块酸度依次按丢糟添加量9%、7%、0、5%、11%递增，其中丢糟添加量为9%的最终酸度降至1.0mL/g，比对照组大曲低0.3mL/g，优于其他丢糟添加量。丢糟带有一定酸度（主要是乳酸），用在制曲上可起到"以酸制酸"的目的，抑制有害菌（主要是乳酸菌和醋酸菌）的繁殖，从而降低成品曲酸度。

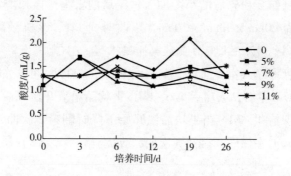

图2-11 不同丢糟含量大曲培养过程中酸度的变化

3. 不同丢糟含量对大曲培养过程中糖化力的影响

不同丢糟含量对大曲培养过程中糖化力的变化如图2-12所示，在培曲过程中，曲块的糖化力随着培养时间的延长而变化。培曲终了，丢糟的添加量为9%~11%时糖化力较高，其余依次为7%、5%。由于小麦本身含有糖化酶，曲坯入房时测得的糖化力较高。霉菌是糖化的动力，随着曲坯温度升高，小麦本身的糖化酶受到抑制，霉菌的繁殖减慢，曲块糖化力迅速下降；后期，霉菌大量繁殖，代谢产生的酶活力大幅度提高，曲块糖化力有所回升，并趋于稳定。此外，丢糟中的谷壳含35%~45%粗纤维，21%~26%木质素，并且表面有大量的硅酸盐类物质，吸水性能很差，在一般的发酵条件下难以改变其粗糙和坚实的特性，所以丢糟在制曲中可起到疏松骨架作用，适宜

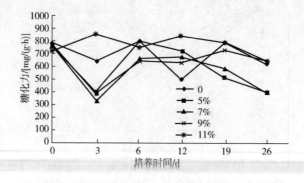

图2-12 不同丢糟含量大曲培养过程中糖化力的变化

的丢糟添加量能使曲块疏松透气，发酵透彻，创造了良好的好氧代谢环境，有利于霉菌等好气性微生物的生长繁殖而糖化力较高。

4. 不同丢糟含量对大曲培养过程中发酵力的影响

不同丢糟含量对大曲培养过程中发酵力的变化如图2－13所示，在大曲培养过程中，不同丢糟添加量的曲坯发酵力变化幅度有所差异，随着培养时间的延长，各试验组的发酵力增大，但超过3d后继续培养，各组的发酵力减少，超12d后继续培养，发酵力有所增大。培曲终了，与对照组相比，丢糟的添加量为9%时发酵力大，其余依次为5%、11%、7%。酵母菌是发酵的动力，培曲前期由于酵母菌的繁殖，适宜丢糟添加量使曲块的发酵力有所增加；随着曲坯温度升高，酵母菌的繁殖减慢，曲块发酵力迅速下降；后期，酵母菌大量繁殖，代谢产生的酶活力大幅度提高，曲块发酵力有所回升，并趋于稳定。适宜丢糟添加量的曲块疏松透气，创造了良好的好氧代谢环境，有利于酵母菌生长而发酵力较高。

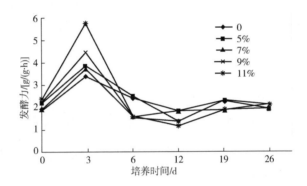

图2－13　不同丢糟含量大曲培养过程中发酵力的变化

5. 不同丢糟含量对培曲过程中主要微生物类群的影响

不同丢糟含量对大曲培养过程中主要微生物类群的变化见表2－18，在大曲培养过程中，不同丢糟添加量曲坯的酵母菌、霉菌、芽孢菌、乳酸菌和醋酸菌的变化幅度有所差异，培曲终了，与对照组相比，添加了丢糟的各试验组的酵母菌数均有增加，其中增幅最大的是9%，其余依次为5%、7%、11%；丢糟添加量为9%、11%时霉菌数目增加，5%、7%有所下降；添加了丢糟的各试验组的乳酸菌数均有减少，其中减幅最大的是7%，其余依次为5%、9%、11%；添加了丢糟的各试验组的醋酸菌数均有减少，其中减幅最大的是9%，其余依次为5%、7%、11%；添加了丢糟的各试验组的芽孢菌数均有增加，其中增幅最大的是9%，其余依次为7%、5%、11%，而大曲中的芽孢菌有丁酸菌、己酸菌等，它们是酒香味的主要来源。因此，丢糟的添加，提高了大曲的品质。

表 2 - 18　　　　不同丢糟含量曲坯在培曲过程中主要微生物类群的变化　　　单位：CFU/g

丢糟添加量/%		培养时间/d					
		0	3	6	12	19	26
0	酵母菌	1.703×10^5	1.932×10^6	4.509×10^4	8.063×10^4	1.163×10^3	1.135×10^3
	霉菌	3.140×10^3	1.524×10^6	2.180×10^6	1.901×10^6	1.535×10^5	1.600×10^6
	芽孢菌	1.703×10^5	2.830×10^5	1.750×10^4	2.864×10^5	4.630×10^5	3.405×10^4
	乳酸菌	1.962×10^7	5.442×10^5	1.346×10^6	8.424×10^5	1.116×10^7	6.981×10^6
	醋酸菌	8.634×10^6	6.803×10^6	1.346×10^6	1.444×10^6	1.279×10^6	5.051×10^6
5	酵母菌	9.779×10^4	1.463×10^6	7.124×10^4	8.382×10^4	2.273×10^3	6.818×10^3
	霉菌	3.155×10^4	1.664×10^6	4.078×10^6	2.361×10^5	3.250×10^5	9.886×10^5
	芽孢菌	9.779×10^4	1.463×10^4	2.065×10^4	6.848×10^4	9.091×10^4	1.023×10^5
	乳酸菌	1.735×10^6	7.174×10^6	1.307×10^6	3.424×10^6	1.705×10^6	1.705×10^6
	醋酸菌	2.681×10^6	5.739×10^6	2.157×10^6	7.084×10^5	1.875×10^6	3.409×10^5
7	酵母菌	1.361×10^5	9.155×10^5	1.297×10^5	3.543×10^4	8.523×10^3	6.857×10^3
	霉菌	7.120×10^4	2.234×10^6	3.268×10^5	2.971×10^5	7.386×10^4	3.257×10^5
	芽孢菌	1.361×10^5	1.944×10^4	3.658×10^5	4.023×10^4	1.455×10^5	1.554×10^5
	乳酸菌	2.057×10^6	1.268×10^7	2.594×10^5	3.200×10^6	2.273×10^5	5.114×10^5
	醋酸菌	4.430×10^6	3.944×10^6	4.864×10^6	1.600×10^6	2.273×10^5	6.364×10^6
9	酵母菌	3.617×10^5	1.783×10^6	3.406×10^4	2.118×10^4	3.448×10^3	8.513×10^3
	霉菌	1.817×10^5	1.783×10^6	2.248×10^5	1.376×10^6	5.994×10^5	1.759×10^6
	芽孢菌	3.617×10^5	1.575×10^4	3.760×10^5	2.320×10^4	6.961×10^5	1.680×10^5
	乳酸菌	6.109×10^6	3.626×10^7	1.499×10^6	2.667×10^6	7.792×10^5	2.355×10^6
	醋酸菌	1.125×10^5	8.915×10^5	3.678×10^6	5.000×10^6	6.494×10^5	1.703×10^5
11	酵母菌	3.902×10^4	1.319×10^6	1.266×10^6	6.920×10^4	2.288×10^3	2.286×10^3
	霉菌	3.210×10^4	2.060×10^6	1.139×10^5	2.422×10^5	9.680×10^5	1.829×10^6
	芽孢菌	6.902×10^4	3.626×10^4	2.203×10^5	4.821×10^5	2.586×10^5	1.143×10^5
	乳酸菌	7.143×10^6	3.901×10^7	2.532×10^6	2.307×10^6	3.204×10^6	4.571×10^6
	醋酸菌	1.605×10^6	2.610×10^7	5.316×10^6	5.767×10^5	1.602×10^6	2.000×10^6

大曲培养过程中，随着曲块温度、水分和透气状态等因素的变化，不同微生物类群对生长条件适应程度不同而交替繁衍，至培曲终了，曲块中微生物数量变化是各种因素综合作用的结果。

6. 丢糟添加量对新曲感官品质的影响

不同丢糟含量对新曲感官品质的影响结果见表2-19，不同丢糟添加量的曲坯的感官品质有所差异，按照湘窖酒业有限公司大曲的感官质量评定标准，丢糟添加量为5%、7%、9%的大曲的感官质量与对照组一致，均可被评为A级大曲。而添加量为11%的大曲的感官质量与对照组相比略差，因为丢糟量过多使曲块较疏松，后期曲块温度下降较迅速，导致曲心水分含量较高，从而使曲块感官质量较对照组和其他试验曲稍差。

对不同丢糟添加量的曲坯在培养过程中理化、主要微生物类群和感官指标进行综合评定后，可以得出：

（1）曲坯丢糟添加量对机械压制的曲块培养过程中水分、酸度、糖化力、发酵力、酵母菌数、霉菌数、芽孢菌数、乳酸菌数和醋酸菌数等均有不同程度的影响，对新曲的感官品质也有一定的影响，控制曲坯适宜的丢糟添加量有利于提高机压大曲的品质。

（2）以加入9%的丢糟机械曲所培养的大曲品质最优，与对照组相比，发酵力和糖化力升高，水分和酸度有所下降，感官品质好，细菌总数、乳酸菌数和醋酸菌数均减少，而芽孢菌数、酵母菌数和霉菌数增加。因此，丢糟替代部分原料制曲有利于改善大曲品质，有利于有益微生物的生长，为发酵增香奠定了基础，为工业生产提供了理论依据。

表2-19　　　　　　　　不同丢糟含量曲坯培养而成新曲的感官品质

感官	丢糟添加量/%				
	0	5	7	9	11
外观	穿衣良好	穿衣良好	穿衣良好	穿衣良好	穿衣较好
曲香	曲香正，香气浓郁	曲香正，香气浓郁	曲香正，香气浓郁	曲香正，香气浓郁	曲香较好，稍有异味
断面	整齐、菌丝健壮丰满，稍有火圈	整齐、菌丝健壮丰满，稍有火圈	整齐、菌丝健壮丰满，稍有火圈	整齐、菌丝健壮丰满，稍有火圈	较整齐、菌丝健壮、稍有杂色和火圈
皮张	<2mm	<2mm	<2mm	<2mm	<3mm

（二）粉碎度对机压丢糟包包曲品质的动态影响

为了确定机压丢糟包包曲适宜的小麦粉碎度，在含丢糟质量分数9%的机压包包曲中，控制曲坯含水量为39%的情况下，采用单因素试验设计方法，研究小麦粉碎度分别为48%、51%、54%、57%、60%对偏高温大曲培养过程中品质的影响。在培曲时间分别为第0d、第5d、第10d、第15d、第20d、第28d取样，检测曲块水分、糖化力、发酵力、主要微生物类群、感官品质等主要指标，探讨它们变化的规律。每批次制曲时间为28d，试验重复三批次。

1. 小麦粉碎度对培曲过程曲块水分的影响

小麦粉碎度对培曲过程中水分变化见表2-20，在不同的粉碎度下，曲坯在培养过程中水分相继减少，在 10d 以后，水分的减少幅度逐渐变得缓慢；随着小麦粉碎度的增加，曲坯水分下降速度逐渐变慢。综上结果得出，小麦粉碎度为 57% 的曲坯相对较佳，水分下降较平缓；而小麦粉碎度 60% 的曲坯中水分排除过慢，到培曲时间结束，曲坯水分仍超过要求的 13% 以内，小麦粉碎度 54%、51% 和 48% 曲坯中，水分排除过快，曲坯表面和曲心菌丝生长不良。

表 2 – 20　　　　　　　不同小麦粉碎度曲块培养过程水分的变化　　　　　　单位:%

培养时间/d	小麦粉碎/%				
	48	51	54	57	60
0	37.5	37.9	38.1	38.4	38.5
5	29.2	30.3	30.9	31.5	32.1
10	17.8	18.4	19.4	22.7	23.2
15	14.7	14.9	15.3	16.6	17.9
20	13.1	13.4	13.8	14.7	15.1
28	10.8	11.1	11.4	12.2	13.3

2. 小麦粉碎度对培曲过程曲坯糖化力的影响

小麦粉碎度对培曲过程中糖化力变化见表 2 – 21，在培曲过程中，曲坯的糖化力随着时间的变化而变化；培曲终了，曲块的糖化力按小麦粉碎度 48%、51%、60%、54%、57% 依次增加，其中以小麦粉碎度 57% 的糖化力最高。

表 2 – 21　　　　　　　　不同小麦粉碎度曲坯培养过程糖化力的变化

单位：mg/（g 绝干曲·h）

培养时间/d	小麦粉碎/%				
	48	51	54	57	60
0	1209	1303	1248	1182	1192
5	504.1	880.0	866.7	839.4	777.1
10	915.5	967.8	1034.4	1036.7	994.2
15	905.3	927.4	982.6	939.2	856.4
20	576.7	598.3	748.6	787.8	640.4
28	414.4	466.5	622.1	669.6	556.2

3. 小麦粉碎度对培曲过程发酵力的影响

小麦粉碎度对培曲过程中发酵力变化见表 2 – 22，在培曲过程中，曲坯发酵力出现波动状态，呈现先升后降再升的现象，培曲终了，曲坯的糖化力按小麦粉碎度 48%、51%、60%、54%、57% 依次增加，其中以小麦粉碎度 57% 的发酵力最高。

表 2 - 22 不同小麦粉碎度曲坯培养过程发酵力的变化 单位：g/（g 绝干曲·h）

培养时间/d	小麦粉碎/%				
	48	51	54	57	60
0	2.36	2.43	2.48	2.52	2.39
5	3.64	3.86	4.06	4.39	4.14
10	1.79	1.85	2.11	2.48	2.32
15	1.25	1.37	1.61	1.63	1.49
20	1.28	1.34	1.94	2.23	1.72
28	1.54	1.77	2.43	2.69	2.25

4. 小麦粉碎度对培曲过程微生物类群的影响

小麦粉碎度对培曲过程中微生物类群变化见表 2 - 23，在培曲过程中，曲坯的酵母菌、霉菌呈现先增后减再略增的趋势，而曲坯的芽孢杆菌呈现先升后缓降的趋势；培曲终了，不同粉碎度的曲块的酵母菌、霉菌和芽孢杆菌数量依次按 57%、54%、60%、51% 和 48% 递减，其中以小麦粉碎度 57% 曲坯所含酵母菌、霉菌和芽孢杆菌数量最多。

表 2 - 23 不同小麦粉碎度曲坯培曲过程主要微生物类群的变化 单位：CFU/g

小麦粉碎度/%		培曲时间/d					
		0	5	10	15	20	28
48	酵母菌	1.120×10^5	1.781×10^5	3.756×10^4	9.234×10^3	1.753×10^3	2.926×10^3
	霉菌	1.259×10^4	3.602×10^6	3.638×10^6	1.847×10^5	3.461×10^4	9.089×10^4
	芽孢杆菌	1.319×10^4	3.392×10^5	1.186×10^6	4.408×10^5	1.306×10^5	1.123×10^5
51	酵母菌	1.166×10^5	1.942×10^5	3.995×10^4	1.123×10^4	2.954×10^3	3.824×10^3
	霉菌	1.235×10^4	3.914×10^6	4.287×10^6	2.808×10^6	7.531×10^4	1.261×10^5
	芽孢杆菌	1.383×10^4	4.148×10^5	1.305×10^6	6.668×10^5	1.704×10^5	1.523×10^5
54	酵母菌	9.987×10^4	2.017×10^5	4.434×10^4	2.057×10^4	3.223×10^3	6.042×10^3
	霉菌	1.308×10^4	5.565×10^6	6.063×10^6	3.371×10^6	2.247×10^5	1.297×10^6
	芽孢杆菌	1.357×10^4	5.167×10^5	1.597×10^6	1.743×10^6	1.047×10^6	9.674×10^5
57	酵母菌	1.172×10^5	2.408×10^5	4.679×10^4	2.350×10^4	3.334×10^3	9.148×10^3
	霉菌	1.298×10^4	7.126×10^6	7.568×10^6	4.175×10^6	3.522×10^5	1.862×10^6
	芽孢杆菌	1.387×10^4	7.225×10^5	2.126×10^6	2.362×10^6	2.121×10^6	1.911×10^6
60	酵母菌	1.136×10^5	2.242×10^5	4.479×10^4	2.225×10^4	3.287×10^3	5.256×10^3
	霉菌	1.289×10^4	4.285×10^6	5.229×10^6	3.285×10^6	1.972×10^5	1.154×10^6
	芽孢杆菌	1.362×10^4	8.571×10^5	1.658×10^6	1.974×10^6	1.496×10^6	1.149×10^6

5. 粉碎度对新曲感官品质的影响

小麦粉碎度对新曲感官品质的影响结果见表 2 – 24，不同粉碎度下曲坯制作的新曲感官品质有差异，其中以小麦粉碎度 57% 的曲块相对较佳，表面多带白色斑点和菌丝，无裂口；断面茬口整齐，菌丝生长良好均匀，无杂色；曲香味浓郁；曲皮薄。

表 2 – 24　　　　　　　　不同小麦粉碎度制成新曲的感官品质

评定内容	小麦粉碎度/%				
	48	51	54	57	60
外观	穿衣较差、有裂口	穿衣差、有裂口	灰白、穿衣较差	灰白、穿衣均匀	灰白带黑、穿衣均匀
曲香	曲香正，香气淡	曲香正，香气略淡味	曲香正，香气略淡	曲香正，香气浓郁	略带杂味
断面	不整齐、菌丝不丰满，曲心干燥，无火圈	不整齐、菌丝不健壮，无火圈	整齐、菌丝较健壮，曲心干燥，稍有火圈	整齐、菌丝健壮，曲心干燥，火圈不明显	整齐、菌丝健壮，曲心较湿，火圈明显
皮张	≥0.2cm	≥0.2cm	≥0.2cm	<0.2cm	<0.2cm

结论：①小麦粉碎度影响机压丢糟包包曲的感官品质、糖化力、发酵力，也影响霉菌数、酵母数、芽孢杆菌数；②在 5 个小麦粉碎度的单因素试验中，以小麦粉碎度 57% 所培养的大曲品质相对较优，其糖化力与发酵力较高，有利于微生物的生长，感官品质好。

6. 机压丢糟包包曲酿酒效果

为了探究机压丢糟包包曲的酿酒效果，选择窖龄相同、母糟主要成分基本接近的试验窖池，分别加入投粮质量 20% 的含丢糟质量分数 5%、7%、9% 和 11% 的机压包包曲进行酿酒试验，以加入相同量的常规纯小麦机压包包曲酿酒为对照，发酵周期为 60d，每个处理取 4 个平行发酵的窖池。

（1）丢糟包包曲酿酒对酒醅主要成分的影响　丢糟包包曲酿酒对酒醅主要成分的影响结果见表 2 – 25，各试验曲酒醅的出窖酸度均低于对照组；对照组的升酸幅度在 1.6°，各试验曲酒醅的升酸幅度按 5%、7%、9% 和 11% 丢糟曲依次为 1.4°、1.4°、1.3°、1.5°。升酸范围均在 1.3 ~ 1.8° 的正常范围内，说明两者没有明显差异。

表 2 – 25　　　　　　　不同处理酒醅的主要成分变化（$n = 4$）

酒曲名		入窖酸度/°	入窖淀粉含量/%	出窖酸度/°	出窖淀粉含量/%
	对照组	1.7	17.4	3.3	9.5
试验组	5% 丢糟曲	1.8	17.3	3.2	9.2
	7% 丢糟曲	1.7	17.6	3.1	9.1
	9% 丢糟曲	1.6	17.5	2.9	8.5
	11% 丢糟曲	1.6	17.8	3.1	8.9

（2）丢糟包包曲酿酒对原料出酒率的影响 丢糟包包曲酿酒对原料出酒率的影响结果见表 2-26，各试验曲酒醅的原料出酒率与对照组相比均有所提高，这些与试验曲的淀粉转化率提高的趋势是一致的。试验组酒醅的原料出酒率与对照组相比，5%、7%、9%和11%丢糟曲依次提高0.31%、2.47%、4.52%、3.37%，原料出酒率提高呈"n"型变化趋势，其中以9%丢糟曲的原料出酒率达到最高值41.71%。出酒率是考核大曲质量优劣的重要指标之一，因此，从出酒率来看，以9%丢糟曲酿酒的效果相对较佳。

表 2-26　　　　　　　　　　　不同处理的原料出酒率

酿酒用曲	池号	投粮量/kg	出酒量/kg	出酒率/%	平均出酒率/%
对照曲	1#	1700	637.8	37.52	
	2#	1700	611.5	35.97	37.19
	3#	1650	609.4	36.93	
	4#	1650	630.6	38.32	
5% 丢糟曲	5#	1700	642.3	37.78	
	6#	1700	645.2	37.95	37.50
	7#	1650	629.3	38.14	
	8#	1650	596.1	36.13	
7% 丢糟曲	9#	1700	705.1	41.48	
	10#	1700	694.6	40.86	39.66
	11#	1650	647.3	39.23	
	12#	1650	611.3	37.05	
9% 丢糟曲	13#	1700	735.3	43.25	
	14#	1700	724.0	42.59	41.71
	15#	1650	657.9	39.87	
	16#	1650	678.7	41.13	
11% 丢糟曲	17#	1700	694.8	40.87	
	18#	1700	713.3	41.96	40.56
	19#	1650	639.9	38.78	
	20#	1650	670.1	40.61	

（3）丢糟包包曲酿酒对产酒香气成分的影响 丢糟包包曲酿酒对产酒香气成分的影响结果见表 2-27，不同馏分酒样被测定的醛、醇、酯 3 类 13 种香气成分中，乙酸乙酯、乳酸乙酯、己酸乙酯和乙醛含量最高，为主要香气成分；其次，丁酸乙酯、异戊醇和乙缩醛含量较高；甲醇、正丙醇、异丁醇含量次之；戊酸乙酯、正丁醇和仲丁醇含量最低。

表 2 – 27　　　　　不同处理各馏分香气成分含量的测定结果（n = 4）　　单位：mg/100mL

微量成分	一馏分		二馏分		三馏分		四馏分	
	试验样	对照样	试验样	对照样	试验样	对照样	试验样	对照样
乙醛	90.8	123	73.2	82.7	32.9	29.6	31.6	25.6
乙缩醛	28.2	34.7	25.1	27.7	15.7	16.5	15.1	15.8
甲醇	18.4	19.9	18.7	19.4	18.2	18.7	19.5	19.6
正丙醇	14.7	12.2	15.8	12.5	12.7	11.3	11.5	9.10
仲丁醇	0	9.80	0	7.11	0	4.81	0	3.40
异丁醇	16.1	15.2	15.7	13.8	10.4	10.2	9.30	7.41
正丁醇	6.60	7.31	5.70	6.51	3.60	6.30	4.82	6.01
异戊醇	40.7	47.0	38.5	45.8	34.2	39.5	29.8	29.9
乙酸乙酯	327	277	210	201	96.2	84.3	82.2	47.7
乳酸乙酯	153	142	156	147	263	251	504	418
丁酸乙酯	37.7	30.7	23.3	22.3	10.8	14.2	10.7	6.01
戊酸乙酯	8.70	6.21	6.20	6.11	3.01	4.40	1.20	1.61
己酸乙酯	189	161	149	148	110	88.5	98.1	86.9

在醛类中，乙醛和乙缩醛在蒸馏过程中随着酒精体积分数降低而降低；每个馏分中，含丢糟 9% 的包包曲酿酒试验样的乙醛和乙缩醛含量均低于不加丢糟包包曲酿酒对照样，但两者的乙缩醛含量相差极小。

在醇类中，甲醇含量在蒸馏过程中呈"n"型变化趋势，但变化幅度极小；每个馏分中，含丢糟 9% 的包包曲酿酒试验样的甲醇含量均低于不加丢糟的包包曲酿酒对照样。正丙醇在蒸馏过程中呈"n"型变化趋势，但变化幅度较小；每个馏分中，含丢糟 9% 的包包曲酿酒试验样的正丙醇含量均高于不加丢糟的包包曲酿酒对照样。仲丁醇在含丢糟 9% 的包包曲酿酒试验样中没有检出，而对照样的仲丁醇含量在蒸馏过程中随着酒度降低而降低。异丁醇、正丁醇和异戊醇在蒸馏过程中随着酒度降低而降低；每个馏分中，含丢糟 9% 的包包曲酿酒试验样的异丁醇、正丁醇和异戊醇含量均低于不加丢糟的包包曲酿酒对照样。

在酯类中，乙酸乙酯、酒精体积分数的丁酸乙酯、己酸乙酯和戊酸乙酯在蒸馏过程中随着酒精体积分数的降低而降低，只有乳酸乙酯在蒸馏过程中随着酒精度降低而上升，它们的变化幅度较大。每个馏分中，含丢糟 9% 的包包曲酿酒试验样的乙酸乙酯、丁酸乙酯、己酸乙酯、乳酸乙酯和戊酸乙酯含量均高于不加丢糟包包曲酿酒对照样。己酸乙酯是浓香型白酒风格中的主体香，它的含量多少对浓香型白酒香和味起着举足轻重的作用，试验样与对照样相比，各馏分己酸乙酯含量依次提高 28.2%、1.6%、21.9% 和 11.2%，说明丢糟包包曲可提高酒中的主体香含量。大曲酒生产中常常通过"增己酸乙酯降乳酸乙酯"来提高酒品质，尽管试验样的乳酸乙酯高于对照组，但是，试验样的己乳比在馏分1和馏分3中试验样高于对照样（分别为1.23和1.13、0.42和0.35），而己酸乙酯与乳酸乙酯比在馏分1和馏分3中试验样与对照样相差甚小（分别为0.96和1.00、0.20和0.21），说明试验曲有利于酒品质提高。在名优白酒中，己酯∶乳酯∶乙酯∶丁酯∶戊酯为1∶(0.6~0.7)∶(0.5~0.6)∶0.1∶(0.03~0.04)，尽管试验曲酿酒的酒样中，乳酸乙酯、乙酸乙酯、丁酸乙酯和戊酸乙酯含量均高于不加丢糟包包曲酿酒对照样，但是，试验样的己酯、乳酯、乙酯、丁酯、戊酯之间的量比关系比对照样更协调（表2-28），更接近名优酒程度。

表2-28　　　　　　　　　　不同处理酒液的主要酯量比关系

馏分	试验组		对照组	
	己酯∶乳酯∶乙酯∶丁酯∶戊酯		己酯∶乳酯∶乙酯∶丁酯∶戊酯	
1	1∶0.82∶1.73∶0.20∶0.05		1∶0.88∶1.73∶0.19∶0.04	
2	1∶1.05∶1.41∶0.16∶0.04		1∶1.00∶1.36∶0.15∶0.04	
3	1∶2.38∶0.87∶0.10∶0.03		1∶2.83∶0.95∶0.16∶0.05	
4	1∶5.14∶0.84∶0.11∶0.01		1∶4.81∶0.55∶0.07∶0.02	

结论：机压丢糟包包曲有利于提高糖化、发酵的程度，能提高浓香型大曲酒的出酒率；含丢糟9%的机压包包曲酿酒效果相对较优，不仅能显著提高产酒量，而且能在一定程度上提高酒的品质。

第三章 窖池窖泥微生态技术

　　浓香型白酒佳酿依赖于传统发酵，影响浓香型酒质量风格因素复杂，其中的曲、窖、糟是影响酒质的三大要素，而有益微生物区系形成及其生态功能的发挥又是关键所在。窖池是微生物栖息的一个特殊生态环境，是实现生物转化的场所，国内外学者对窖池微生态进行了大量研究，其中标志性成果有"国窖1573"微生态研究。该成果2007年通过了四川经委组织的专家鉴定，由泸州老窖股份有限公司、四川大学食品与发酵工程研究所、四川省农业科学院水稻高粱研究所、原泸州医学院药学院等联合完成，内容涉及"1573大曲"微生态、"1573国宝窖池"窖泥微生态、"1573国宝窖池"母糟微生态、"国窖1573"酒对动物免疫功能和重要组织器官的实验性研究、浓香型白酒微生态信息平台建设等方面，初步构建了浓香型白酒微生物资源库，建立了浓香型白酒微生态信息平台，揭示了"国窖1573"的代表性窖池的独特的物质属性。其研究成果不仅为"国窖1573"酒的基础酒生产提供了生产工艺技术的重要理论支撑，而且对国内浓香型白酒行业的发展具有重要理论指导意义。

第一节　中国白酒窖池微生态系统

一、窖池微生态及微生态系统的基本概念

（一）微生态学

　　微生态学作为生命科学的一个分支，首先是由前东德Haenal与Lohmann两位学者于1964年提出。而微生态学（Microecology）这一术语，是1977年由德国人Volker Rush博士正式定名，并在1985年将微生态学定义为"细胞水平或分子水平的生态学"。1988年，我国康白教授将微生态学定义为"研究正常微生物群落与其宿主相互关系的生命科学分支"。微生态学被认为是微生态系统结构和功能的科学，主要研究微环境中微生物之间、微生物与宿主之间以及与外界环境之间的生态平衡的关系，也可

理解为微环境中正常微生物菌群的存在状态。由大曲微生物区系、窖泥微生物区系和糟醅微生物区系构成了浓香型大曲白酒窖池微生态，通过微生物共同的代谢活动生产发酵产物，体现窖池主要功能菌的存在状态。

（二）微生物生态系统

微生物生态系统是在一定的时间和空间环境中，微生物群落内部及其生存环境之间通过不断地进行物质循环，能量流动和信息传递而形成的相互作用、相互依存的统一整体。在中国传统浓香型大曲酒生产中，大曲、窖泥、酒醅均可作为独立的微生物生态系统。

（三）窖池微生态系统

中国浓香型白酒的生产以泥窖窖池为基础，窖池微生态的形成与曲药制备、窖池发酵、窖泥养护等过程息息相关，窖池中物料的进出、微生物区系的演变、固液气三相物质和能量的交换，构成了窖池微生态系统的基本内容。在浓香型白酒固态发酵窖池独立的微生态系统中，窖池中所有微生物和其所处的特定窖池环境构成了彼此相互作用、相互联系的统一体。来源于窖泥、曲药以及生产现场的各种微生物，经过窖泥和糟醅之间不断的菌群迁徙演变和物质能量交换，最后在糟醅中达到一个平衡，形成特有的糟醅微生物区系，而且伴随着这一平衡的形成，完成固态白酒发酵生产的基本过程。对窖池微生态系统的研究，旨在充分了解和掌握该生态系统的结构和功能，有助于加强对白酒风味物质形成机理的认识和理解，进而科学地调控其协调性和机能性，以提高发酵过程中出酒率和优质酒率。

二、窖池微生态系统与酿酒生态环境的关系

（一）窖池微生态系统离不开酿酒生态环境

中国传统固态发酵酿酒窖池是酿酒生产的基本单元，浓缩了自然环境的气候状况、土壤条件、水质优劣等各种地域特征，成为酿酒生产的基本单元。窖池微生态系统，作为酿酒生产园区更大系统的有机组成部分，通过酿酒生产园区从属于所处的周边自然地理环境，依托周边大生态圈而存在。因此，没有一个好的酿酒生态环境，就不可能形成一个好的窖池微生态系统。窖池微生态系统不仅具有自我调节、自我修复功能，如固态白酒发酵形成"千年老窖万年糟"的微生态系统；而且可人为干预优化该系统，如人工老窖的建立。

（二）不同生态环境条件形成特定的微生物区系

20 世纪 80 年代至 90 年代，中科院成都生物研究所名酒研究课题组先后完成了 3 项国家自然科学基金项目：泸型酒传统工艺中微生物学研究；泸型酒北移微生物生态学研究；生物合成己酸乙酯酯化菌选育及酶学性质研究。在微生物生态学方面的研究发现，中国南、北方酿酒微生物区系组成上有一定差异。就酒曲而言，北方曲的霉菌

中根霉菌占优势，四川曲的霉菌中则以曲霉菌占优势，在四川名酒厂酒曲中未发现放线菌的生长，而在新疆伊犁酒厂的酒曲中则有放线菌存在。这与南、北地区生态环境上的差异有关，北方气候干热、雨量少的环境条件适合根霉生长（米根霉最适宜生长温度为37℃），而四川气候温和、雨量充沛、空气湿润适合各类微生物生长（曲霉生长最适温度为30℃）。因此，生态环境条件影响微生物区系，进而影响酒的品质。

（三）酿酒生态环境的大、中、小三个生态圈

好的生态环境可以产好酒。国家名酒沱牌产品得益于从外到内依次递进的三个生态圈和沱牌酿酒工业生态园的交互作用，处于最外层的是第一个大生态圈，指位于中国腹心地域的四川盆地，该生态圈属亚热带季风气候区，降水量大，平均气温较低；处于中间的是第二个中生态圈，指位于四川盆地中部的射洪县，该县地处巴蜀腹心地带，连续多年被评为国家绿化先进县，依山傍水，气候温和，处于核心的是第三个小生态圈，即位于射洪县南部的柳树沱，该地域处在岷山与秦岭之间的涪江从北至南流经射洪形成的一块冲积平原上，山清水秀，气温与湿度皆宜。在核心的小生态圈之内是微生态圈，即模拟生态系统功能建立的沱牌酿酒工业生态园区。因此，从外到内良好的生态系统和沱牌酿酒工业生态园为沱牌优质曲酒的酿造提供了优良的环境保证，奠定了沱牌产品长盛不衰的微生物资源条件。又如，景芝酒业所处的大生态圈为山东半岛内陆，中生态圈为潍河流域冲积平原，小生态圈即景芝酒业及其附近河湖滋润的沃野，生态圈为酿酒微生物提供了良好的生存条件。

（四）酒企扩建中把控"三观"酿酒生态环境

李家顺和李家民等人研究的"生态与酒质"课题，于2002年通过了专家组鉴定，其鉴定意见为："从微观角度研究酿酒生产，根据生态学原理分析并掌握了微生物及环境与酿酒生产的关系。摸清了生态园的空气、土壤、水体、糟醅、窖泥中微生物区系的分布及类群特性，为生态酒的生产提供科学依据。"通过长期的生产实践，酿酒企业将"生态环境与区系微生物关系"和"生态与酒质关系"的研究成果应用到新园区扩建中，把握宏观（选址）、中观（生态工业园建设）和微观（人工窖泥与人工老窖建设）以提高酒质安全性和优质率。如沱牌舍得酒业的"三观"实践，即宏观（北纬30.9°、涪江流域、丘陵地区）、中观（沱牌舍得生态酿酒工业园）、微观（曲、窖、糟），构建了良好的酿酒生态环境。

三、窖池微生态系统与生态酿酒产业的关系

（一）工业生态学的产生

几乎与微生态学的发展同步，20世纪60年代工业生态学的概念就已经产生。到20世纪80年代末，在美国人Robert Frosch和Nicolas Gallopoulos等人的推动下，工业生态学（Industrial ecology）逐渐形成并发展为一门边缘学科。在卡伦堡工业共生体系的影

响下，生态工业园区（Eco‑industrial park）在1993年正式诞生，园区内的企业或部门相互依存，通过系统内生产者、消费者、还原者的工业生态链，谋求低消耗、低污染，工业生产与生态环境协调发展。现代工业生态学的意义是将废料变为另一些产品的原料，在工业生态系统内更好再现自然生态系统内发生的事情，使工业社会成为生物圈的组成部分，把经济发展和环境保护有效地结合起来。沱牌集团实施白酒工业生态园建设不仅重视酿酒质量的提高、副产物的资源化利用，而且高度重视净化环境、保护生态、发挥工业生态功能和防范有害物质进入生产。

（二）酿酒生态产业的主要内容

根据工业生态学的基本原理，生态园的建设要满足闭路循环、减少污染物的发散、非物质化、非碳化等基本要求，具体到酿酒生态产业，应包括以下主要内容：现代科技与传统酿酒工艺的紧密结合，减少粮食等原辅料的耗用；生产工艺的优化和生产过程的人性化，降低工人劳动强度及生产过程中能量的消耗；有效利用酿酒生产副产物，实现全部物质的无废化和资源化；营造园区布局合理的自然生态环境，促进园区内有益于健康和酿酒的微生物区系的富集和繁殖；酿酒原料的基地化和生态化生产。

（三）生态酿酒产业制约窖池微生态系统

中国白酒的传统生产方式是以泥窖窖池为基本单位，窖池又是微生物生态系统中的一个特殊生态系统，以酿酒生态园区为基础的酿酒生态产业的形成，通过生态系统内部的物质循环、能量流动、信息传递的三流运转，对窖池微生态系统的形成和有序性起着重要的制约作用，对窖池微生态（糟醅微生物区系的构成及主要功能菌的存在状态）中生物转化效率的高低、白酒产品质量和风格的形成起决定作用。因此，生态酿酒产业的可持续性是保证窖池微生态系统协调性和功能性的基础。

第二节　中国白酒窖池微生态研究

20世纪70～90年代，中国科学院成都生物研究所研究员吴衍庸发表了中国名白酒传统酿制微生物学理论及技术论文近100篇，出版专著《浓香型曲酒微生物技术》，为白酒微生物生态学做出了重大贡献。近年来，通过江南大学徐岩等人的研究，人们对中国白酒自然微生物群落的结构与功能、微生物酶技术与固态发酵规律、风味组分与微生物的代谢规律的认识更加完善，逐渐解开了白酒酿造的神秘面纱，微生物群落在白酒酿造中发挥着不可替代的关键作用。四川大学张文学等撰文对中国浓香型白酒窖池微生态的研究现状、发展趋势进行了阐述，李家民在自然纯粮固态白酒的生产实践基础上，于2013年总结并提出了中国白酒五三原理。随着科学技术的不断进步，人们对中国白酒微生态的研究仍将不断深入。

一、曲药微生物生态研究

我国先人对曲药中微生物存在的认识一直停留在感性认识的外在描述上，外国人对中国酿酒曲药的研究始于1892年，法国人 A. Calmette 从中国的小曲中分离出糖化力极强的鲁氏毛霉（*Mucor roxianus*），建立起了利用淀粉发酵生产酒精的阿米露法（Amylo process）。20世纪初以来，日本学者齐藤、山崎、小泉、柳田、花井、横山等先后对中国酿酒微生物进行了研究，其中花井、横山对中国大曲微生物区系的形成与酶活力的关系进行了详尽的调研，对各种酒曲中微生物区系、酶活力、化学成分等有了清楚的认识，横山等还提出了中国大曲霉菌的主要类别是 Absidia 而非 Rhizopus 的看法。新中国成立以来，我国科研工作者一直没有停止过对大曲微生物区系的研究，特别是20世纪80年代后期以来，对大曲微生态的研究也逐渐进入高潮。下面以笔者等人对中、后期在楼上培养邵阳大曲的研究为例，介绍偏高温大曲曲外层和曲心主要微生物类群中细菌、霉菌、酵母菌的数量动态变化情况。

（一）曲块主要微生物总数的动态变化

培曲过程中，曲外层和曲心的细菌、酵母菌和霉菌总数变化动态如图3-1所示，曲块的主要微生物总数在前期出现高峰，中期显著降低，后期曲外层稍有下降，而曲心呈现回升；无论哪个时期，曲外层的总菌数都明显高于曲心。

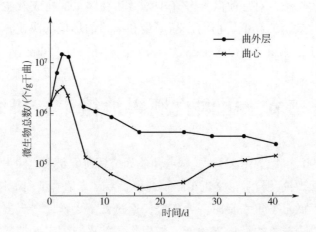

图3-1 培曲过程中曲外层和曲心微生物总数的动态变化

（二）酵母菌的动态变化

在制曲过程中酵母的动态变化如图3-2所示，①酵母菌在前期数量多，占优势，尤其曲外层菌数迅速增至最高峰。这是因为前期培曲温度低，曲块疏松、氧气分子多，适合于好氧与喜低温的酵母菌生长，尤其在曲表层，随着适宜于生料生长的霉菌及一些好气菌先在曲表层上生长，便产生了低分子的糖分和代谢产酸使 pH 下降，在达到适宜酵母菌生长的条件时，酵母菌数量猛增；
②中期菌数迅速降低，在培曲至第16d呈现
低谷。这主要是因为逐渐升高的培曲温度，
淘汰了不耐高温的酵母菌；③后期酵母菌数
有所增多。这是因为培曲后期温度的回落为
喜低温的酵母提供了良好的契机，但表层水
分低于13%抑制了酵母生长，呈先升后缓降
之势；曲心则水分较多而氧气相对较少，使
好氧的酵母增殖呈缓慢上升状态；④整个培
菌过程，曲外层菌数均高于曲心，这主要是
外层的通气状况远好于曲心。

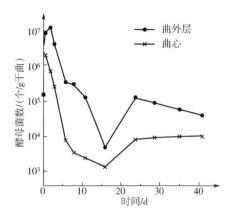

图3-2 培曲过程中酵母菌的动态变化

（三）霉菌的动态变化

培曲过程中霉菌的动态变化如图3-3所示，①霉菌数在前3d呈上升趋势，尤其
是曲外层较曲心多。这是因为中温曲前期培菌的主要目的是曲块表面挂衣，使喜欢在
湿度大、温度低的环境下生长的霉菌大量繁殖，尤其是让在生料上繁殖最快的根霉充
分生长；②中期霉菌数逐渐减少，但下降幅度不大。这主要是因为温度的升高，尤其
是曲心氧气相对不足、酸度升高等抑制了大多数霉菌的生长，但在这种恶劣环境条件
下，耐高温的霉菌孢子仍能生存，霉菌在培曲中期仍然是优势类群；③后期曲外层霉
菌数稍有下降、曲心霉菌数略有上升。这是因为后期温度回落，曲外层因水分低，且
后期在楼上培曲湿度小，从而抑制了喜潮湿的好气性霉菌在曲表的生长；而曲心因外
层水分散失而透气性有所增加，此时霉菌呈现"夕阳无限好"的生长局面；④整个制
曲过程中，曲外层霉菌数明显多于曲心，主要是曲外层的透气性优于曲心所致。

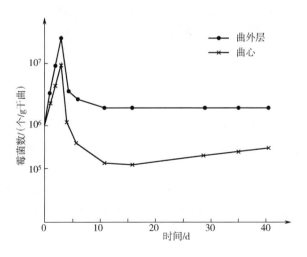

图3-3 培曲过程中霉菌的动态变化

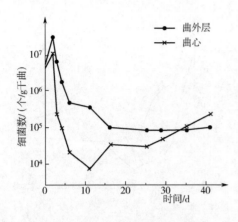

图 3-4 培曲过程中细菌的动态变化

（四）细菌的动态变化

制曲过程中细菌的变化如图 3-4 所示，①前期细菌数多，在前 3d 上升至高峰。这是因为无论是温度还是营养供给，对好气性细菌与厌气性细菌来说，前期是一个繁殖的极盛时期；②中期细菌数迅速下降，在第 11d 左右出现低谷，这是因为中期温度升高，淘汰了低温细菌的繁殖，只有耐高温的芽孢细菌能生存；加之曲心已繁殖的厌氧细菌在采取好气培养的分离过程中受到抑制而数量偏少。因此，中期的细菌数迅速下降。同样的道理，曲外层细菌数多于曲心；③后期曲外层细菌数继续缓降，曲心则呈上升趋势，最后两者接近。这是因为一方面曲外层的低水分制约了细菌的繁殖，另一方面，干燥条件又淘汰了部分细菌，所以曲外层细菌数下降；相反，楼上后期培曲的温度回落快，且邵阳大曲比表面积小而水分散失慢，所以曲心水分相对较多，给细菌繁殖提供了良好的条件，以致曲心细菌数呈增加并接近曲外层的细菌数量；从而出现了邵阳大曲细菌数多于其他企业生产的中温曲所含有的细菌数。

（五）研究结论

大曲培养过程中，主要微生物总数在初期出现高峰，中期步入低谷，后期在曲心稍有回升；前期以细菌和酵母菌为优势类群，中期以霉菌占优势，后期以霉菌和细菌居多；无论哪个时期，曲外层的霉菌数和酵母菌数明显高于曲心，而细菌数偏高的原因是中后期在二楼培菌，曲块表面保温保湿不够，而曲心水分难以排出，这有利于细菌的过度增殖。这种微生物消长的规律，与微生物的生理和曲坯的水分、温度、酸度、营养、通气状况等环境因素的动态变化有关。

二、窖泥微生物生态研究

窖泥微生态系统是由厌氧异养菌、甲烷菌、己酸菌、乳酸菌、硫酸盐还原菌和硝酸盐还原菌等多种微生物组成的共生菌系统，浓香型白酒的固态发酵过程就是一个典型的微生态群落的演替过程和各菌种间的共生、共酵、代谢调控过程。我国科研工作者在研究固态发酵窖池上具有得天独厚的地缘优势，在窖泥的微生物生态、主要功能菌的分离、人工窖泥培养等方面取得了不少可喜的成绩，白酒微生物从功能菌转向微生物群落研究，白酒发酵生香机理的认识从酵母生香转向细菌生香。浓香型大曲酒采用泥窖固态发酵，在长期的续糟工艺操作影响下，窖泥理化因子与功能菌互动构成了特殊的微生态特征。我国地域辽阔，浓香型白酒生产企业分布广泛，发酵窖池所处的生态环境以及窖泥的微生态环境存在一定差异。因此，对不同地域窖泥特性的研究，既有利于揭示这种"特殊土壤"的共性，又有利于发现其个性，能够进一步正确认识和了解浓香型白酒窖池微生态的全貌。

以笔者等人对地处湘中南的湖南湘窖酒业有限公司所辖不同窖龄（分别为0、2年、16年、33年）的窖泥的研究，介绍不同窖龄窖池中窖壁泥和窖底泥的感官指标、理化指标和微生物类群数目的变化情况，从而揭示窖泥微生态的变化规律。

（一）不同窖龄窖泥的感官品质比较

根据典型的泸型大曲酒窖池中窖泥的演变规律，对湘窖不同窖龄窖泥感官品质的评价结果见表3-1，由鲜窖泥到33年的窖泥，随着窖龄的增长，窖泥颜色由黄变黑、由乌黑变成乌黑带灰并夹带有稍许褐色，气味由带有比较重的H_2S气味到有少量酒香、再到浓郁酒香，手感由黏稠偏硬到柔熟细腻、再到硬脆。湘窖窖泥的变化情况符合典型的泸型大曲酒窖池中窖泥的演变规律，由于酿酒发酵过程中产生的有机酸类、醇类等物质浸润渗入窖泥中，逐渐富集与产香有关的一些厌氧功能菌，随着发酵时间的增加，在窖泥中越来越多地聚积起这些厌氧功能菌，功能菌的繁衍与代谢产物的积累，逐渐形成了窖泥自然老熟所具备的典型特征。

表3-1 不同窖龄窖泥的感官品质评价

窖龄/年	色泽	气味	手感
0	浅黄	有刺鼻气味	黏稠，刺手
2	浅黄	稍带酒香，有少许刺鼻气味	黏稠，细腻
16	乌黑	有酯香味	绵软，柔熟细腻
33	乌黑带灰、夹有褐色	浓郁酯香味	湿润，细腻，硬脆

（二）不同窖龄窖泥理化因子的变化情况

1. 窖泥水分含量的比较

不同窖龄不同位置窖泥水分测定结果如图3-5所示，由鲜窖泥到33年的窖泥，随着窖龄的增长，窖泥水分含量呈缓慢下降趋势；从不同位置看，窖壁泥含水量略高于窖底泥。新培养好的窖泥由于人为地加入了水分而比较稀薄，所以水分含量比连续酿酒发酵的窖泥高。在同一窖池中，由于窖壁泥老熟程度较窖底泥缓慢，窖壁泥中的团聚体数量、有机质含量比窖底泥略高，所以窖壁泥的持水性比窖底泥稍强些，导致了窖壁泥含水量要略高于窖

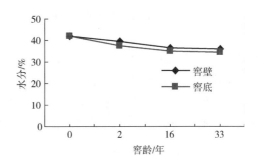

图3-5 不同窖龄不同位置窖泥水分的比较

底泥。

2. 窖泥 pH 的比较

不同窖龄不同位置窖泥 pH 测定结果见表 3 - 2，窖底泥的 pH 偏碱性，且随着窖龄的增长而稍有上升，而不同窖龄的窖壁泥 pH 变化无明显的规律性；从不同位置看，窖底泥的 pH 均高于窖壁泥。窖底泥的 pH 高于窖壁泥的原因主要有两方面：一方面源自微生物代谢。丁酸菌、己酸菌在代谢过程中产生丁酸、己酸和氢，氢则被甲烷菌及硝酸盐还原菌利用，甲烷菌、硝酸盐还原菌与产酸、产氢菌相互偶联，实现"种间氢转移"关系，甲烷有刺激产酸的效应。窖泥中丁酸、己酸等醇溶性有机酸向母糟渗透，母糟体系中乙醇浓度的提高，促进己酸乙酯的生成，增强对母糟体系中丁酸、己酸等有机酸的消耗，从而降低了窖底泥微环境中丁酸、己酸等醇溶性有机酸的浓度。另一方面源自工艺操作，浓香型大曲酒生产中采用固态发酵方式，在每一轮发酵结束取醅过程中，强调"滴窖"操作，黄浆水中主要成分乳酸被脱硫弧菌最后氧化为乙酸，从而减少了乳酸在窖底泥中的渗透与滞留。

表 3 - 2　　　　　　　　　　　　**不同窖龄窖泥 pH 的比较**

窖龄/年		0	2	16	33
pH	窖壁	6.84	6.52	5.23	5.46
	窖底		7.06	7.33	7.54

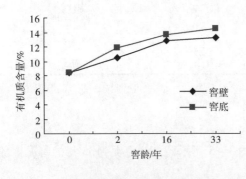

图 3 - 6　不同窖龄不同位置有机质含量的比较

3. 窖泥有机质含量的比较

不同窖龄不同位置窖泥有机质测定结果如图 3 - 6 所示，随着窖龄的增长，窖壁泥和窖底泥的有机质含量呈上升趋势；从不同位置看，窖底泥有机质含量略高于窖壁泥。窖泥中有机质主要来源于两方面：一是酒醅中的淀粉、蛋白质、脂肪、无机盐、木质素、纤维素和半纤维素等物质；二是窖泥中的微生物及其代谢产物。在窖池的生态环境中，由于窖底泥较窖壁泥厌氧程度高且通过黄浆水载体提供的酒醅营养物质多，所以窖底泥厌氧功能菌更多、代谢更旺盛，导致窖底泥积累的有机质较窖壁泥多。浓香型大曲酒采用固态续糟发酵，栖息于窖泥中的功能菌源源不断地获得母糟中的养料，不断地生长繁殖和代谢呈香呈味物质，所以窖泥中的有机质随着窖龄的增长而增加。

4. 窖泥全氮含量的比较

不同窖龄不同位置窖泥全氮测定结果如图 3 - 7 所示，随着窖龄的增长，窖壁泥和窖底泥的全氮含量呈上升趋势；从不同位置看，窖底泥全氮含量略高于窖壁泥。窖泥中全氮主要来源于酒醅和窖泥功能菌所含的蛋白质、氨基氮与腐殖质，由于窖底泥承载酒醅中的含氮物多，窖泥功能菌的代谢积累及繁衍死亡沉积的全氮物也多；浓香型大曲酒常采用双轮底发酵工艺，为窖底总氮的积累提供了便利；固态续糟发酵生产方式促进了窖泥中全氮物的与日俱增。

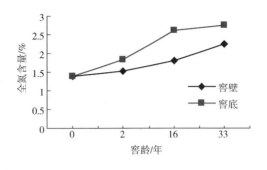

图 3 - 7　不同窖龄不同位置窖泥全氮的比较

当 pH < 7.2 时，$[H_2PO_4^-]$ > $[HPO_4^{2-}]$。因此，在土壤 pH 为 5.5 ~ 7.0，磷元素有效性最高。

5. 窖泥有效磷、速效钾含量的比较

不同窖龄不同位置窖泥有效磷和速效钾测定结果如图 3 - 8 所示，随着窖龄的增长，窖壁泥和窖底泥的有效磷和速效钾含量呈上升趋势；从不同位置来看，窖壁泥有效磷含量高于窖底泥，而窖底泥速效钾含量高于窖壁泥。P 是构成生命的重要元素，黄浆水载体将发酵母糟中的无机磷和有机磷运抵窖泥，通过化学沉淀反应、专性吸附和窖泥微生物固持等途径将无机磷固定，通过有机酸溶解、解吸、有机磷的矿化等途径实现磷的释放而成为有效磷。磷的转化有累积效应，所以连续发酵使用的窖池中窖泥有效磷会与日俱增。磷的释放是土壤 pH 变化、氧化还原条件、有机物质分解等多个因子综合作用的结果。土壤溶液中的有效磷主要是 $H_2PO_4^-$ 和 HPO_4^{2-} 离子，$H_2PO_4^-$ 离子比 HPO_4^{2-} 离子容易吸收。当 pH7.2 时，$[H_2PO_4^-] = [HPO_4^{2-}]$；当 pH > 7.2 时，$[H_2PO_4^-]$ < $[HPO_4^{2-}]$；窖壁泥，所以窖壁泥有效磷含量高于窖底泥。本研究结果与鲁如坤研究土壤磷元素的结果具有一致性。

速效钾包括土壤溶液钾和交换性钾，土壤溶液钾含量很低，而交换性钾是土壤速效钾的主要部分。在浓香型大曲酒发酵过程中，窖底泥与窖壁泥相比，窖底泥处于黄浆水的浸泡状态、腐殖质含量高。根据徐国华等报道的淹水土壤的固钾能力低于恒湿土壤、Poonia 等报道的腐殖质因引起黏土矿物层间膨胀而降低土壤对外源钾的固钾强度，可知淹水土壤和高腐殖质土壤能促进钾的交换，因而窖底泥的交换性钾含量高于窖壁泥，也就使窖底泥的速效钾含量高于窖壁泥。

（三）不同窖龄窖泥中微生物类群数量的比较

不同窖龄不同位置的窖泥微生物类群数量检测结果见表 3 - 3，随着窖龄的增长，微生物各类群的总数也随之增加，且细菌 > 真菌 > 放线菌；从不同位置看，窖壁泥和窖底泥的各类群微生物数无明显的变化规律，这主要是因为样品倒入平板后均采用常规的方式培养，对厌氧菌的生长不利所致。

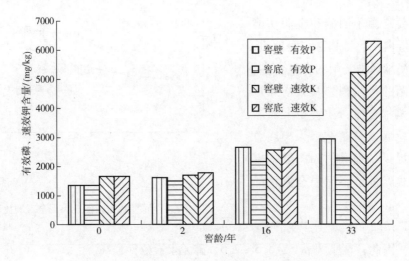

图 3 - 8　不同窖龄不同位置有效磷、速效钾的比较

表 3 - 3　　　　　　　不同窖龄不同位置窖泥中微生物类群数量的比较

窖龄/年		细菌/（CFU/g 干土）	放线菌/（CFU/g 干土）	真菌/（CFU/g 干土）
0	—	3.0×10^6	1.0×10^4	2.5×10^6
2	窖壁	1.8×10^7	4.8×10^6	1.4×10^6
	窖底	1.4×10^7	1.0×10^4	2.5×10^6
16	窖壁	1.4×10^7	1.4×10^4	1.5×10^5
	窖底	1.8×10^7	9.0×10^4	2.7×10^6
33	窖壁	2.5×10^7	2.5×10^5	1.5×10^7
	窖底	1.5×10^7	3.5×10^5	1.5×10^7

　　浓香型白酒的生产以泥窖窖池为基础，发酵过程是栖息于窖池糟醅、窖泥中的庞大微生物区系在糟醅固、液、气三相界面复杂的物质能量代谢过程。在长期的酿酒生产环境中，窖泥富集了有机质、N、P、K、Zn、Mn、Fe、Cu 等微生物生命活动的重要营养素，形成了一类具有特殊风格的土壤，对功能菌的富集和纯化起到了积极的促进作用。发酵过程中产生的黄水充当着窖泥与糟醅物质交换的载体，封盖发酵形成的窖内压力变化使酒糟中的养分和来自曲药、环境的微生物及其代谢产物不断通过黄水进入泥中，而窖泥中的特种微生物种群及其代谢产物又不断地进入糟醅中，物质能量交换不断改善着窖泥微生态环境，促进了窖泥老熟和酒质的提高。

（四）研究结论

　　对湘窖不同窖龄、不同位置窖泥的特性进行对比研究发现窖泥呈现以下变化规律：①随着窖龄的增长，窖泥的变化符合泸型大曲酒窖池中窖泥的演变规律，窖泥逐渐具备典型的自然老熟特征。②随着窖龄的增长，窖泥水分含量呈缓慢下降趋势，窖泥的有机质、全氮、有效 P、速效 K 含量以及窖底泥的 pH 呈上升趋势；从不同位置分析，窖壁泥水分、有效 P 含量略高于窖底泥，而窖底泥的 pH、有机质、全氮、速效 K 含量均高于窖壁泥。③随着窖龄的增长，微生物各类群的总数也随着增加，且细菌＞真菌＞放线菌。因此，在窖泥的微生态体系中，环境因子与功能菌相互作用，促进了湖南湘窖酒业有限公司的窖泥的品质随着窖龄增长而逐渐变好，为提升大曲酒中主体香成分奠定了基础。

三、发酵糟醅微生物生态研究

由于中国传统固态发酵白酒生产的工艺特殊性，以及相关研究技术及手段受生产地域、发酵周期、产品风格等多方面因素的限制，加之糟醅微生物区系研究的鉴定工作量相当浩大，因而中外科研工作者在糟醅微生物生态方面所做的动态性探讨相对较少。以笔者等人对湖南湘窖酒业有限公司正常发酵窖池的粮糟在一个发酵周期（60d）内的变化研究为例，揭示主要代谢产物的含量与主要微生物类群数量的变化情况。

（一）粮糟发酵过程中代谢产物的变化

1. 粮糟发酵过程中酒精含量的变化

如图 3-9 所示，下层糟醅发酵过程中酒精含量呈现前期缓慢上升、中期快速升至高峰基本稳定、后期缓慢下降的趋势。由于入窖温度低，前期糖化速度较慢，相应地酵母菌发酵也慢，生成的酒精少；随着发酵温度的升高，酒醅进入旺盛的酒精发酵阶段，酒度逐渐增加，至 15～20d 达到最高值；后期的发酵温度逐渐降低，酵母菌逐渐趋向衰老死亡，酒精的生

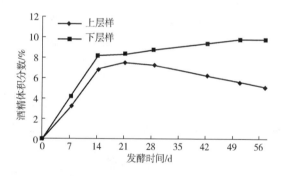

图 3-9 粮糟发酵过程中酒精含量的变化

成量趋于稳定，但随着细菌和其他微生物数量增加，酒精等醇类和各种酸类进行缓慢而复杂的酯化作用，酒精含量会稍有下降。

下层糟醅较上层糟醅的酒精含量高。一方面是因为处于窖池下部醅的厌氧程度高于上部醅，酵母菌发酵产酒精早而多；另一方面，随着发酵的进行，由于重力的作用，黄水将上部醅产生的酒精下沉扩散到窖池下部醅中，尽管下层酒精虽因酯化作用等消耗，但上层的沉积所产生的效果更加明显，所以下层醅后期一直呈缓慢上升趋势。

2. 粮糟发酵过程中总酸含量的变化

如图 3-10 所示，下层糟醅总酸含量前期缓慢上升、中后期快速升高、后期有所下降。前期由于产酸微生物的代谢作用，产生一定量的酸类物质，且微生物的生酸量要大于酯化减少的量，总酸含量增加；旺盛的酒精发酵阶段之后，随着细菌和其他微

生物数量增加，厌氧代谢加快生酸，总酸含量会渐渐升高；到了后期微生物产酸作用减弱，酯化作用加强，酸的消耗量大于生成量，总酸含量下降。

上层粮糟醅与下层粮糟醅的总酸含量整体变化趋势相同，但下层糟醅总酸含量略高于上层糟醅的总酸含量，主要是发酵产生的黄水将上部醅产生的酸下沉扩散到窖池下部醅中积累所致。

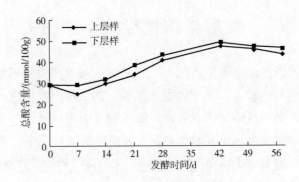

图 3 - 10 粮糟发酵过程中总酸含量的变化

3. 粮糟发酵过程中乙酸、丁酸与己酸含量的变化

如图 3 - 11 所示，3 种酸的变化与总酸度的变化趋势基本相同；3 种酸的含量大小依次为：乙酸 > 己酸 > 丁酸；但同一酸成分在上层糟醅和下层糟醅中相差不大。

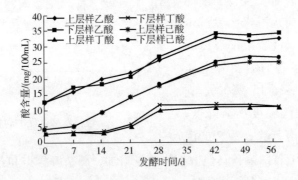

图 3 - 11 粮糟发酵过程中三种酸含量的变化

4. 粮糟发酵过程中总酯含量的变化

如图 3 - 12 所示，糟醅中总酯的含量一直在增加，前期变化较缓慢，而中期和后期增长较快。由于前期以酒精发酵为主，酯化作用较弱，前期产酯少；随着发酵进行，细菌的生酸作用使酸度上升，酯化作用的底物（醇类和酸类）浓度增加，所以酯化反应的正向反应大于逆向反应，所以发酵中期和后期的酯含量逐渐上升。

下层糟醅较上层糟醅的总酯含量高。一方面是因为在窖池的生态环境中，除下层糟醅中微生物酯化作用积累酯类物质外，由于窖底泥厌氧功能菌多、代谢更旺盛，导致窖底泥产生的酯类等代谢产物不断地进入糟醅中，使窖池下部糟醅酯含量高；另一方面，发酵产生的黄水将上部醅产生的酯类物质下沉扩散到窖池下部醅中积累所致。

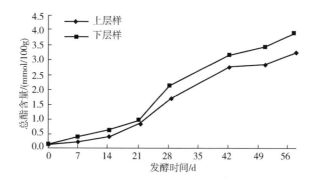

图 3-12　粮糟发酵过程中总酯含量的变化

5. 粮糟发酵过程中 3 种酯类含量的变化

如图 3-13 所示，糟醅中 3 种酯含量呈现前期缓慢上升、中后期快速上升、后期缓慢上升的趋势。3 种酯的含量大小依次为：乳酸乙酯 > 己酸乙酯 > 乙酸乙酯，其中乳酸乙酯的变化趋势与总酯的变化趋势具有相似性。在粮糟发酵的一个周期内，由于固态配醅发酵带入了上一轮次糟中的酸，在微生物生长和主要进行酒精发酵的前期和中期，进行着缓慢的酯化反应。随着发酵进入中后期，以产香为主的细菌占优势，酯化反应加快而呈上升趋势。尤其是乳酸菌发酵产生乳酸增多，乳酸乙酯的合成加快，它的含量几乎在总酯中占有支配地位，使得其变化趋势与总酯的变化趋势具有较好的相似性。

同一酯成分含量为下层糟醅略高于上层糟醅，主要是黄水的沉降作用和栖息于窖泥中的功能菌产生的代谢产物不断地进入底部糟醅中所致，从而促进了酒质的提高。

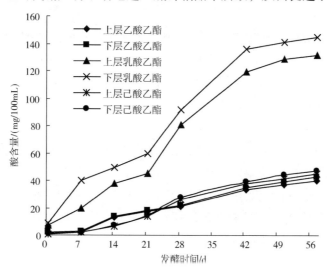

图 3-13　粮糟发酵过程中三种酯的变化

（二）粮糟发酵过程中微生物类群的变化

发酵时间/d	上层酒醅微生物数			下层酒醅微生物数		
	霉菌	酵母菌	细菌	霉菌	酵母菌	细菌
0	4.6232	5.6812	4.0473	4.6385	5.6385	4.0374
7	4.5119	6.3820	5.1945	4.3222	6.2541	5.1430
14	3.6435	5.9566	5.5653	3.4314	5.9190	5.4417
21	4.0512	5.5911	5.2776	3.9800	5.4624	5.2901
28	4.0170	5.4548	5.6385	3.9934	5.3757	5.6230
42	4.1761	3.2672	5.1335	4.1367	3.1324	5.0394
57	4.1123	3.2553	5.3818	4.0719	3.1061	5.1180

表 3 – 4　　　　　　　粮糟发酵过程中微生物类群的变化　　　　　单位：lg（CFU/g）

注：上层糟醅和下层糟醅的取样位置分别为上层距窖顶 0.6m、下层距窖顶 1.6m。

从表 3 – 4 可知，霉菌在粮糟入窖发酵第 1 周略有减少，第 2 周进入低谷，第 3 周回升到 10^4CFU/g 左右，在以后的发酵过程中变化幅度较小；霉菌数量变化总体相对较小，其中上层糟醅的霉菌数略高于下层糟醅的霉菌数。酵母菌在粮糟入窖发酵第 1 周略有增加，第 2~4 周略有回落，第 6 周迅速下降进入低谷 10^3CFU/g 左右，在以后的发酵过程中变化极小；酵母菌数量变化总体相对较大，其中上层糟醅的酵母菌数略高于下层糟醅的酵母菌数。细菌在粮糟入窖发酵第 1 周迅速增加，第 2 周略有增加，在以后的发酵过程中变化较小；细菌数量变化总体相对适中，其中上层糟醅的细菌数略高于下层糟醅的细菌数。

（三）研究结论

1. 研究结果表明

糟醅中乙醇、总酸、总酯含量与微量香味成分随着发酵时间的延长呈现一定的规律性；下层糟醅中的产物相应高于上层糟醅中的产物；微生物类群数量的相对变化幅度为：酵母菌 > 细菌 > 霉菌；上层糟醅的霉菌、酵母菌与细菌的数量分别略高于其下层糟醅的霉菌、酵母菌与细菌数量。

2. 变化结果讨论

浓香型大曲酒的发酵过程在泥窖内密封条件下进行，大曲粉、窖泥、生产环境和工用器具等提供了糟醅中的微生物类群。在入窖前期，好氧和兼性好氧微生物（包括霉菌、酵母菌、好氧细菌）利用糟醅颗粒间形成的缝隙所含的稀薄空气进行繁殖，从而使相应类群的数量增加。其中霉菌是糖化的动力，能将可溶性淀粉转化成葡萄糖；当好氧微生物将窖内氧气消耗殆尽以后，酵母菌在无氧环境中将葡萄糖发酵生成酒精。因此，在粮糟入窖的前 3 周，霉菌和酵母菌协同作用下边糖化边发酵，进入生成以酒精为主要代谢产物的主发酵期。

有机酸是浓香型白酒的重要呈味物质，在糟醅的发酵过程中，酸的种类与酸的生成途径是多种多样的，其中细菌的代谢活动是窖内发酵产酸的主要途径，如醋酸菌将霉菌代谢产生的葡萄糖发酵生成醋酸，醋酸菌还可将回酒入窖的酒精和发酵过程产生的酒精氧化生成醋酸，乳酸菌同样可将葡萄糖发酵生成乳酸，窖泥或酯化液中己酸菌利用淀粉、葡萄糖、乙酸或丁酸等进行发酵合成己酸。因此，发酵的中后期糟醅中的有机酸会大量积累。但是，酸类物质是酯类物质生成的前体物质，酯类的生成会消耗一部分醇和酸而降低糟醅中醇和酸的含量。

酯类物质是浓香型白酒的主要呈香呈味物质，其中己酸乙酯、丁酸乙酯、乳酸乙酯、乙酸乙酯的含量与配比决定着浓香型白酒的质量及风格。随着发酵窖池中微生物代谢的进行，积累了大量的有机酸和乙醇，在微生物所含酯酶的作用下通过一系列的生化反应生成了乙酯类成分。因此，发酵的中后期既是生酸期又是酯化期，尽管醇、酸酯化作用缓慢，但通过适当延长发酵周期可提高糟醅中酯类物质含量。

第三节　人工窖泥培养技术

1963年原轻工部茅台试点组运用纸色谱方法对茅台酒窖底型和泸州特曲酒的香气成分剖析，定性确认了己酸乙酯为其主体香气。随后又在老窖泥中分离得到能代谢产生己酸的梭状芽孢杆菌，摸索出人工培养窖泥的经验，在生产实践中应用成功。20世纪70年代后期，随着对人工窖泥的认识不断深化，白酒企业根据自己的生产实践总结了老化窖泥和成熟窖泥的形成机理，加快了窖泥"老熟"时间。随着现代技术的发展，科研人员不断创新，通过分离窖泥微生物进行人工窖泥培养的技术不断完善，生产实践中取得了良好的效果，如四川沱牌曲酒股份有限公司，通过一种人工窖泥培养方法（专利号：ZL99117364.3）培养的人工窖泥，可在投产后二轮、三轮就能产出优质曲酒；山东秦池酒厂，应用干制的活性窖泥功能菌，生产优质窖泥，白酒优级品率达到40%左右，酒质的主体香突出，尾净且爽，余香好；山东名人酒业马加军以琼脂为固定化材料，将己酸菌孢子包埋固定，制定固定化己酸菌块及己酸菌发酵液用于人工窖泥培养，窖泥用于曲酒生产第三轮次的酒，就具有窖香浓郁的特点，总酯、总酸、己酸乙酯接近2~3年老窖酒水平。

一、三代人工老窖微生物技术

人工老窖第一代技术——富集培养老窖泥中梭状芽孢杆菌培泥与应用。以20世纪60年代研究的"新窖老熟"项目为基础，吴衍庸在泸州酒厂蹲点研究，提出以老窖泥为种源富集培养梭状芽孢杆菌，作为第一代微生物技术用于培泥建新窖，其出酒质量已达到泸酒二曲与头曲水平，首创"人工老窖"微生物技术，它为泸型酒在全国推广打下了基础。

人工老窖第二代技术——己酸菌的纯培养培泥与应用。中科院成都微生物研究所应用微生物纯培养方法，分离选育出高产己酸菌，其产酸量最高可达 2g/100mL 左右。该菌种曾应用在河南杜康酒厂培养人工窖泥上，在新建厂房新窖池上首排出酒中，己酸乙酯即达 300mg/100mL 以上水平，一次培泥建窖成功，并通过成果鉴定。

人工老窖第三代技术——甲烷菌、己酸菌二元发酵培泥与应用。第三代"人工老窖"微生物技术以甲烷菌、己酸菌共酵的生理生态关系，根据其"种间氢转移"原理，己酸菌发酵产生氢用于甲烷发酵产生甲烷上，使己酸菌消除了氢的抑制而促进产酸，最终提高己酸乙酯含量。这项技术率先在河南社旗酒厂应用试验，全窖计算优质品率达 50% 以上，四大酯谐调平衡、口感好；后来陆续应用于新疆、河南、河北、湖南、四川诸省众多酒厂，使酒中己酸乙酯含量及优质品率均有所突破。

二、人工窖泥的固态培养技术

以李家民的发明专利《一种提高浓香型白酒陈香味的人工窖泥制备方法》（200910058616.3）为例，介绍人工窖泥的固态培养技术的具体情况

（一）技术特点

利用老窖中优质窖泥和优质曲药等来源的有益微生物为菌种，通过合理配制培养基和培养条件，经扩大培养，实现"老窖窖泥功能菌群"及其赖以生存的物质环境的整体复制，从而加快人工窖泥老熟，促进浓香型白酒在发酵过程产生陈香味的风味物质。使用该人工培养窖泥建窖，具有以下优点：

1. 新酒具有陈香味

在保持传统酿酒工艺不变的条件下，可使酿出的新酒不经过贮存即具有舒适的陈香味，相当于在陶坛中贮存三年以上的白酒。

2. 人工窖池老熟悉快

该人工培养窖泥建窖易于"老熟"，"老熟"程度可相当于自然老熟 10 年以上的自然老熟窖窖泥。

3. 具备老窖窖泥功能体系

采用对老窖窖泥生存的物质、能量和生命群体进行整体复制，使人工窖泥具有老窖窖泥的物系（物质）、菌系（微生物）和酶（生物酶）系结构，从而达到老窖窖泥功能水平的整体复制。

4. 窖泥中有陈香味功能微生物

通过对窖泥培养原料的选择和配方调节，形成陈香味微生物及其酶系的优良种培养基，从而富集更多更丰富的陈香味功能微生物。

5. 安全、操作简单

本发明的使用方法同传统窖泥的使用，操作易行，不会对传统白酒酿造工艺造成影响。

（二）技术原理

窖泥是酿酒有益微生物的载体，能够提供丰富的生酸产酯的微生物，如丙酸菌、己酸菌、丁酸菌等，作为浓香型白酒发酵产酒、生香生酸的主要场所。因此，窖泥质量在很大程度上影响着酒体的质量与风格。窖泥老熟的传统方法是自然老熟，依靠窖泥在长时间的母糟接触环境下，自然地缓慢地生成丰富的有益功能微生物，一般需要几十年到上百年的时间才能达到"老熟"。陈香味是鉴定白酒质量的重要评价指标，陈香味越大，酒越好。在现有技术条件下，陈香味目前只能靠贮存在陶坛中的白酒经过长时间的理化作用来产生，一般来说贮存三年以上的酒才开始有陈香味，贮存年代越久，陈香味越大。

以优质老窖泥和优质曲药中富含的益菌群为菌种源，通过对窖泥培养原料的选择和配方调节，形成陈香味微生物及其酶系的选择性培养基。再经过培养条件优化，将老窖窖泥生存的物质、能量和生命群体进行整体复制，使人工窖泥具有老窖窖泥的物系（物质）、菌系（微生物）和酶（生物酶）系结构，达到老窖窖泥功能水平的整体复制，从而加快人工窖泥老熟，促进浓香型白酒在发酵过程中产生陈香味的风味物质。

（三）工艺流程

提高浓香型白酒陈香味的窖泥制备方法工艺流程如图 3-14 所示。

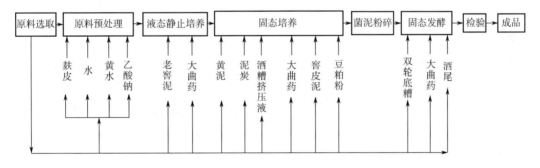

图 3-14　提高浓香型白酒陈香味的窖泥制备方法工艺流程

（四）技术要点

1. 原料选取

选用合格的老窖窖泥、泥碳、黄泥、水、乙酸钠、黄水、酒糟挤压液、麸皮、酒尾、大曲药、双轮底糟、窖皮泥和豆粕粉各原料。其中，选用合格的水，为符合《生活饮用水卫生标准》GB 5749—2006 的水；选用合格的乙酸钠，为食品级乙酸钠；选用合格的窖皮泥，为使用 5 轮以上多次封窖用的老窖皮泥，要求无霉味；其他合格材料要求见表 3-5、表 3-6、表 3-7。

表 3 – 5 　　　　　　　　　　　　原料选取要求

评价指标	合格的老窖窖泥	合格的大曲药	合格的双轮底糟
感官指标	乌黑带灰，在阳光下显七彩；窖泥香味浓郁、纯正、有陈香；有柔熟细腻、有黏性、断面泡气、整齐、掰开有丝连的手感	表面整齐、谷黄色、菌丛均匀丰满；断面整齐泡气、呈灰白色、菌丝丰满、有少许黄斑；有浓郁的曲香味、甜香突出、无其他杂味	黄褐色、浅褐色，呈油亮光泽；窖香、糟香、酒香等香气，略带酸甜味；发酵完全、水分适中，柔熟不腻、疏松不糙
理化指标	水分含量 36% ~ 39%，腐殖质含量 11.7% ~ 14.3%，速效磷含量 300 ~ 330mg/100g 干土，氨态氮含量 260 ~ 300mg/100g 干土	成曲重 3.5 ~ 3.6kg，水分 12% ~ 13%，淀粉 52% ~ 54%，糖化力 ≥500 ~ 650mg/(g·h)，液化力 1.0 ~ 2.5g/(g·h)，发酵力 12 ~ 15CO_2/(g·h)，酯化力 27 ~ 45mg/(g·100h)，含酸酸度为 1.01 ~ 3g/100mL	水分 60% ~ 64%，酸度 3.2 ~ 4.5，残淀 10% ~ 13%，残糖 ≤1.0%；
微生物指标	己酸菌 ≥7.6 × 10^7 CFU/g 干土，丁酸菌 ≥7.7 × 10^4 CFU/g 干土，甲烷菌 ≥3.9 × 10^4 CFU/g 干土，乳酸菌 ≥4.7 × 10^5 CFU/g 干土	总数：20.74 ~ 35.6 × 10^4 CFU/g 干曲，细菌：10.21 ~ 17.53 × 10^4 CFU/g，酵母：1.27 ~ 2.19 × 10^4 CFU/g，霉菌：5.71 ~ 9.86 × 10^4 CFU/g	细菌：2.0 ~ 2.4 × 10^6 CFU/g，酵母：0.8 ~ 1.1 × 10^3 CFU/g，霉菌：0.8 ~ 1.1 × 10^3 CFU/g

表 3 – 6 　　　　　　　　　　　　原料选取要求（续 1）

评价指标	合格的泥碳	合格的黄泥	合格的酒尾	合格的黄水
感官指标	黑褐色或黄褐色，无明显根茎；质地疏松柔软、透气性好、不黏不重、富有弹性的手感	鲜艳的橘黄色、土块状；土质细腻绵软、无沙，质软而轻，湿时具较强黏性和可塑性	无色或略带乳白色；酒尾特有的香气、醇香；微甜、轻微涩口；酒体透明或半透明	浅褐色、琥珀色、棕褐色；有红糖香气、酒香味、有醋酸香、较柔和；酸味、酒味、甜味稍涩口；不透明液体
理化指标	通气孔隙度 >27%；有机质 >75%；优质粗纤维 >15%；灰分 <15%；pH5.0 ~ 6.0；腐殖酸 35 ~ 50%；氮 >2.8%；磷 >0.51%；钾 >0.31%	硬度：1 ~ 2；相对密度：2.4 ~ 2.65kg/m³；pH5.0 ~ 6.5	乙醇 10% ~ 35%(vol)，总酸 0.48 ~ 2.50g/100mL，总酯 9.00 ~ 15.00g/L，乙酸乙酯 0.019 ~ 0.050g/L，乳酸乙酯 9.560 ~ 14.766g/L，醛类 0.2 ~ 0.8g/L，醇类 0.1 ~ 0.2g/L	可溶性无盐固形物 5.6 ~ 15.3g/100mL，还原糖 3.50 ~ 6.77g/100mL，醋酸乙酯 0.012 ~ 0.026g/L，乳酸乙酯 0.084 ~ 1.135g/L，氨基态氮 0.18 ~ 0.31g/100mL，总氮 0.4 ~ 1.71g/100mL

表 3 - 7 原料选取要求（续 2）

评价指标	酒糟挤压液	合格的麸皮	合格的豆粕粉
感官指标	色：黄褐色或棕褐色；香：有一定的糟香、酸香、酯香；味：味酸；体：浑浊液体	色：淡白色至淡褐色；香：有香甜的生面粉味；味：无发霉、发酸味道；体：无虫蛀、发热、结块现象	色：浅黄色到淡褐，色泽一致；香：无酸败、霉变、焦化及异味；味：豆粕固有豆香味；体：粉状
理化指标	总酸 0.63 ~ 1.20g/100mL，无盐固形物 5.4 ~ 15.0g/100mL，还原糖 0.56 ~ 2.30g/100mL，残余淀粉 0.20 ~ 1.5g/100mL，醋酸乙酯 0.005 ~ 0.010mg/100mL，氨基态氮 0.08 ~ 0.18g/100mL，全氮 0.18 ~ 0.34g/100mL	碳水化合物 61.4% ~ 85%，纤维素 > 2.35%，灰分 < 4.3%，蛋白质 11.4% ~ 17.8%，水分 10.0% ~ 14.5%，戊聚糖含量 > 19.42%，维生素 A > 20mg/100g，磷 > 682mg/100g	碳水化合物 34.9% ~ 38.8%，灰分 <6%，蛋白质 45% ~ 55%，维生素 E > 5.81mg/100g，磷 > 682mg/100g

2. 原料预处理

将验收合格的麸皮、水、黄水、乙酸钠，按麸皮：水：黄水：乙酸钠 = 5：100：10：2 的质量比混匀，然后注入到压力为 0.15MPa、温度为 125 ~ 126℃的不锈钢发酵罐中灭菌 30min。

3. 液态静置培养

待不锈钢发酵罐中的混合料温度下降到 36℃时，往混合料中加入其质量 12% ~ 16% 的老窖窖泥和质量 5% 的大曲药，混匀，并调节 pH 至 5.0 ~ 6.0，再将该料液的表面用油脂盖住隔氧，然后在 32 ~ 35℃下静置厌氧培养 72h。

4. 固态培养

经过 72h 在 32 ~ 35℃下静置厌氧的培养后，去除其液面上的油脂，取出菌液，然后往菌液中加入黄泥、泥炭、酒糟挤压液、大曲药、窖皮泥、豆粕粉，菌液与所加各原料的质量比为菌液：黄泥：泥炭：酒糟挤压液：大曲药：窖皮泥：豆粕粉 =（75 ~ 85）：200：（20 ~ 30）：（5 ~ 10）：5：10：（3 ~ 5）。将料搅拌混匀，然后在室温下扩大培养，春秋季培养 7 ~ 10d；夏季培养 7d，而冬季培养 10d。

5. 粉碎

将经过固态培养工艺的菌泥，用粉碎机粉碎。

6. 固态发酵

往粉碎后的菌泥中加入双轮底糟、大曲药和酒尾，以菌泥质量为 100 计，加入其内的双轮底糟、大曲药、酒尾的质量比为（10 ~ 15）：（3 ~ 6）：（5 ~ 8）。混匀后，将物料堆成 500cm × 300cm × 100cm 的长方体，将料堆压实后再抹平表面，使其在常温下自然发酵，并在发酵熟化过程中随时用黄水抹平堆表面，防止表面出现裂痕和长霉菌。

这样经过固态发酵30~40d，可获得具有提高浓香型白酒陈香味的人工窖泥。

（五）培养与应用效果

1. 人工窖泥质量

感官指标：色：泥色黄黑带灰；香：窖香明显、纯正、略带陈香；手感：柔熟、有黏性、断面泡气。

理化指标：水分含量36%~39%，腐殖质含量9.4%~11.0%，速效磷含量290~360mg/100g干土，氨态氮含量287~350mg/100g干土。

微生物指标：己酸菌≥7.6×10^7CFU/g干土，丁酸菌≥8.7×10^5CFU/g干土，甲烷菌≥2.1×10^5CFU/g干土，乳酸菌≥6.5×10^5CFU/g干土。

2. 应用效果（表3-8）

表3-8 不同人工窖泥的原酒口味和风格的比较

项目	传统人工培养窖泥	自然老熟10年老窖窖泥	本发明人工窖泥
新酒	具有明显的浓香，有窖香，冲，后味较短，新酒味明显	复合浓香，稍冲，窖香较浓，味陈，味甜尾净，后味较短，新酒味明显	复合浓香，幽雅舒适，窖香浓郁，味甜尾净，具有明显老酒风味
贮存三年后	窖香浓郁、醇厚、后味较爽净，酒体丰满，老酒风味	复合浓香、幽雅舒适，窖香较浓郁，味陈，绵甜醇厚，后味爽净，酒体丰满，老酒风味明显	复合浓香，窖香浓郁，谐调丰满，醇厚甜甜，后味爽净，酒体丰满，陈香舒适，具有幽雅和妙不可言的老酒味

三、人工窖泥的液态培养技术

以胡峰在贵州习酒公司的研究与实践《微生物技术在浓香型白酒生产中的应用研究》为例，介绍人工窖泥的液态培养技术的具体情况。

（一）技术特点

混合发酵制取液体窖泥的生产工艺有以下特点：①在种子培养阶段能分别满足其生长繁殖的最佳条件而产生大量的功能菌体；②在扩大培养阶段采取混合发酵的方式，能使繁殖的窖泥功能菌群相互协调，并适应窖内发酵环境而在体系中进一步繁殖和代谢，从而形成以己酸菌为主体功能菌的窖泥微生物群体区系。

（二）技术原理

长期的生产实践表明，单纯采用化学合成培养基生产的纯种己酸菌发酵液并不太适应窖内复杂的发酵环境，只有将纯种己酸菌与老窖泥复合微生物有目的地融合，并培养出适应窖内发酵环境的复合功能菌群进入发酵体系，才能实现强化发酵体系中窖泥功能菌含量的目的。

采用己酸菌液和老窖泥浸出液混合作为菌群种源,通过培养条件的调控生产液体窖泥,使人工窖泥具有老窖窖泥的物系(物质)、菌系(微生物)和酶(生物酶)系结构,从而增加功能菌群在窖泥中优势,促进发酵生香。

(三)工艺流程

液态窖泥的培养工艺流程如图3-15所示。

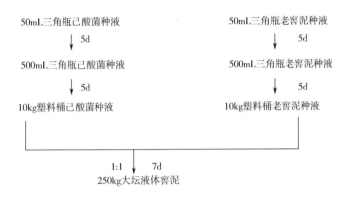

图3-15 液态窖泥的培养工艺流程

(四)技术要点

(1)功能菌的来源 纯种己酸菌和老窖泥。

(2)功能菌的纯培养 己酸菌试管种经纯种扩大培养得到己酸菌种子液;老窖泥经纯种扩大培养得老窖泥种液。

(3)混合大坛培养 纯种己酸菌和老窖泥分别单独扩大培养后,再以1∶1的比例接种,混合发酵制得液体窖泥。

(五)培养与酿酒效果

1. 培养效果

液体窖泥与原己酸菌发酵液的生化性能检测结果见表3-9,液体窖泥培养过程中己酸菌等功能微生物的数量和代谢己酸的含量均明显高于原己酸菌发酵液,从而强化了窖泥功能菌群的生香功能。

表3-9 液体窖泥的生化性能指标比较

培养液类别	己酸菌数/(CFU/mL)	己酸含量/(mg/mL)	培养液类别	己酸菌数/(CFU/mL)	己酸含量/(mg/mL)
液体窖泥	3.5×10^8	1437	原己酸菌液	3.5×10^7	590

2. 酿酒效果

采用液体窖泥和强化大曲联合使用,酿酒的效果分别见表3-10、表3-11,结果表明：在相同的发酵周期的条件下，与对照窖相比，试验窖 4 轮生产的平均出酒率高 0.77%、平均优质品率（特甲级酒和乙级酒）高 7.93%、己酸乙酯含量增加 33mg/ 100mL，试验窖双轮底综合酒样己酸乙酯含量平均增加 58mg/100mL，各轮试验窖综合酒样乳酸乙酯含量略有降低，乙酸乙酯、丁酸乙酯含量略有升高，四大酯比例更趋于协调，在一定程度上克服了己乳比例（己酸乙酯：乳酸乙酯）偏低的缺点。

表 3 - 10   **试验窖与对照窖产酒情况比较**

窖别	总投粮/kg	总产酒/kg	出酒率/kg	验收质量等级/%		
				特甲级酒	乙级酒	丙级酒
试验窖	33480	14731	44.00	9.20	37.25	53.55
对照窖	403380	174376	43.23	11.72	42.66	45.62

表 3 - 11   **试验窖与对照窖综合酒样酒质分析结果比较**

综合酒样	总酸	总酯	己酸乙酯	乳酸乙酯	乙酸乙酯	丁酸乙酯
对照窖粮糟酒	1.06	4.18	1.62	2.41	1.18	0.14
试验窖粮糟酒	1.11	4.53	1.95	2.12	1.30	0.17
对照窖双轮底酒	1.37	6.58	4.17	3.06	2.00	0.43
试验窖双轮底酒	1.40	6.83	4.75	2.76	2.23	0.48

第四节　人工老窖技术

人工老窖是指模拟天然老窖微生物区系，用微生物纯菌种培养或以老窖泥微生物富集培养的方法人工培养老窖泥，并以此老窖泥建成的大曲酒发酵池。它是从工业微生物生态学观点出发，以老窖微生物生态特征及窖泥化学物质含量水平相联系为依据，应用功能菌间相互关系及作用模拟老窖建造而成。

一、人工老窖出好酒的机理

人工老窖提高酒质的机理主要是利用窖泥中的己酸菌、丁酸菌、甲烷菌和放线菌等多种优势微生物功能菌，它们以香醅为营养来源，以窖泥和香醅为活动场所，促进其生化作用，产生出以己酸乙酯为主体的香味成分，形成泸型酒的窖香味，加速窖泥老熟，实现新窖产好酒。

二、老化窖池的特性

窖泥是泸型酒生产的基础，"千年老窖产好酒"是科学工作者长期生产实践的总结。但在生产中经常遇见使用的窖池老化现象，老化窖池与常规窖池在窖泥特性、发酵酒醅理化特征、发酵新酒质量和原料出酒率等方面存在哪些差异？以笔者等人对湖南湘窖酒业有限公司的窖池研究为例，揭示老化窖池与常规窖池两者之间的差异及其原因。

（一）老化窖池与常规窖池的差异分析

1. 老化窖池与常规窖池的窖泥特性比较

由表3－12可知，老化窖池与常规窖池在感官上有差异，老化窖池的窖壁泥板结、退化；理化指标中分别在水分和pH两个指标上存在显著差异（$p < 0.05$），其中老化窖池的水分和pH均显著低于常规窖池。

窖池老化是一个不断积累的过程，引起窖池老化的原因主要有水分过低、酒醅酸度过大、窖泥配料不合理、管理养窖不当、生产工艺调节失控、窖泥发酵不平衡等，这些因素导致生成的乳酸亚铁、乳酸钙、乳酸镁和乳酸铜在窖壁上沉积，当窖内有机酸对该结晶物的淋溶速度低于其生成速度时便会引起窖泥板结，而板结后的窖泥呈砂粒状或粉末状白色晶体，其保水能力明显低于正常窖泥，故老化窖池的水分明显低于常规窖池。浓香型白酒的发酵容器是泥窖，在长期的酿酒生产环境中，窖泥富集了有机质、N、P、K、Zn、Mn、Fe、Cu等微生物生命活动的重要营养素，为窖泥功能菌的生长繁殖提供了物质基础，酿酒过程中发酵产生的黄水将窖泥与糟醅之间的代谢产物及时地转运、迁移，不断改善窖泥的微生态环境，有利于窖泥功能菌的富集和纯化，从而促进了窖泥老熟，也有利于酒质的提高。

表3－12 老化窖池与常规窖池窖泥特性的比较

窖池类别	感官评价	水分/%	pH
老化窖池	窖壁泥板结发硬，有白色颗粒状或针状结晶体，刺手感强，缺少窖泥香	36 ± 1.2	5.1 ± 0.3
常规窖池	窖壁泥乌黑、湿润，手感细软，浓郁窖泥香	42[*] ± 1.5	6.7[*] ± 0.5

注：[**] $p < 0.01$ 水平极显著，[*] $p < 0.05$ 水平显著，下表同。

2. 老化窖池与常规窖池的发酵酒醅理化特征的比较

由表3－13可知，老化窖池与常规窖池发酵酒醅分别在酒精度和残余淀粉两个指标之间有显著性差异（$p < 0.05$），其中老化窖池与常规窖池的发酵酒醅相比，酒精度降低了14.9%、残余淀粉增加了14.5%；另外，两者分别在水分和酸度两个指标之间无显著性差异（$p > 0.05$），但老化窖池与常规窖池的发酵酒醅相比，水分稍有偏低而酸度略高。

大曲是大曲酒生产的糖化发酵剂，在大曲的微生物类群中，霉菌是糖化的动力，酵母是发酵的动力，细菌是产香的动力。浓香型白酒的生产以泥窖窖池为基础，发酵过程有大曲微生物和窖泥微生物共同参与，实现糟醅在固、液、气三相界面复杂的物质能量代谢过程，即处于发酵窖池中的糟醅，在庞大微生物区系共同作用下，将淀粉质原料中的淀粉、蛋白质等大分子物质转化成酒精、水和醇、醛、酸、酯等微量风味物质。发酵糟醅中淀粉的动态变化不仅间接反映窖池中乙醇的生成情况和发酵状况，而且可以特征反映窖池中微生物的生命活动状况。与常规窖池相比，老化窖池窖壁与窖池中糟醅的交流受阻，糟醅在微生物代谢过程中，来自大曲的乳酸菌和醋酸菌代谢相对活跃，产生的酸多而黄水少，代谢产物不能有效地转运与迁移，形成的局部微生态环境使淀粉转化成酒精的速率变慢，由于发酵周期是一定的，这样导致发酵能力下降，从而引起老化窖池残余淀粉偏高而产酒能力偏低。

表 3 – 13　　　　　　　　　　老化窖池与常规窖池发酵酒醅理化特征的比较

窖池类别	酒精/［%（vol）］	水分/%	酸度/（g/L）	残余淀粉/%
老化窖池	2.36 ± 0.22	63.12 ± 1.11	3.78 ± 0.24	11.46 * ± 0.39
常规窖池	2.64 * ± 0.12	63.73 ± 1.18	3.65 ± 0.21	10.16 ± 0.15

3. 老化窖池与常规窖池发酵产新酒的主要成分比较

由表 3 – 14 可知，①老化窖池与常规窖池所产新酒分别在总酸和总酯两个指标之间有显著性差异（$p < 0.05$），其中老化窖池与常规窖池的所产新酒相比，总酸降低了 25.92%、总酯降低了 12.43%；②两者分别在己酸和 β – 苯乙醇两个指标之间有极显著性差异（$p < 0.01$），其中老化窖池与常规窖池的所产新酒相比，己酸降低了 20.69%、β – 苯乙醇降低了 44.90%；③两者分别在浓香型主体香成分四大酯之间有极显著性差异（$p < 0.01$），其中老化窖池与常规窖池的所产新酒相比，己酸乙酯和丁酸乙酯分别降低了 13.47% 和 25.61%，而乙酸乙酯和乳酸乙酯分别增加了 23.88% 和 14.66%。

酸类是形成白酒香味的主要物质，酸类赋予白酒丰满和酸刺激感，适量的酸在酒中起到缓冲作用，可消除饮酒后上头和口味不协调，促进酒的甜味感，大曲白酒的总酸在 0.6g/L 以上，经常在 0.1% 左右。若酒中含酸量少，则酒味寡淡、不柔和、香味短；若酒中含酸量大，则酒粗糙、邪杂味重。白酒中的有机酸种类多，如甲酸、乙酸、丁酸、己酸、乳酸、戊酸、琥珀酸等，大多数有机酸是由细菌经生物化学反应生成的，低级的酸可逐步合成较高级的酸，醇和醛可氧化为相应的有机酸，其中浓香型大曲酒的己酸是由己酸菌发酵作用生成的，己酸菌则主要来源于窖池中的窖泥。

酯类是白酒的主要呈香物质，一般名优白酒的酯含量较高，其中己酸乙酯、丁酸乙酯、乙酸乙酯和乳酸乙酯是白酒中的四大酯类。己酸乙酯具有窖香气，浓香型白酒是以己酸乙酯为主体香的一种复合香气；乙酸乙酯具有水果香气；乳酸乙酯适量时能烘托主体香和使酒体完美，过多会造成酒的生涩味和抑制主体香，名优浓香型白酒的乳酸乙酯和己酸乙酯的比值都在 1 以下，否则会影响风格；丁酸乙酯较浓时呈臭味，稀薄时呈水果味，在浓香型白酒中含量不能过多，否则会使酒带上臭味，影响酒的质量，一般浓香型白酒要求己酸乙酯为丁酸乙酯含量的 8 ~ 15 倍。白酒中酯的生成有两种途径：一是由微生物体内酯酶的生化反应生成酯，这是主要途径，其中丁酸乙酯和己酸乙酯合成相关联，丁酸是合成丁酸乙酯的前驱物质，丁酸乙酯又是合成己酸乙酯的前驱物质；二是通过有机化学反应生成酯，这种反应一般进行得极缓慢。

β – 苯乙醇具有柔和、愉快而持久的玫瑰香气，促进白酒增香。

决定白酒风味的六大因素为自然生态环境、原辅料、糖化发酵剂、工艺、设备、饮食文化，在本研究中新酒风味物质差异主要取决于发酵窖池。浓香型白酒发酵用的泥窖有两大作用：一是作为发酵容器，为酒糟提供发酵产酒的场所；二是为酿酒微生物的生长繁殖提供良好的环境，窖泥中的微生物以厌氧菌为主，包括己酸菌、丁酸菌、甲烷菌、甲烷氧化菌、丙酸菌和嗜热芽孢杆菌等微生物等，这些窖泥中栖息的微生物参与了酿酒发酵。与常规窖池相比，老化窖池因土壤板结，阻碍了糟醅与窖泥之间正常的物质能量交换，一方面使窖泥微生态不断恶化，不利于窖泥功能菌的生长繁殖；另一方面，窖泥功能菌产生的风味代谢产物不能通过黄水为载体有效地进入糟醅中，糟醅中的主要风味成分积累逐渐减少。因此，常规窖池较老化窖池的产酒质量高。

表 3 – 14 老化窖池与常规窖池所产新酒的主要成分比较

微量成分	老化窖池	常规窖池
总酸/（g/L）	0.646 ± 0.07	$0.872^* \pm 0.11$
总酯/（g/L）	4.976 ± 0.24	$5.682^* \pm 0.32$
己酸/（mg/100mL）	23.65 ± 0.82	$29.82^{**} \pm 1.07$
β – 苯乙醇/（mg/100mL）	0.20 ± 0.00	$0.36^{**} \pm 0.00$
己酸乙酯/（mg/100mL）	189.7 ± 1.69	$228.0^{**} \pm 1.31$
乙酸乙酯/（mg/100mL）	$179.8^{**} \pm 1.77$	163.09 ± 2.72
乳酸乙酯/（mg/100mL）	$142.9^{**} \pm 2.35$	124.60 ± 2.57
丁酸乙酯/（mg/100mL）	41.30 ± 0.98	$55.52^{**} \pm 1.31$

4. 老化窖池与常规窖池的原料出酒率比较

老化窖池与常规窖池原料出酒率的比较见表 3 – 15。

表 3 – 15 老化窖池与常规窖池原料出酒率的比较

窖池类别	实测酒度/［％（vol）］	单甑产量/kg	折65%酒度质量/kg	原料出酒率/%
老化窖池	68.2 ± 2.1	41.2 ± 1.5	43.2 ± 1.8	$20.6\% \pm 1.7$
常规窖池	67.5 ± 3.3	43.4 ± 2.1	44.9 ± 2.3	$21.4\% \pm 1.4$

由表 3 – 15 可知，老化窖池与常规窖池原料出酒率之间无显著性差异（$p > 0.05$），

但老化窖池与常规窖池的发酵酒醅相比，原料出酒率下降了 4.05%。

浓香型大曲白酒酿酒原理是利用大曲中的米曲霉、黑曲霉、根霉等霉菌作为糖化剂，将高粱、小麦等原料中淀粉分解成糖类，同时由酵母菌再将葡萄糖发酵产生酒精，粮糟通过边糖化边发酵生产含一定浓度酒精的过程，存在于固态酒醅中的酒精和香味成分经甑桶固态蒸馏得到新酒。原料出酒率是计算淀粉出酒率的参考指标，表示 100kg 原料产酒精体积分数为 65% 的合格原酒的质量。一般来说，影响出酒率的主要因素包括酿酒原料质量、酒曲质量、入窖条件（淀粉浓度、酸度、温度、水分、用曲量）、蒸馏操作等，所以老化窖池与常规窖池之间的原料出酒率无显著差异。然而，本研究出酒率差异主要来源于发酵环境，主要是窖池窖泥和代谢产生的黄水，由于老化窖池发酵酒醅含水量较常规窖池偏低，代谢产物不能较好地被黄水稀释和运输，造成老化窖池局部环境不利于糖化的霉菌和发酵的酵母菌充分发挥双边发酵作用，因而酒醅中含酒精浓度偏低，最终老化窖池原料出酒率稍低于常规窖池。当然，浓香型大曲酒采用续糟配料、混蒸混烧的特殊工艺，白酒生产企业一般以月、季、年为周期计算原料出酒率，而本研究取窖池中某一甑进行原料出酒率计算，两类窖池出酒率均低于常规统计的数据。

（二）老化窖池与常规窖池的研究结论

（1）老化窖池与常规窖池在感官上有差异，老化窖池的窖壁泥板结、退化，老化窖池的水分和 pH 均显著低于常规窖池（$p < 0.05$）。

（2）老化窖池与常规窖池的发酵酒醅相比，酒精度显著降低（$p < 0.05$）、残余淀粉显著增加（$p < 0.05$），水分稍有偏低（$p > 0.05$）而酸度略高（$p > 0.05$）。

（3）老化窖池与常规窖池的所产新酒相比，总酸和总酯均显著降低（$p < 0.05$），己酸、β-苯乙醇、己酸乙酯和丁酸乙酯均极显著降低（$p < 0.01$），而乙酸乙酯和乳酸乙酯均极显著增加（$p < 0.01$）。

（4）老化窖池与常规窖池粮糟发酵出酒率之间无显著性差异（$p > 0.05$），但老化窖池出酒率低于常规窖池。

因此，保持窖泥中充足的水分、均衡的营养、适宜的 pH 等环境因子，在窖泥中逐渐富集起有利于产酯生香的功能菌群，构建和维护良好的微生态区系，是养护窖池遵循的基本原则。

三、生态化建窖技术

窖池是承载窖泥支撑，发酵过程栖息在窖池糟醅窖泥中的庞大微生物群落，在糟醅固、液、气三相界面进行着复杂物质能量代谢过程。因此，窖池建筑好坏直接关系到浓香型白酒的品质。窖池的制作一直延用传统的方法，存在着窖池不规则、窖壁窖泥厚度不一、窖泥易脱落等弊端。现代建窖技术需要克服传统窖池缺陷，以满足生态酿酒要求。以朱弟雄等人的专利《浓香型白酒生产中防止窖泥脱落的方法》（201110085873.3）和在湖北黄山头酒业有限公司实践为例，介绍生态化建窖技术的具体情况。

（一）技术特点

利用生态酿酒的原理，建造一种浓香型白酒生产中防止窖泥脱落的窖池，具有以下特点：

（1）结构简单巧妙且没有死角的长方形窖池。

（2）窖壁坡度9°的窖池结构，窖泥吸附能力强，窖泥不易脱落和下垂。

（3）最大化增加了窖池的比表面积，增加了糟醅与窖泥的接触面积，有利于提高酒质。

（4）窖池的窖壁坡度合理，用喷雾器喷洒窖泥营养液，能使营养液在窖泥表面浸润，吸收而不流失，便于对窖池的窖泥养护。

（5）简便易行，可实现标准化、规范化、规模化生产，有利于广泛推广应用。

（二）技术原理

采用"窖池壁固定坡度、窖池壁的窖泥厚度一致"关键技术，达到良好效果。第一，在窖壁坡度9.3°范围内，窖池的含水量在40%左右，窖泥不易脱落下垂；第二，增加酒醅与窖泥的接触面积，使窖泥与糟醅中微生物所需营养物质进行相互迁徙，以及微生物菌群在糟醅中的演化交替，实现窖池微生态环境中物系、菌系和酶系的动态平衡与生化转化过程，不断产生和积累香味物质，达到"以窖养窖、以糟养糟"的目的；第三，能使窖泥营养液和水分在窖泥表面浸润、吸收而不流失，便于窖池的窖泥养护。

（三）窖池构造

生态化建窖的窖池结构如图3-16所示。

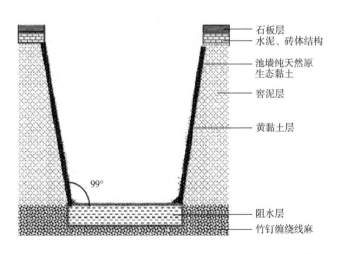
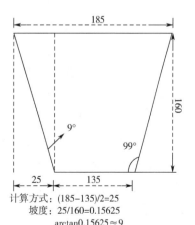

图 3-16 窖池构造

（四）技术要点

（1）窖池尺寸 长方形窖池，长宽比例在 2.15∶1，上口长度为 3977mm、宽度 1850mm，深度 1600mm，下口长度 2902mm、宽度 1350mm，窖壁坡度 9°，窖墙与池底角度 99°。其中，池壁坡度固定值计算公式：$PDG = (SK - XK)/2GD$；PDG 为池壁坡度固定值 $= 0.15625$，SK 为池壁上口尺寸，XK 为池壁下口尺寸，GD 为池壁高度尺寸。

（2）窖池骨架 先将待建窖车间的原来泥土取走，取无污染、符合生态酿酒窖池建筑的黄黏土筑窖，按窖池设计尺寸建成窖池骨架。原生态黄黏土由黏性胶体所构成，黏性胶体由硅酸盐结构叠合而成的微粒子，微粒子表面和边缘有电荷可以相互组成凝聚体。窖泥的凝聚体除支撑作用外，粒子表面及侧面起吸附菌体、浓缩营养增强缓冲作用，其空隙又是微生物的安乐窝，用以贮存水分、营养成分和代谢产物（醇、醛、酮、酸、酯等有效成分）。

（3）筑窖要求 用新型防水材料将窖池底部铺严，并将四周铺至窖池所需的高度，使所有窖池处于一个完全与外界地下水位、地表水等隔绝，同时也避免窖内水分及酒分的损失，使所建窖池达到不浸、不漏、不渗的要求。

（4）涂抹人工窖泥 窖池的池底窖泥厚度为 200 ~ 300mm；窖池的池壁窖泥的厚度为 100 ~ 150mm。

（五）建窖效果

生态化窖池的建设，采用"窖池壁固定坡度、窖池壁的窖泥厚度一致"关键技术，有效防止了窖池在使用中窖泥脱落带来的操作不便、窖泥退化和影响酒质的问题，能提高出酒率 2% 和优级酒率 5% ~ 8%，酒体窖香浓郁、绵甜爽净、后味悠长。

四、老化窖池的维护与保养技术

20 世纪 60 年代以来，吴衍庸研究员发明的己酸菌和甲烷菌二元发酵、酯化酶生香、生香功能曲三项微生物技术，系在总结泸型酒传统工艺基础上的创新成果，经过理论与实践长时期的检验证明是可靠有效的技术。其中，己酸菌和甲烷菌二元发酵培养人工窖泥，酯化功能菌用于制作强化大曲，人工优质窖泥和强化大曲对新建窖池和窖池养护是不可少的，它是浓香型白酒获得优质、高产的基础。

（一）人工老窖的保养与维护技术

浓香型白酒企业采用人工老窖技术对提高优质酒品率起到了重要作用，但是随着连年不断的转排，窖泥退化、窖泥结晶等一系列窖池老化的问题逐渐显现出来，导致了浓香型酒优质率降低，如何破解这个难题？以侯建光所在的仰韶集团研究成果为例，介绍人工老窖的保养与维护技术的具体情况。

1. 技术特点

老化窖泥从外观上看表现为板结严重含水量小，泥质呈灰白色，窖池壁上夹杂大量的团状白色粉末和针状结晶。经土质分析，找到结晶的原因是窖泥用土钙、铁离子含量偏高，形成乳酸钙、乳酸亚铁结晶。该技术在新窖老熟技术的基础上不断加大创新力度，通过改善窖泥微生态环境，解决了窖泥退化、窖泥结晶等一系列造成浓香型酒优质率降低的难题，在人工老窖的保养与维护方面提供了可借鉴的经验。

2. 技术原理

窖池老化结晶是造成浓香型白酒优质品率降低的主要问题，己酸菌代谢环境中的氨态氮、有效磷、有机质含量低，使得功能菌活性差，无法进行生长代谢，杂菌大量繁殖。针对土壤、气候等实际情况，通过检测分析科学合理地调整己酸菌代谢环境中的氨态氮、有效磷、有机质含量，通过养护措施维持窖泥的营养平衡，促使退化窖池的老熟，实现产酒质量的提高。

3. 工艺流程

人工老窖的保养与维护的工艺流程如图3-17所示。

老化窖池窖泥分析 → 综合处理老化窖池 → 窖池维护与保养 → 酿酒效果检测 → 推广应用

图3-17　人工老窖的保养与维护的工艺流程

4. 技术要点

（1）窖泥强化补充措施　①改进窖泥车间土壤来源，为了解决土质问题，专门采用池塘底泥作窖泥用土，减少了金属离子，增加了有机质；②理化微生物检测中化验室增加土质、窖泥、己酸菌液的理化和微生物检测；③严格执行酿造操作规程，科学合理配醅，严格入池温度、酸度、水分、淀粉含量的控制（表3-16），控制升温过猛、顶火温度过高现象；④采取池底窖泥发酵工艺，按人工窖泥配方在池底进行窖泥发酵培养，这样培养的窖泥既可促使扩大酒醅接触窖泥，又可一年四季利用窖底泥填补池壁，达到以窖养窖的目的；⑤采取己酸菌灌窖措施，每班在窖池壁上打孔，喷灌己酸菌液。待己酸菌液渗入窖泥后，再在窖池壁上撒3kg左右的曲粉；⑥黄水养窖，及时收集黄水用于窖泥的培养；⑦改变封池方式，先用窖泥封10cm厚，然后再用新鲜泥封窖，封池泥均有专门的搅拌机拌和，供各班组每天使用，封池后不盖塑料薄膜，而用麻袋盖，每天有专职养护人员对窖池进行喷雾器喷水，再抹平养护；⑧防止氧化和杂菌。每天在出窖后用塑料薄膜将窖池口盖严实，防止氧化和杂菌；⑨使用反渗透纯水，酿造除冷却水外，润粮、打量水、培养窖泥均用勾兑用的已除去金属离子和杂质的电导率接近零的反渗透纯水。

表3-16　　　　　　　　　　　　　入池条件

季节	温度/℃	酸度/%	水分/%
春秋季	13～19	1.2～1.8	53～57
冬季	13～19	0.8～1.6	53～56
夏季	低于室温3	1.6～2.2	53～58

（2）复合菌的应用　①运用己酸菌、甲烷菌二元复合菌共栖发酵技术，有利于己酸的生成，己酸菌将发酵产生的 H_2 提供给甲烷菌，甲烷菌 H_2 利用为电子供体，将发酵中产生 CO_2 还原为甲烷，这样使己酸菌消除了 H_2 的抑制，有利于促使己酸菌合成己酸；②丙酸菌抑制乳酸，丙酸菌有抑制乳酸合成的作用，通过丙酸菌的扩大培养，进行窖池喷灌，抑制了乳酸菌的作用，达到增己降乳的目的，另外使得丙酸高于丁酸也是仰韶酒的风格之一。

（3）窖泥质量要求　老化窖泥、人工窖泥和窖池养护后窖泥的质量检测见表 3 - 17。

表 3 - 17　　　　　　　　　　土壤、窖泥检测报告

项目	Ca^{2+}/%	Fc^{2+}/%	pH	氨态氮/（mg/100g）	有效磷/（mg/100g）	有机质/%	己酸菌数
土壤	4.00	1.60	4.5	20	8.0	1.50	—
池塘泥	0.02	0.01	5.5	60	15	2.50	—
老化窖泥	3.50	0.80	3.5	50	30	2.50	3.0×10^4
新培养窖泥	0.20	<0.001	6.6	300	70	5.00	8.5×10^7
养护后窖泥	0.38	0.01	6.2	200	60	4.50	5.6×10^7

5. 酿酒效果

通过科学合理的窖池保养和维护，酿造车间窖池的出酒优质率已上升至 60% 以上，优质酒中己酸乙酯≥1.8g/L，总酸≥0.8g/L，乳酸乙酯偏高的现象也得到了有效抑制；窖池窖泥的水分、pH、有机质都能够满足微生物生存的需要，保持湿润的封窖措施，使得酒醅能够保持水分不挥发，也使生态环境更能适应微生物生长。

（二）老化窖池窖泥的更换技术

泥窖是传统固态发酵浓香型白酒的窖池特色，窖池中窖泥含有发酵产香的功能菌群，窖泥质量对浓香型白酒主体香味成分的生成具有关键作用。原邵阳市酒厂大多数窖池因多年未维护和保养，窖泥脱落与老化现象十分严重，致使窖泥失去应有的香味，酒质也随之明显降低。因此，该厂决定通过培养人工窖泥，更换窖池中已退化的窖泥，达到提高产酒质量的目的。以笔者等人的研究成果为例，介绍老化窖池窖泥更换技术的具体情况。

1. 技术特点

老化窖池的症状表现为：窖泥表面出现乳酸亚铁和乳酸钙的混合物形成白色颗粒和白色针状结晶，窖泥因含水量和透水能力降低而板结，己酸菌数量明显减少，代谢和产己酸能力明显下降，造成原酒己酸乙酯含量降低。人工窖泥不仅可置换窖池中老化的窖泥，防止窖池窖泥脱落现象，而且可以修复和改造窖池，防止窖池渗漏现象，可大大提高浓香型大曲酒生产的优质酒率。

2. 技术原理

利用优质老窖泥中发酵生香功能菌如己酸菌，通过富集培养获得优良种子，然后通过扩大培养得到人工窖泥，这样的窖泥不仅产香的己酸菌为优势菌群，而且建立了适合功能菌生长繁殖和代谢的生态环境。用人工窖泥将已退化窖池的窖泥更换，有利于促进了浓香型酒主体香成分四大酯的生成和比例协调，从而达到提高酒质的效果。

3. 工艺流程

老化窖池窖泥的更换的工艺流程如图 3 – 18 所示。

图 3 – 18　老化窖池窖泥更换的工艺流程

4. 技术要点

（1）培养基配方

①一级种子培养基：葡萄糖 3%、蛋白胨 2%、牛肉膏 1.5%、碳酸钙 2%，pH6.8 左右。

②陶坛内培养基：黄泥 5% ~ 6%、新鲜酒糟 10%、尿素 0.05%、尾酒 2%、$KH_2PO_4$0.1%、大曲粉 5%，pH6.8 左右。

③培养池内培养基：黄泥 500kg、塘泥 125kg、新鲜酒糟 25kg、大曲粉 10kg、尿素 1.25kg、20%（vol）尾酒 50kg、$KH_2PO_4$2.5kg、黄水和窖皮泥适量，pH6.8 左右。

（2）窖泥质量要求　培养完的池内窖泥，在使用之前取样进行质量评定，其结果如下：

①感官质量：质灰黑色；香气正，有酯香酒香和老窖泥气味，且较持久，无其他异杂味；较柔熟细腻，刺手感微弱，断面较泡气，均匀无杂质，有一定的黏稠感。

②理化与微生物指标见表 3 – 18。

表 3 – 18　　　　　　　　　　　　窖泥理化与微生物检测结果

项目	水分/%	氨态氮/%	腐殖质/%	有效磷/%	细菌/（10^4CFU/g 干土）	芽孢杆菌/（10^4CFU/g 干土）
数值	38.5	0.13	11.6	176.2	300	61.3

（3）窖泥更换的方法　对窖泥已严重脱落、老化或渗漏现象的窖池进行了窖泥更换，其做法是：

①窖壁处理：铲除窖壁四周的老窖泥；将楠竹窖钉钉入窖墙，竹钉长 15 ~ 16cm，外露 5 ~ 6cm，上下竹钉成品字形，竹钉间距约 20cm；将人工窖泥搭在窖壁上，泥厚

7~8cm，要求光滑平整。

②窖底处理：铲除窖底老窖泥，挖一个装量为100kg的黄水坑；将窖底泥夯紧；用人工窖泥筑窖底，泥厚19~20cm。要求应有一定的斜度，低矮的一方为黄水坑，涂抹时间尽量缩短，以免受污染。涂抹平整后，撒一些大曲粉，立即投料生产。

5. 酿酒效果

更新窖池投入生产后，生产出来的第一排新酒，与同期未改造的老窖池所产酒进行比较，通过气相色谱检测的主要数据见表3-19。

表3-19　　　　　　　　　　　窖池更新前后酒质的比较　　　　　　　　单位：mg/100mL

项目	总酸	总酯	己酸乙酯	乳酸乙酯	乙酸乙酯	丁酸乙酯
更新前	150.64	717.36	171.594	274.993	175.356	65.280
更新后	218.52	974.41	287.291	297.224	242.759	109.658

从表3-19可知，①与更新前窖池相比，更新窖池生产的新酒中四大酯的含量增长率分别为己酸乙酯67.42%、乳酸乙酯8.08%、乙酸乙酯38.44%、丁酸乙酯67.98%，也就是说，构成浓香型酒主体香成分的四大酯均有不同程度的增加，尤以己酸乙酯量为甚；②四大酯的比例更趋协调，更新前的新酒中己酸乙酯：乳酸乙酯：乙酸乙酯：丁酸乙酯 = 1:1.60:1.63:0.38，更新后的新酒中己酸乙酯：乳酸乙酯：乙酸乙酯：丁酸乙酯 = 1:1.03:0.84:0.38，前者不遵循依次变小的规律，乳酸乙酯露头，酒质差；后者基本符合依次变小的要求，己酸乙酯与乳酸乙酯的比值接近1:1，较前者下降了许多，因此酒质较好；③更新窖池经两轮生产统计，优质酒比例增加了25%；④更新窖池所产酒仍存在乳酸乙酯含量偏高的不足，"增己降乳"仍将是酒厂要着手解决的关键问题，可以进一步培养和应用纯种的窖泥功能菌和产酯菌，使优质酒的比例再上一个台阶；⑤更新窖池应注意加强管理与养护，采取有效措施防止泥窖的老化衰退，使酒质保持稳定。

第四章　生态化原料预处理技术

五谷酿美酒，粮食是酿酒最主要的原料，粮食质量的优劣直接关系到酒的质量。"水是酒的血液"，佳酿必有好水。稻壳是传统固态白酒生产的常用辅料，主要起疏松作用。生态酒的生产，必须从源头上把握好原料与辅料来源，同时必须重视其预处理工序，从而改善酒的品质。

第一节　白酒原粮汽爆糊化处理技术

中国白酒酿造常用的原料有高粱、小麦、大米、糯米、玉米、小米、青稞、绿豆等，原粮糊化的传统方法普遍采用蒸煮工艺，即将原粮浸泡或粉碎润料后，装入甑桶，用水蒸气在常压下蒸煮糊化，达到"柔熟不腻"的要求。蒸煮目的有二：一是使大分子淀粉颗粒在热力作用下充分吸水膨胀，促进淀粉颗粒的松散而成为淀粉糊状态，以便于"双边发酵"时受淀粉酶的作用水解为可发酵性糖；二是对原料进行杀菌，减少发酵过程的污染。但传统蒸煮方法存在"糊化效果差、耗能高、原料利用率低"等问题。

蒸汽汽爆处理简称汽爆，始于20世纪20年代，兴起于20世纪80年代，从最初用于生产人造纤维板，历经木材纤维提取乙醇、制浆造纸、动物饲料生产，至今已经发展到食品工业、制药行业、生物能源、材料、化学和环境保护等各领域，近几年在白酒生产中开始应用。下面以舍得酒业李家民的发明专利《白酒原粮汽爆糊化处理方法》（201010028078.6）和《一种汽爆机》（201310046686.3）为例，介绍白酒原粮汽爆糊化处理技术的基本情况。

一、技术特点

将粮食用热水清洗浸泡，将水排尽自然晾干，使粮粒吸水充足，开口率达到93%～95%，含水量达40%～45%；再将粮食置入80～90℃汽爆罐中，通入干蒸汽至汽爆罐内压力达到1.5～3.0MPa时，调节蒸汽流量，保持该压力5～10min，打开汽爆

89

罐排料阀，将粮食汽爆喷放到常压接料罐中，待粮食物料全部排出，气爆罐压力降至零后，开启接料仓仓门，收集粮食物料。显著优点如下：

（一）提高出酒率

通过汽爆法物理撕裂作用，使原粮中"角质层"等在常规条件不易溶出的物质溶出，糊化率高，且糊化均匀，增加原料利用效率，可明显提高出酒率。

（二）减少糠壳用量

原粮汽爆法处理后，孔隙增加，比表面积增大，易于微生物与营养物质接触，同时利于氧气溶入，更利于窖内发酵，并且由于粮食原料结构疏松，空隙大，可增加糟醅的疏松度，从而有效减少糠壳用量。

（三）提高白酒安全性

原粮汽爆法处理后，原粮中易产生甲醇的"果胶质"被破坏，可降低甚至消除白酒中甲醇含量，提高了白酒安全性。

（四）节能环保

原粮汽爆高温瞬时处理后，不仅不会损害有效成分，而且可减少在白酒酿造工艺中粉碎和蒸煮工序，从而避免原料损失和环境污染，显著地减少了人力、能耗，降低了白酒酿造成本。

（五）便于推广应用

汽爆法处理原粮工艺所控制的参数只需温度、压力及汽爆时间等，操作简单，应用前景好。

二、技术原理

（一）汽爆技术处理原粮原理

汽爆技术原理为使用一定压力的水蒸气作介质，利用其穿透性强的特点，快速渗入生物质组织内部的纤维素与木质素等的分子之间，高能蒸汽分子于短时间内发生突发性释放，以炸散的形式爆于大气空间，使蒸汽内能转化为机械能，将原粮中大分子物质短时间分解、破裂。用较少的能量将原料糊化，使原料颗粒结构疏松、"烂心不烂皮"，为后期酶水解等生化作用创造前提条件。

（二）汽爆机的工作原理

汽爆技术的核心是汽爆机［图4-1（1）］，其工作原理：如图4-1（2）所示，爆仓内置的滑动密封盘处于全密封位置状态，当启动气缸A，滑动密封盘向上滑动至上端面。如图4-1（3）所示，爆仓上部的密封开启，爆仓处于进料状态，此时物料经投料斗进入接料斗，再进入爆仓；当物料加满后，启动气缸A，滑动密封盘向下滑动，使整个爆仓又处于全密封位置状态，打开蒸汽阀，蒸汽经蒸汽分布器进入爆仓，当达到预定压力及渗透平衡时间，关闭蒸汽阀停止进汽，同时启动气缸B，驱动滑动密封盘向下快速直线滑动，彻底打开爆仓截面密封。如图4-1（4）所示，使缸体整个截面完全暴露于大气中，物料瞬间爆射，完全进入出料斗；启动气缸B，滑动密封盘向上滑动使爆仓完全处于全密封位置状态，完成从加料到爆出的整个汽爆过程。

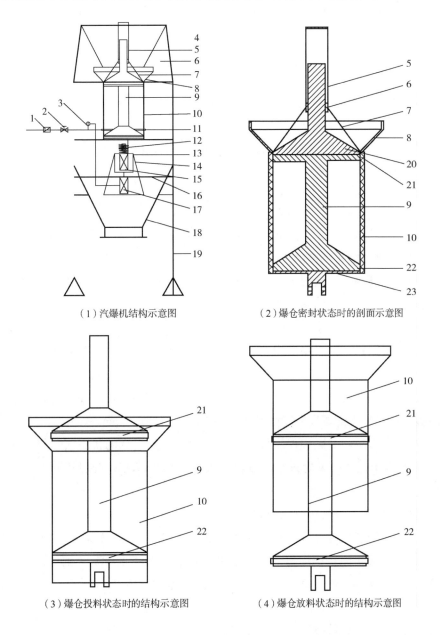

（1）汽爆机结构示意图　　　　　（2）爆仓密封状态时的剖面示意图

（3）爆仓投料状态时的结构示意图　　（4）爆仓放料状态时的结构示意图

图4-1　汽爆机示意图

1—蒸汽流量计　2—蒸汽阀　3—压力传感器　4—进料斗　5—限位轴外套　6—限位结构
7—限位装置支架　8—接料斗　9—滑动密封盘　10—爆仓　11—蒸汽分布器　12—减震弹簧
13—气缸A固定平台　14—气缸保护套　15—气缸A　16—气缸B固定平台　17—气缸B
18—出料斗　19—机架　20—上限位轴　21—上密封圈　22—下密封圈　23—下密封盘

三、工艺流程

酿酒原粮汽爆处理工艺流程如图 4-2 所示。

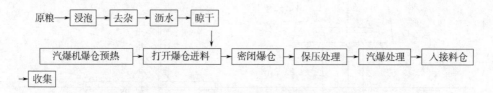

图 4-2　酿酒原粮汽爆处理工艺流程

四、技术要点

（一）高粱汽爆糊化处理的步骤

（1）原料预处理　将高粱用 95℃ 热水清洗浸泡 3h，除掉谷壳，将水排尽，在常温下搁置自然晾干 2h，使粮粒吸水充足、均匀，手捏无硬心，开口率达到 95%，含水量达 45%。

（2）汽爆罐预热　开启蒸汽阀通入干蒸汽预热汽爆罐，待汽爆罐温度达 90℃，关闭气阀。

（3）保压处理　将经过预处理后的高粱置入预热后的汽爆罐中，通入干蒸汽至汽爆罐内压力为 2.0MPa，调节干蒸汽流量，保持该压力处理 6min。

（4）汽爆与接料　高粱经保压处理后，立即打开汽爆罐的排料阀，将高粱汽爆喷放到常压接料罐中，待高粱物料全部排出，气爆罐压力降零，开启接料仓仓门，收集高粱物料。

（二）白酒原粮玉米汽爆糊化处理的步骤

（1）原料预处理　将玉米用 93℃ 热水清洗浸泡 6h 后，将水排尽，在常温下搁置自然晾干 2h，粮粒吸水充足、均匀，手捏无硬心，开口率达到 93%，含水量达 42%。

（2）汽爆罐预热　开启蒸汽阀通入蒸汽预热汽爆罐，待汽爆罐温度达 85℃，关闭气阀。

（3）保压处理　然后将经过预处理后的玉米置入预热后的汽爆罐中，通入干蒸汽至汽爆罐内压力为 2.5MPa，调节干蒸汽流量，保持该压力处理 8min。

（4）汽爆与接料　玉米经过保压处理后，立即打开汽爆罐的排料阀，将玉米汽爆喷放到常压接料罐中，待玉米物料全部排出，气爆罐压力降至零，开启接料仓仓门，收集玉米物料。

五、应用效果

（一）高粱汽爆的应用效果

汽爆后高粱物料与传统常温常压蒸煮工艺对比结果见表4-1，结果表明，汽爆技术优于传统常温常压蒸煮工艺。

表4-1　　　　　　　　　　两种方法处理高粱原料的效果比较

项目	传统常温常压方法	汽爆方法
水分/%	52	41
出酒率/%	40	45
耗蒸汽/（吨粮/t）	0.7	0.3

（二）玉米汽爆的应用效果

汽爆后玉米物料与传统常温常压蒸煮工艺对比结果见表4-2，结果表明，汽爆技术优于传统常温常压蒸煮工艺。

表4-2　　　　　　　　　　两种方法处理玉米原料的效果比较

项目	传统常温常压蒸煮方法	本发明汽爆方法
水分/%	50	42
出酒率/%	42	45
耗蒸汽/（吨粮/t）	0.6	0.2

第二节　水的预处理技术

一、白酒生产中水的重要性

白酒生产是利用微生物生长繁殖及酶活动将原料中大分子物质转化为酒精和香味物质的生化变化过程，水不仅参与微生物和酶的生化活动，而且成为白酒产品的重要组成部分，占酒体积的30%～60%。古人对酿酒用水极为重视，总结出："湛洗必洁，水泉必香"的经验，"水是酒之魂""好酒必须有佳泉"等充分说明了水的质量对于酒质的重要性。酿酒行业的用水一般可分为"酿造用水"和"加浆用水"两种。酿造用水由于参与发酵并经过高温蒸馏，只要水质好，一般没有特殊的净化要求，可直接采用优质深井水，或经简单过滤即可。但是，如果没有符合要求的加浆用水，是难以生产出质量上乘的白酒的。因此，在酿酒行业，各大企业对加浆用水的质量十分重视。

二、不同水处理方法的水质差异

酿酒企业的水处理技术设备各有千秋，不同设备处理效果有异。如混凝法、过滤法、吸附法，仅能除去沉淀杂质，吸附水中的气体、臭味、氯离子、有机物、铁与锰等，但不能彻底解决固形物超标的问题；树脂交换法、加热法、蒸馏法虽能降低水的硬度，使水软化，但加热蒸馏耗热量大，且工业锅炉蒸汽冷凝的水含铁多，直接影响酒的口感和色泽；电渗析法、反渗透法、超滤法，虽能除去水中溶解的固形物，滤除水中 $0.05\mu m$ 以上的悬浮物、胶体、微粒、细菌和病毒等大分子物质，基本达到纯水标准，但酿造和勾兑加浆用水并非越纯越好，在清除了大量细菌和污染物的同时，也清除了大量人体所必需的微量元素和矿物质。

不同的净化处理方式生产的加浆水的效果有别（表 4-3），除固形物含量有微量差别外，各微量组分并无太明显的差别，但是在风格口感方面却有显著的不同。实践证明，白酒行业的传统认识加浆用水的水质越纯净越好并非完全正确；应根据不同的酒度，选择一种或几种净化处理结合方式生产加浆用水，才能使成品酒达到酒体无色、清澈、透明、爽净，酒味谐调、统一、丰满、适口。

表 4-3 不同水处理方法的水质效果

检测指标	石灰软法	钠离子交换法	电渗析法	超滤法	反渗析法
含盐量	不变	变化不大	去除 80%~90%	不变	去除 96% 以上
硬度	去除暂硬度	符合要求	符合要求	部分有效	符合要求
Fe	稍有下降	不变	符合要求	< 0.1mg/L	< 0.03mg/L
余氯	不变	不变	符合要求	< 0.2mg/L	< 0.2mg/L
有机物	稍有降低	稍有降低	稍有降低	< 0.5mg/L	< 0.5mg/L
胶体	符合要求	稍有降低	变化不大	符合要求	符合要求
氯氮和亚硝酸盐	不变	不变	稍有下降	不检出	不检出
细菌总数	变化很小	增加	不变	符合要求	符合要求
大肠杆菌	不变	不变	符合要求	符合要求	符合要求
SO_4^{2-}	符合要求	不变	符合要求	符合要求	符合要求
重金属	变化很小	符合要求	不变	符合要求	符合要求

三、小分子团活性水处理技术

沱牌舍得酿酒所用的水源于流经射洪境内的涪江，涪江发源于雪山，自西而东从高山地带注入四川盆地，经渗透形成丰富的地下水资源，其水质清洌甘醇，天然绿色，极适合酿造高品质白酒。沱牌舍得酒业投资 2000 余万元引进了世界领先的美国 60t/h 水处理设备（图 4 - 3），从地下 100m 深处汲取深层雪山矿物质泉水，经管道过滤、机械过滤、锰砂过滤、活性炭处理、反渗透处理、电渗析处理，采用紫外线杀菌，有效除去了水中的有害成分，保留水中生物活性成分，利用物理能量将其改变为小分子团活性水，从而成为酿造高品质白酒的小分子团活性水。小分子团活性水具有四大特点：溶解力强、扩散力大、代谢力强、渗透力快，能很好地促进人体新陈代谢，有活化细胞等养生健体作用。这种水用于白酒勾调，既可提高产品质量，又对消费者健康有益。

图 4 - 3 舍得酒业小分子团活性水处理设备

第三节 酿酒用稻壳研究现状

水稻是亚洲和太平洋地区的主要饮食来源。从美国农业部 2014 年 12 月份发布的供需报告中可知，2014/2015 年全球大米产量预计为 4.752 亿 t。又从国家统计局发布的《2014 年粮食产量的公告》中可以看出，2014 年我国稻谷产量 20642.7 万 t，约占全球产量的 43%。而稻壳是水稻的主要副产物，根据稻壳约占谷籽粒质量的 20% 计算，中国稻壳年产量在 4100 万 t 左右。稻壳的利用途径较多，是一种产量大、产区广且价廉的可再生资源。

中国白酒属于世界六大著名的蒸馏酒之一，根据中商产业研究院数据库（AskCIData）的数据显示，2014 年中国白酒产量达到了 1257.13 万 kL，其中浓香型白酒约占白酒市场份额的 70%。在固态法生产浓香型白酒中，影响酒质的因素有原料、酒曲、窖池、生产工艺等，稻壳的用量占投料的 18%~22%，因此稻壳的质量直接影响着白酒的品质。

一、稻壳的基本特性

（一）稻壳的形态结构

稻壳主要由外颖、内颖、下护颖、上护颖和小穗轴组成。内颖比外颖略短，外颖的顶部外生长着鬃毛状的毛，稻壳长 5～10mm、宽 2.5～5mm、厚 23～30μm。

（二）稻壳的物理特性

稻壳一般呈黄色和金黄色，也有呈黄褐色和棕红色等色泽。密度特点是稻壳的主要物理特性，稻壳的不同密度值见表 4－4。

表 4－4　　　　　　　　　　　　　稻壳的主要物理特性

主要物理特性	自然堆积密度	捣实密度	堆积密度	粉碎堆积密度	真实密度
密度/（kg/m³）	100	160	96～160	384～400	500

（三）稻壳的化学成分

稻壳的化学成分主要由纤维素、木质素、五碳糖聚合物和灰分组成，还含有少量的蛋白质、脂肪，这些成分含量会因稻谷的品种、生长的地区以及气候的差异而变化，各组成成分见表 4－5。稻壳灰分中含有 90% 左右的 SiO_2，少量以盐或金属氧化物形式存在金属元素，各金属含量成分见表 4－6。

表 4－5　　　　　　　　　　　　　稻壳的化学组成

成分	粗纤维	灰分	木质素	多缩戊糖	粗蛋白	脂肪
含量/%	35.5～45	11.4～22.0	21～26	16～21	2.5～5	0.7～1.3

表 4－6　　　　　　　　　　稻壳灰分中各金属的含量　　　　　　　　　　单位:%

元素	含量	元素	含量
K	0.79	Al	0.24
Na	0.28	Cu	0.0072
Ca	5.46	Mn	0.069
Mg	1.03	Zn	0.09
Fe	0.23	Ti	0.0016

二、稻壳在大曲酒酿造中的应用研究现状

（一）稻壳在酿酒过程中的功能作用

在传统的固态白酒发酵中，稻壳是优良的辅料。它的积极作用主要有二：一是对

糟醅起疏松作用，使酒醅能保持一定的含氧量和疏松度，增大接触的界面，促进糖化发酵、蒸煮蒸馏等工艺顺利进行；二是对糟醅起调节浓度作用，调剂糟醅的淀粉浓度、酸度、水分含量，有利于酒醅的正常升温，提高出酒率和酒质。但稻壳本身的气体成分和使用过程中产生的化学成分也会给酒质带来负面影响，如何降低这种负面影响已引起了业界越来越多的重视。

（二）稻壳成分与酿酒品质的关系

1. 稻壳中 SiO_2 与酿酒的关系

稻壳中 SiO_2 的含量约有 20%，SiO_2 是细胞壁的主要成分，SiO_2 含量从稻壳的内皮层到外表皮呈现逐级递增的趋势。SiO_2 在稻壳中起骨架作用呈网络状排列，纤维素和木质素填充在网格中，SiO_2 与木质素多以共价键的形式连接。因此，稻壳有硬度大、韧性强、性质稳定的物理特性，在酿酒过程中，经过长时间的发酵，仍能够保持这一物理特性，为参与糖化、发酵的好氧微生物和兼性好氧微生物的生长繁殖以及代谢产物的积累提供了有利条件，能促进出酒率的提高和酒中香味成分的积累。在蒸馏取酒的过程中，增加酒醅的疏松度，有利于蒸汽的均匀穿透，通过雾沫夹带作用促进提香，提高酒质。

2. 稻壳中多缩戊糖与酿酒的关系

稻壳中含有 16% ~21% 的多缩戊糖，多缩戊糖水解后脱水缩合生成一定量的糠醛（图 4 - 4）。糠醛是一种在空气中能够快速变成黄棕色液体的中等毒性物质，人吸入的最小中毒剂量是 50mg/L，经口最小致死量是 500mg/kg，因此世界卫生组织曾经把糠醛列为禁止添加到食品中的添加剂，糠醛对人的身体健康有一定的不良影响。在浓香型大曲酒生产过程中，有两种减少稻壳产生糠醛的方式：一是配料之前对稻壳清蒸处理，将杂味气体成分和糠醛随蒸汽排走；二是酒醅固态蒸馏取酒时采取掐头去尾，从而减少入库贮存新酒的糠醛含量。然而，这些措施基本上是凭经验的粗陋方式，没有达到精细的一个量化操作标准，新酒中还残留着糠醛和稻壳的其他化学成分，会给白酒带来糠腥味。因此，无论是从白酒酒质的角度，还是从身体健康、企业的长远发展的角度来看应该尽可能地降低糠醛的含量。

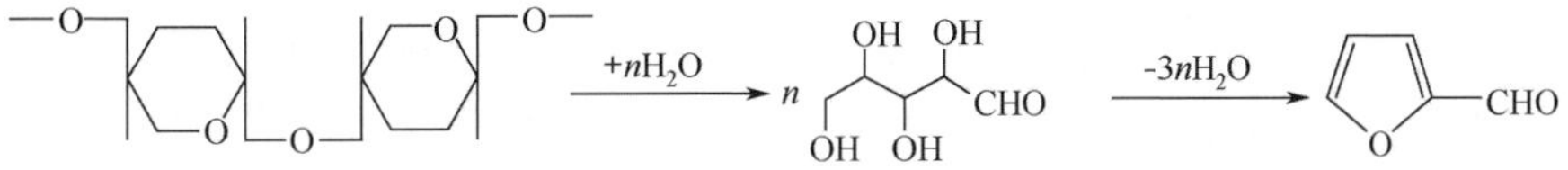

图 4 - 4　糠醛生成机理

（三）稻壳品种的筛选

酿酒过程中所用的辅料稻壳的质量高低主要取决于水稻品种，中国地域广，水稻品种众多，种植在长江流域、华南地区、西南地区和北方地区等不同区域的水稻品种在稻壳的物理性质上存在着差异。因此，需要筛选出更加适宜酿酒用辅料稻壳的优质水稻品种，从源头上严把酿酒用辅料稻壳的质量关。2012 年江学海等人对贵州地区的 5 个杂交籼稻（黔优 388、香两优 875、金优 785、奇优 894、竹优 7 号）进行品种筛选，以与白酒质量密切相关的容重、完整率等物理因素（表 4 - 7）为研究指标，结果表明黔优 388 和金优 785 两个品种具有容重小而完整率高的特点，最终从 5 个籼稻中确定黔优 388、金优 785 更适于用作酿酒辅料。

表 4 - 7　　　　　　　　　　　　　不同品种稻壳的容重与完整率

品种	容重/（g/cm^3）	完整率/%	品种	容重/（g/cm^3）	完整率/%
竹优 7 号	0.103	90.4	金优 785	0.091	91.2
香两优 875	0.095	89.9	黔优 388	0.088	92.8
奇优 894	0.096	90.8	CK	0.105	87.9

注：①CK：对照组，酿酒生产企业提供的稻壳；②稻壳容重越小，稻壳完整率越高，越有利于酿酒。

（四）稻壳的预处理方式

浓香型大曲白酒生产中，对辅料稻壳的要求为新鲜、无霉变、无异味，含水量不得超过 12%，破碎至 2 ~ 4 瓣最佳，其中的杂物不得高于 0.2%。由于辅料稻壳杂味较重，且含有大量杂菌，因此使用之前需清蒸处理，清蒸时间由最初的 30min 增加到现在的 50min 左右。然而，这样一种预处理方式并没有达到较好的效果，在传统的酿酒生产中稻壳含有哪些气体成分并不知晓。于是，叶夏华等人采取蒸馏萃取法和固相微萃取法联用研究酿酒用糠壳的挥发性气味成分，经 GC - MS 检出糠壳气味成分共有 175 种，包括烃类 14 种、醇类 11 种、醛类 16 种、酸类 4 种、酮类 13 种、酯类 11 种、苯类 30 种、其他类 33 种和未知物 43 种，糠壳成分由蒸馏前的 175 种降到蒸馏后的 41 种，糠醛的气味峰面积由蒸馏前的 73854218 降到了蒸馏后的 5918450。因此，这项研究结果为白酒中糠味的控制提供了一定的参考价值。

（五）酿酒用稻壳的回收再利用

1. 继续用于酿酒辅料

本着节约资源的原则，减少环境污染的宗旨，贯彻可持续发展的理念，建设环境友好型社会的责任。资源的循环利用是亟待解决的问题，早在 1994 年，安登第等人提出设想稻壳在一次酿酒生产后可不可以再利用，因为在酿酒过程中，稻壳并未参与酿酒的生物发酵过程，其物理形态并未发生大的改变。研究得出结论，回收稻壳的完整率优于原生稻壳，只是相对密度稍有增加，用于酿酒是可行的，不会影响白酒的产量和质量，反而提高酒厂的经济效益。另外，吴忠会等人在研究白酒丢糟零排放的工艺时，用酸浸提酒糟和调节 pH 收集沉淀菲汀，同时分离出了干净的稻壳，实现了稻壳的回收利用。

2. 制作生物质环保型燃料

随着不可再生能源物质煤、石油等资源的减少，开发出成本较低、污染环境少的清洁能源是解决能源问题的一条重要途径。而生物质环保型燃料是一种发热量大、燃烧纯度高、环保、灰烬可回收利用的新型燃料，通过对可持续能源稻壳的预处理、炭化、燃烧等特点分析，证明稻壳是最佳能源之一。丢糟是白酒酿造的副产物，在干燥的丢糟中稻壳的含量占60%~65%，是一种潜在的生物质能源。张磊等人对白酒丢糟的干燥方法进行了探讨，得出了生石灰中和、烟道气干燥和旋风干燥机干燥的三级干燥新工艺。刘旭等人以丢糟为原料，在200℃、100MPa的条件下研制出高效、节能、环保能够代替煤炭、石油、化工原料等的生物质燃料。这些研究对可持续发展和保护生态环境有着重要意义，有利于推动行业朝生态酿酒方向发展。

三、发展趋势

从以上研究的现状可以得出，白酒酿造中稻壳的发展趋势有以下几点。

（一）全面分析酿酒用稻壳的物理特性

在白酒酿造这一领域中，现在多数研究者是在稻壳本身的色泽、容重、堆积密度、含水量、组织结构及蒸煮气味成分等方面做出了相应的分析。但是对于酿酒中辅料稻壳的吸水率、膨胀率、硬度等方面的性质也是相当的重要的，这直接关系到稻壳所能调节酒醅含水量和含氧量，关系到好氧和兼性好氧微生物的生长情况、出酒率和呈香呈味物质的代谢。

（二）筛选最适酿酒用稻壳的新品种

稻壳品种的筛选范围较窄，未形成规模，目前研究者主要是以贵州地区的稻壳为主要对象，而中国的白酒主要产地除贵州外，还有四川、河南、山东、安徽、湖北等地区。所以扩大稻壳品种的研究范围，选出各地白酒酿造所需稻壳，这是保证白酒质量的又一举措。

（三）创新酿酒用稻壳的预处理方式。

在白酒酿造工艺中，稻壳要求清蒸，主要目的除去异杂味和杂菌，其中的异杂味主要是稻壳的糠味。清蒸虽能除去部分糠味，但处理方式不一定是最佳的，倘若先使用酸、碱浸泡与清蒸相结合的预处理酿酒用稻壳，相信是除去糠味的比较好的途径。因为在酸性环境中多缩戊糖分解成戊糖分解率以及戊糖的脱水环化生成糠醛的量将有一个很大的提高，然后通过清蒸能更有效地去除糠腥味。

第四节　酿酒用稻壳预处理技术

浓香型白酒酿造的辅料主要是稻壳，又称谷壳或糠壳，它在酿造过程中主要起到疏松糟醅的作用。酿酒用稻壳预处理的传统工艺是将其入甑用蒸汽清蒸30~

60min，去除掉稻壳内的多缩戊糖和生糠味。由于稻壳颗粒有粗有细，其中细稻壳实际不能起到疏松作用，当稻壳中细稻壳所占比例较高时，酿酒用的稻壳数量就要增多，才能达到粗稻壳相同的疏松度。稻壳在蒸煮蒸馏时会产生一定量的糠醛、糠腥味杂质，就使基础酒的糠醛含量超标和感染糠腥味的几率增大，从而降低浓香型基础酒的品质。因此，从生态酿酒的角度来考虑，需要寻求解决酿酒用稻壳预处理的新技术，以提高浓香型优质基础酒的数量。以李家民的《一种酿造浓香型白酒的"一清到底"工艺》（100343380）和笔者等人《减少酿酒用稻壳碱金属与糠醛含量的预处理方法》（201510715379.9）的专利技术为例，介绍酿酒用稻壳预处理新技术的基本情况。

一、清蒸与筛选结合稻壳预处理技术

以李家民的专利《一种酿造浓香型白酒的"一清到底"工艺》（100343380）为例，介绍清蒸与筛选结合稻壳预处理技术的基本情况。

（一）技术特点

专利《一种酿造浓香型白酒的"一清到底"工艺》中，在稻壳的传统清蒸预处理工艺之后增加了稻壳清选方式，即对辅料稻壳预处理采用先清蒸后筛选的二次清理过程，将筛选后的谷壳按粗、细粒分类，酿酒只使用清选后的粗稻壳作疏松剂。其优点在于：

（1）降低常规工艺中辅料稻壳的用量　清选后的稻壳其疏松性能更好，在对糟醅相同的疏松程度要求下，清选后的稻壳用量会减少。

（2）促进酒质的提高　通过清蒸和清选处理稻壳后，可有效降低稻壳带入新酒中的糠腥味，糠醛含量也会减少，从而提高酒质。

（二）技术原理

与传统工艺中清蒸辅料工序不同，本发明中的清选辅料工序，除要对辅料——稻壳清蒸还要进行筛选，既可除掉谷壳内的多缩戊糖和生糠味，又能保证与续糟拌和的疏松度，大大减少了谷壳用量，使新酒的糠醛含量和感染糠腥味的几率大大降低，从而提高了新酒的口味质量和卫生质量。

（三）工艺流程

清蒸与筛选结合稻壳预处理工艺流程如图4-5所示。

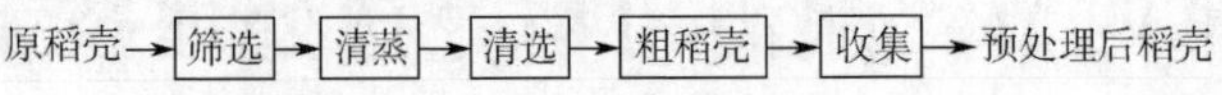

原稻壳 → 筛选 → 清蒸 → 清选 → 粗稻壳 → 收集 → 预处理后稻壳

图4-5　清蒸与筛选结合稻壳预处理工艺流程

（四）技术要点

（1）稻壳的清蒸　按传统工艺对酿酒原料先进行筛选外，对酿酒辅料－稻壳清蒸，即稻壳单独入甑，敞开蒸煮，待圆汽后清蒸 60min，去除掉稻壳内的多缩戊糖和生糠味。

（2）清蒸后稻壳的清选　清选稻壳的设备是一个长 150cm，宽 80cm 的长方形筛子。筛子的底部是一张长 160cm，宽 90cm，筛孔直径为 1mm 的筛网，四壁为木块，壁高 12cm；筛子的四角处个有一长 15cm 的手柄，以方便操作时使用。清选稻壳时，将清蒸后的稻壳倒在筛子内，铺平，然后由两人面对面手持手柄，前后振荡筛子，颗粒较细的稻壳会从筛子中落下，而粒径大于 1mm 的粗稻壳仍留在筛子内，收集好粒径大于 1mm 的稻壳，称量、备用。

二、黄水酸化稻壳预处理技术

以余有贵等人的《减少酿酒用稻壳碱金属与糠醛含量的预处理方法》（201510715379.9）的专利技术为例，介绍该新技术的基本情况。

（一）技术特点

专利《减少酿酒用稻壳金属元素与糠醛含量的预处理方法》中，在稻壳的传统清蒸预处理工艺之前增加了稻壳的黄水酸化和之后的清洗方式，即对辅料稻壳预处理采用一定量新鲜黄水与稻壳混合浸泡、离心脱水、入甑清蒸、出甑清洗、脱水干燥，然后作酿酒用辅料。其优点在于：不仅降低常规工艺中辅料稻壳的用量，而且提前将稻壳可能产生的糠醛、糠腥味杂质排除掉，促进酒质的提高。

（二）技术原理

黄水浸泡稻壳一定时间，提供了一种模拟稻壳处于窖池发酵的真实环境，结合清蒸排除稻壳中糠醛、糠腥味杂质，降低稻壳在发酵窖池中糠醛生成量；在清蒸后再反复清洗，减少稻壳的无机盐和糠粉等杂质，还有利于降低酿酒辅料的用量。这样，提高基础酒的品质。

（三）工艺流程

黄水酸化稻壳预处理工艺流程如图 4－6 所示。

（四）技术要点

（1）黄水与稻壳混合浸泡　从发酵结束的窖池中取出发酵正常的新鲜黄水，黄水 pH 为 3.0～3.5；稻壳入黄水容器浸泡，稻壳与黄水的料液质量比为 1∶（13～17），在温度 50～60℃下浸泡稻壳 5～7d，浸泡期间适当搅拌以加快反应速度。

（2）脱水清蒸　将浸泡后的稻壳用离心机脱水，除去水溶液后的稻壳入甑清蒸，在蒸汽压力 0.02～0.03MPa 下敞口圆汽蒸馏时间 50～60min，离心机滤出的水溶液再用于辅料稻壳的浸泡。

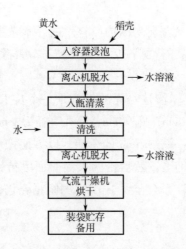

图4-6 黄水酸化稻壳预处理工艺流程

（3）出甑清洗　清水反复清洗出甑稻壳，直至清洗过稻壳的水溶液 pH 为 6.9 ~ 7.0，旨在除去稻壳中碱金属、糠粉杂质和残留黄水溶液。

（4）脱水干燥　清洗后的稻壳再用离心机脱水，在转速 850 ~ 950rpm 下离心时间为 5 ~ 6min，控制稻壳水分为 30% ~ 35%；将经过离心脱水后的稻壳送入单层带式气流干燥机中干燥，控制稻壳含水量 13% 以下；干燥热源采用温度 40 ~ 70℃的气体，干燥时间 2 ~ 4h。

（5）收集装袋　将处理干净的稻壳装袋，干燥环境中贮存，酿酒用辅料。

（五）应用效果

黄水酸化稻壳预处理技术。稻壳经预处理后的物理特性不变，但稻壳中碱金属含量可减少 50% ~ 60%，糠粉杂质含量减少 2% ~ 4%，潜在的糠醛生成量减少 70% ~ 80%；实现了酿酒副产物黄水的高值化循环利用。

第五章 生态化发酵技术

白酒的生态化发酵技术是在科学地认识传统固态发酵基础上，保护与建设适宜酿酒微生物生长、繁殖的生态环境，以安全、优质、高产、低耗为目标，对原辅料预处理、配料操作、酒糟入窖、发酵方式、酒醅出窖、蒸馏取酒等生产工序改革与创新，最终实现资源的最大化利用和循环使用。目前报道的生态化发酵技术主要有：以安全、优质为主要目的的技术，如复合香型白酒发酵技术、浓香型白酒"一清到底"发酵技术、夹泥多甑双轮底发酵技术；以高产、低耗为主要目的的技术，如回糟发酵新技术。

第一节 复合香型白酒发酵技术

随着白酒产能偏高，消费者对产品的品质追求趋于个人化，复合型白酒受到市场的追捧，酿酒企业应对市场需求变化而不断开发出复合香型白酒。多粮发酵和不同香型酒勾调等复合香型白酒生产工艺不断创新，复合香成分分析及其形成机理的研究也在不断深入，复合香型白酒产品质量日趋完善，赢得了消费者的青睐。

一、白酒香型

（一）白酒香型的分类

白酒分类方法多种多样，其中比较典型的有按香型分类。香型的出现可分为三个阶段：第一个阶段为白酒五种香型。20世纪70年代末，通过全国名优酒协作会和1979年第三届全国评酒会，正式提出和确立了浓香、酱香、清香和米香四大香型白酒。在第三届全国评酒会上，将不属于浓香、酱香、清香和米香四种香型范围的白酒列为其他香型，即最初认定的白酒五大香型为浓香型、酱香型、清香型、米香型和其他香。第二个阶段为白酒十大香型。20世纪80年代的第四届和第五届全国评酒会上，将酿制工艺、香气组分、风格特征独特的兼香型、药香型、凤香型、特型、芝麻香型和豉香型六种白酒从其他香型中分离独立，陆续制定出了各自的产品标准，在四大香型白酒基础上形成了十大香型白酒。第三个阶段为白酒十二大香型。进入21世纪前后，随着白酒产品销售地域性范围的扩大与满足个性化消费需求，老白干香型和馥郁香型白酒再次被认定，成为目前白酒常说的12种香型，即浓香型、酱香型、清香型、米香型、兼香型、药香型、凤香型、特型、芝麻香型、豉香型、老白干香型和馥郁香型。

（二）白酒香型之间的关系

白酒以四种基本香型为基础，目前十二种白酒香型之间的关系如图5-1所示。

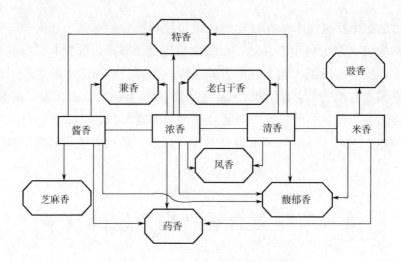

图5-1　十二种白酒香型之间的关系

二、复合香型白酒

复合香型白酒源于20世纪70年代的其他香型白酒，并不断发展与完善。复合香型白酒是指以清、浓、酱、米四种香型为基本香型，由其中两种或两种以上的基本香型复合所派生出的白酒，具有生产工艺多样性、香气多类型、风味多层次的特征。如清香和浓香两种基本香型复合而成的陕西西凤酒股份有限公司西凤酒、湖南湘窖酒业有限公司开口笑龙凤酒，香气清而不淡、浓而不酽，酒体风格兼具清香、浓香的特征；清香、浓香与酱香三种基本香型复合而成的江西四特酒有限责任公司四特酒、山东景芝酒业股份有限公司景芝白干，香气清、浓、酱兼备，酒体谐调、和谐纯净；清、浓、酱、米四种基本香型复合而成的湖南酒鬼酒股份有限公司酒鬼酒、江西李渡酒业有限公司李渡高粱酒，香气融清、浓、酱、米的多种香味成分于一体，风格独特。

三、复合香型白酒特点

（一）复合香型白酒生产工艺

复合香型白酒典型风格的形成取决于独特的生产工艺，是两种或两种以上香型香味的有机融合。复合香型白酒的生产工艺可分为两种：

（1）一步法的发酵生产工艺　把两种或两种以上香型白酒的发酵技术的精华集于一身，主要体现在制曲工艺、酿造工艺和发酵设备的设计等方面博采众长，科学地融为一体，从而生产出独立香型的白酒。采用此法生产的白酒有西凤酒、白云边酒、四特酒、酒鬼酒、景芝白干酒、李渡高粱酒等。

（2）两步法（或多步法）的多香型勾调工艺　先生产出单一香型酒醅或酒，然后在蒸馏工序、勾兑工序统一，采用多香型勾兑、调味技术，在产品主体香之外科学添加其他香型白酒的精华，改善产品的香气和口味，形成风格独特的白酒。采用此法生产的白酒有董酒、开口笑龙凤酒、玉泉酒、双雄醉酒等。

（二）酿造工艺特点

复合香型白酒酿造工艺特点，见表5－1。

表5－1　　　　　　　　　复合香型白酒酿造工艺特点

白酒香型	代表产品	工艺要点	工艺特点
凤型	西凤酒	高粱 偏高温大曲 酒海	混蒸混楂，老六甑工艺（窖池内有3甑大楂、1甑小楂、1甑回糟共5甑，再加1甑丢糟）
兼香型	白云边	高粱 高温大曲 陶坛	"酱中带浓"采用高温闷料，高比例用曲、高温堆积、3次下料、9轮次发酵（每轮30d）、香泥封窖等工艺。"浓中带酱"是混蒸续糟发酵60d，采用酱香、浓香分型发酵产酒，分型贮存再勾调；也有酱浓香醅串蒸
药香型	董酒	高粱 小曲、大曲 陶坛	川法小曲酒工艺制小曲，糟醅蒸馏取酒或取糟醅直接与香醅串蒸；香醅是小曲酒糟、大曲酒糟和大曲未蒸的香醅混合加大曲再发酵制成
豉香型	玉冰烧酒	大米 酒饼 埕或瓷砖贴面 水泥池或金属罐	采用浓醪发酵（料水比为1：1.3～1.4）；釜式蒸馏得斋酒［31%（vol）左右］，斋酒沉淀20d左右，泵入浸肉池，肥肉酝浸30d左右，再过滤勾调

续表

白酒香型	代表产品	工艺要点	工艺特点
特型	四特酒	大米或高粱大米 中温大曲 陶坛	大米与酒醅混蒸，采用续糟混蒸四甑操作法，第1甑头糟不加粮，第2甑、第3甑为大槽、二糟加入新料，第4甑蒸酒后作丢糟
芝麻香型	景芝白干	高粱为主，麸皮玉米； 中温大曲、高温大曲、 强化菌曲、陶坛	大米与酒醅混蒸，采用续糟混蒸四甑操作法，第1甑头糟不加粮，第2甑、第3甑为大、二糟加入新料，第4甑蒸酒后作丢糟
老白干型	衡水老白干	高粱 中温大曲 陶坛	采用续糟混烧老五甑工艺，发酵期短，出酒率达50%以上，贮存期为3~6个月，入库酒度高[≥67%（vol）]
馥郁型	酒鬼酒	高粱或多粮 根霉曲 偏高温曲 陶坛	浓、酱、清香型工艺融合，清香小曲与浓香大曲巧妙结合。原料除玉米要适当粉碎外，其余为整粒，经浸泡、清蒸后，加小曲糖化，大曲发酵，清蒸清烧

（三）微量成分含量

复合香型白酒微量成分含量见表5-2。

表5-2　　　　　　　　　　复合香型酒微量成分含量　　　　　单位：mg/1000mL

成分名称	董酒	白云边酒	西凤酒	景芝白干	四特酒	玉冰烧	衡水老白干	酒鬼酒
乙酸乙酯	150.0	127.8	122.0	95.0	109.4	27.42	147.8	122.4
丁酸乙酯	24.9	25.9	3.9	17.9	3.2	—	0.70	20.6
戊酸乙酯	3.9	—	—	—	—	—	—	6.3
己酸乙酯	34.5	71.6	23.0	32.4	25.0	少量	0.9	107.3
乳酸乙酯	96.1	126.3	42.5	57.2	204.4	13.10	197.9	61.5
乙醛	27.5	58.6	19.6	20.3	4.3	3.39	23.0	30.8
乙缩醛	37.4	57.6	80.0	16.3	23.2	—	41.1	37.3
糠醛	10.0	15.0	0.4	50	7.2			2.9
甲酸	3.2	2.5	1.6	1.1	9.5	1.36	0.8	—
乙酸	132	59.3	36.1	46.6	73.0	30.96	37.7	91.9
丙酸	20.6	5.6	3.6	2.1	16.1	少量	0.7	4.0
丁酸	46.2	11.4	7.2	6.9	22.9	少量	0.9	14.7
戊酸	9.7	1.3	1.9	—	4.0	少量	1.5	3.9
己酸	31.1	13.4	7.2	7.8	7.2	0.85	1.8	56.2

续表

成分名称	董酒	白云边酒	西凤酒	景芝白干	四特酒	玉冰烧	衡水老白干	酒鬼酒
乳酸	48.7	44.2	1.8	5.2	158.5	7.08	7.4	38.0
正丙醇	12.2	77.4	18.3	170.7	189.6	17.67	37.8	30.0
仲丁醇	41.0	11.5	2.2	8.8	14.1	—	2.9	7.4
异丁醇	49.2	22.5	22.5	19.4	20.8	23.3	18.4	17.9
正丁醇	13.3	11.7	9.5	15.5	3.9	1.72	0.7	13.7
异戊醇	104.8	65.2	61.1	63.2	45.2	77.6	47.2	38.0

四、香型融合白酒发酵生产技术

（一）多粮复合兼香型白酒生产工艺

1. 工艺流程

多粮复合兼香型白酒生产工艺流程如图 5 - 2 所示。

2. 工艺特点

采用以大米为主要原料，高粱、小麦、麸皮等为辅料，以中温大曲、高温大曲和芝麻香曲为糖化发酵剂，采取堆积润料、多微共酵、香醅循环发酵等工艺，把高粱的香醇、大米的甜净、微生物发酵产生的香味物质有机融合，生产的原酒具有窖香、焦香和类似芝麻香等复合香气，并具有多粮风味。经过分级贮存、勾兑和调味，使产品具有窖香幽雅，入口醇甜柔绵、落口爽净，酒体谐调的典型风格。

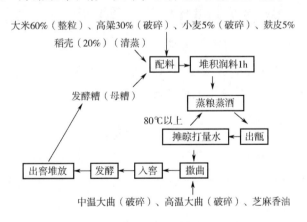

图 5 - 2　多粮复合兼香型白酒生产工艺流程

（二）清兼浓、米复合香型白酒生产工艺

1. 工艺流程

清兼浓、米复合香型白酒生产工艺流程如图 5 - 3 所示。

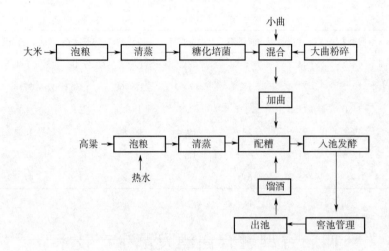

图5-3　清兼浓、米复合香型白酒生产工艺流程

2. 工艺特点

采用"中高温制曲、多粮发酵、勾兑成型"的生产方法，通过小麦中高温制曲、大米糖化培菌、高粱清蒸、配糟加曲、多粮发酵、窖底加浓香型窖泥、延长发酵期及麻坛贮存等新工艺，形成一套清兼浓、米复合香型生产工艺，按此工艺酿造出的清兼浓、米复合香型白酒感官特征有别于传统清香、浓香和米香型白酒，具有乙酸乙酯、己酸乙酯和β-苯乙醇为主的复合香气，酒体浓香淡雅、绵甜纯净、入口柔和、后味爽净，风格独特。

第二节　浓香型白酒"一清到底"发酵技术

以李家民的专利《一种酿造浓香型白酒的"一清到底"工艺》（100343380）为例，介绍"一清到底"发酵技术的具体情况。

一、技术特点

（1）黄水抽取省时省力　与酿制浓香型白酒传统工艺中抽取窖内黄水的方法不同，该发明中在窖池底设置专用黄水坑及配套的抽取坑内黄水设备，在不开窖情况下，可预先抽尽窖内黄水，将出窖糟醅的酸度、水分降至合适范围内，为蒸馏环节提高蒸馏效率和下一发酵周期的优质发酵奠定了良好的基础，同时也大大降低了工人的劳动强度，这是传统工艺去除黄水不可比拟的。

（2）谷壳清选清蒸提高酒质　与传统工艺中清蒸辅料工序不同，该发明中的清选辅料工序，除要对辅料-谷壳清蒸还要进行筛选，既可除掉谷壳内的多缩戊糖和生糠味，又能保证与续糟拌和的疏松度，大大减少了谷壳用量，使基础酒的糠醛含量和感染糠腥味的几率大大降低，提高了基础酒的口味质量和卫生质量。

（3）清水蒸馏取酒减少杂味　与传统工艺中的蒸馏取酒工序不同，该发明中的蒸馏取酒是"清水蒸馏取酒"，特点是在浓香型白酒蒸馏过程中，底锅中使用的是洁净的清水，由蒸汽加热清水至沸腾而产生的二次清水蒸气进行蒸馏分段取酒，在蒸馏中不用往底锅内加入尾酒和黄水进行回蒸，从而保证了基础酒中微量成分比例协调，避免了基础酒感染异杂味，减少了酒精的挥发损失，大大提高了酒质。

（4）续糟清楚分层节约资源　该发明工艺中，从剥窖皮泥取酒醅出窖至酒糟拌曲入窖发酵的全部工序的操作过程，都执行"清楚分层"的工艺原则，即是：将完成一个发酵周期的酒醅，按一甑量为单位，由上至下分甑出糟，分甑堆放，将需要作为下一发酵周期的"续糟"的酒醅，依照上一发酵周期的这些酒醅在窖池中所处的醅层位置，按自下而上的顺序分甑润粮、分甑蒸馏、分甑降温拌曲药后，再依此顺序分甑入窖，使糟醅在下一发酵周期在窖池内的糟层位置，都回到了在上一个发酵周期在窖池内所处糟层的位置，即上一发酵周期最底层的糟醅，在下一发酵周期仍回到最底层糟的位置，上一发酵周期的倒数第二甑糟醅，在下一发酵周期仍回到倒数第二甑糟醅的位置，依此类推，最终，每一发酵周期挤出作为"丢糟"的都是些质量普通的糟醅，而保留下来用作发酵的都是优质的糟醅。

二、技术原理

浓香型白酒的"一清到底"工艺是在传统工艺基础上，通过对辅料清蒸、酒糟入窖、黄水抽取、蒸馏取酒等生产环节进行改革与创新而形成的。该工艺的核心为润粮时"清选谷壳"、出入窖时"清楚分层"、取醅前"清尽黄水"、馏酒时"清水蒸馏"。开窖取醅、润粮拌和、蒸馏取酒、酒糟入窖，均以一甑量为单位按先后顺序进行。优点是可降低工人劳动强度、节省原料、提高酒质。

三、工艺流程

浓香型白酒的"一清到底"生产工艺流程如图5-4所示。

四、技术要点

（1）窖池黄水坑的挖建　在发酵窖池底部靠墙处挖黄水坑，其长度为45~55cm、宽度为32~38cm、深度为25~35cm；黄水坑内壁镶砖。

（2）黄水抽取装置的预设　黄水坑的坑口盖板为带渗漏缝隙中心开孔的簸箕；从

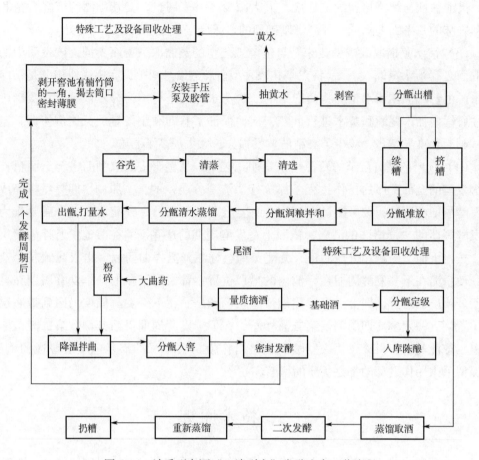

图 5 - 4　浓香型白酒"一清到底"发酵生产工艺流程

盖板孔中插入一根耐腐蚀空心管道，其长度等于窖池深度，下端置于坑底、上端露出窖顶，下端斜切口为底端与地面倾斜度≥60°。酒糟入窖时，将竹筒管道上端封口。

（3）清尽窖内黄水的方法　完成一个发酵周期的发酵窖，将其置有管道一角的封窖黄泥剥开，露出管道上端，取掉封口，然后往管道内插入一根至管底的吸管，通过与该吸管另一端连接的泵来抽取黄水，在剥窖皮泥工序前可达到清尽窖内酒醅所含黄水的目的。

（4）辅料谷壳的预处理　在续糟润粮拌和工序中，酒醅与新粮按比例混合后，所需要拌入的谷壳为经过清蒸和清选后粒径大于1mm的粗粒谷壳。

（5）"清水蒸馏"取酒　在分甑清水蒸馏工序中，底锅中所用洁净清水的量，以淹没蒸汽出口管5cm为准。

第三节 回糟发酵新技术

以笔者等人在湖南湘窖有限公司对回糟发酵新技术的科学研究与生产实践为例，介绍该技术的具体情况。

一、技术特点

采用"热水喷淋洗糟降酸，结合减曲、加糖化酶、用 AADY"新技术对回糟进行发酵，用"热水喷淋洗糟降酸"新工艺替代传统的"蒸汽加热排酸"工艺。事先准备 60～70℃的热水，接酒完毕后，关闭汽源，打开甑底阀，开始打热水降酸，打水速度不宜过快，尽量喷洒均匀，热水喷淋洗糟后入窖糟的酸度控制在 1.6～2.0 度，打完水后滤水即可出甑。该方法能提高出酒率，降低生产成本，而酒质较传统工艺没有显著变化。

二、技术原理

常规的回糟入池酸度达到 2.4～2.8 度，因为回糟含有甲酸、乙酸、乳酸、丁酸等有机酸，沸点均在100℃以上，在较短的时间内靠传统的"蒸汽加热排酸"工艺难以达到要求的酸度。利用回糟中有机酸溶于水的特性，采用"热水喷淋洗糟"新工艺能将回糟中的有机酸冲洗掉，因而可使回糟入窖酸度降到 2.0 度内。因此，就降酸效果而言，"热水洗糟降酸"新技术优于传统的"蒸汽加热排酸"工艺，能将回糟的入窖酸度控制在正常要求的范围内。这样，回糟适宜的酸度优化了酶制剂作用的条件，创造了有利于大曲中有益微生物生长和发酵的环境。利用酶的高效专一性和纯种酵母发酵力强的特性，在回糟中添加糖化酶和 ADDY，对回糟进行强化发酵，因而能有效地降低丢糟中的残淀粉含量（降至 6.3% 左右），能大大地提高回糟的产酒量。采用"热水洗糟，减曲、加糖化酶、用 ADDY"的新工艺对回糟进行酿酒，与传统回糟酿酒工艺"蒸汽加热排酸，加大曲粉发酵"相比，回糟产酒量提高了 30kg/甑以上。同时，新技术发酵回糟与传统工艺相比，在适当减少大曲用量的基础上，将糖化酶和活性干酵母应用到回糟发酵中来，既能实现糖化酶将淀粉水解成可发酵性糖，再进一步由活性干酵母经糖酵解途径转变成酒精的主要目的，又能达到利用大曲中微生物种类丰富的特点发酵形成多种风味物质的目的，也就是说，将添加经纯种培养的优势菌种或酶制剂与大曲"野生多微"有机地结合起来，在优化了发酵酸度的条件下，充分发挥有益微生物和酶制剂的作用，结果不仅提高了回糟的产酒量，而且没有改变所产酒的质量。

三、工艺流程

热水喷淋洗糟降酸的回糟发酵生产工艺流程如图 5-5 所示。

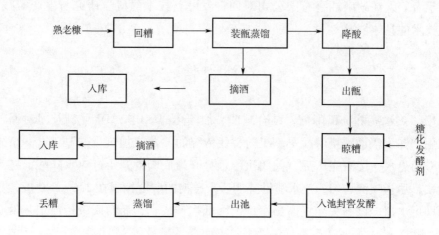

图 5-5　热水喷淋洗糟降酸的回糟发酵生产工艺流程

四、技术要点

（一）原辅材料处理

老糠使用前必须进行清蒸，时间要求是圆汽后清蒸 45min，出甑后摊晾至室温待用，48h 内未用完的剩糠需返甑重蒸后再用。

（二）揭窖、出池、拌料

（1）用铁铲将窖皮泥划为若干方块，剥开并抹去泥块上的糟醅，扫尽窖周围的颗粒泥块，并全部运到和泥场。

（2）起窖时速度要尽量快，由上至下一层一层地起糟至糟盆或运糟车里，且必须拍紧拍好，以防途中撒落。

（3）根据糟醅含水量情况，加入适量糠壳进行拌料（约 25kg/甑），要求拌和均匀。

（三）装甑

（1）装甑前需整理好笼布，搞好锅底卫生，放足干净的底锅水，使其盖住蒸汽管，使用二次蒸汽，在甑底撒熟糠壳一层。

（2）装甑时，气压为 0.03~0.04MPa，轻撒匀铺，探气上甑，装平装匀，控制装甑时间在 30~40min。

（四）馏酒

（1）在蒸馏酒过程中，气压控制在 0.04MPa 以下，遵循"缓火蒸馏"的原则，流酒速度：3.0～4.0kg/min，流酒温度不大于 30℃。

（2）看花接酒，入库酒酒精度不低于 60%（vol）。

（五）降酸

（1）降酸 事先准备足够 60～70℃ 热水，接酒完毕后，关闭汽源，打开甑底阀，开始打热水降酸，打水速度不宜过快，尽量打均匀；用水量根据母糟酸度的高低适当调整，冬季 300～400kg/甑，夏季 500～600kg/甑，其他 400～500kg/甑；对入池糟进行化验，使糟的酸度为 1.6～2.0；打完水后滤水 20min 即可出甑。

（2）将糟醅均匀撒在晾糟板上，开风前必须将糟醅拉平，不得闷堆，摊晾。

（3）待糟温降到 35℃ 时，将糖化发酵剂（大曲粉用量为 10kg/甑；糖化酶用量 1.5kg/甑，使用前加 30℃ 左右的温水 10kg，拌和均匀后浸泡 1h，溶液质量计入量水中；活性干酵母用量 0.5kg/甑，使用前加 30～35℃ 的 2% 蔗糖溶液 10kg，活化 1.5h，溶液质量计入量水中）加到糟醅中，翻拌均匀，当温度降至 26～30℃ 时即可入池。

（六）入池、封窖

（1）酒糟入窖 每甑入窖的糟入窖后要立即拉平，四周踩紧，中间适度踩紧、整理好、撒上一层熟谷壳后，准备封窖。

（2）封窖 用铲子将拌好的窖皮泥一铲接一铲地堆放在已入糟完毕的窖池顶部，窖皮泥封窖厚度不低于 15cm 整理好窖帽的形状并拍紧，保证窖帽厚度均匀、密封良好。

五、应用效果

（一）新技术对降低回糟酸度的影响

对不同班组生产的回糟采用"热水洗糟降酸"新工艺与传统的"蒸汽加热排酸"工艺处理，它们的降酸效果见表 5-3。

表 5-3　　　　　　　　　新技术与传统技术在回糟降酸上的效果比较

班别	出窖母糟酸度	拌糠母糟酸度	蒸汽加热（30）排酸工艺		热水喷淋洗糟降酸工艺	
			糟出甑酸度	统计结果	糟出甑酸度	统计结果
7	3.3	3.1	2.6	2.5[a]	1.9	1.9[b]
5	3.5	3.2	2.7		2.0	
3	3.0	2.9	2.3		1.8	
1	3.2	2.9	2.5		1.9	

注：两列统计结果中肩标有不同小写字母，表示两者差异显著（$p < 0.05$）

（1）热水洗糟降酸工艺与传统降酸工艺的降酸效果相比，回糟的酸度之间差异显著（$p < 0.05$）。

（2）采用蒸汽加热（30min）排酸工艺处理回糟，回糟的平均降酸率为19%；而热水洗糟降酸工艺处理回糟，回糟的平均降酸率达到了43%，能将回糟的入窖酸度控制在正常要求的范围内。

（二）新技术对发酵产酒的影响

1. 新技术对回糟发酵主要指标的影响

回糟经新技术和传统工艺处理、发酵一个周期后，酒醅在发酵前后的主要理化指标的变化和产酒量的结果见表5-4。

（1）回糟在发酵前后的水分、酸度、淀粉浓度和酒度均有显著影响（$p < 0.05$）。

（2）回糟发酵后的丢糟酒产量之间差异显著（$p < 0.05$）。

（3）新技术的淀粉出酒率达到59%，而传统工艺的淀粉出酒率约为30%。

表5-4　　　　新技术与传统工艺影响回糟发酵主要指标的结果比较

测定指标	传统工艺发酵回糟			新技术发酵回糟		
	入池	出池	变化值的统计结果	入池	出池	变化值的统计结果
水分	60.5	58	2.5 ± 0.1^b	62.6	59	3.60 ± 0.2^a
酸度	2.6	3.2	0.6 ± 0.1^b	1.9	3.0	1.1 ± 0.2^a
淀粉浓度	10.5	8.3	2.2 ± 0.2^b	10.6	6.3	4.3 ± 0.3^a
酒度	0	1.0	1.0 ± 0.2^b	0	2.3	2.3 ± 0.2^a
产酒量	—		30.7 ± 0.5^b			61.9 ± 0.6^a

注：以上数据均为9个窖池的平均值，两列统计结果的同行中肩标的不同小写字母表示差异显著（$p < 0.05$）

2. 新技术对丢糟酒感官品质的影响

新、老工艺发酵的回糟酒醅经蒸馏取酒后，各自丢糟酒的感官品质评价见表5-5，新技术与传统工艺所产丢糟酒的感官质量等级之间无显著差异，均为优二级。

表5-5　　　　新技术与传统工艺影响回糟酒感官品质的结果比较

发酵方式	色	香	味	风格	酒质等级
新技术	清亮透明	主体香较突出，无明显杂香	入口微甜，后味较净	风格较典型	优二
传统工艺	清亮透明	主体香较突出，无明显杂香	入口柔顺，余味欠净	风格较典型	优二

3. 新技术对丢糟酒四大酯的影响

新、老工艺发酵的回糟酒醅经蒸馏取酒后，各自丢糟酒的"四大酯"检测结果见表5-6，①新技术和传统工艺生产的丢糟酒分别在己酸乙酯、乳酸乙酯、乙酸乙酯和丁酸乙酯的"四大酯"含量上均无显著差异（$p < 0.05$）；②新技术和传统工艺生产的丢糟酒主体香成分中乳酯乙酯/己酸乙酯也无显著差异（$p < 0.05$）。因此，新技术与传

统工艺发酵回糟所产酒的质量相当，两者无显著差异。

表 5 - 6 　　　　　　新技术与传统工艺影响回糟酒四大酯的结果比较

发酵方式	己酸乙酯	乳酸乙酯	乙酸乙酯	丁酸乙酯	乳酸/己酯
新技术	139.5 ± 0.7	161.2 ± 0.5	75.9 ± 0.2	17.2 ± 0.40	1.16
传统工艺	149.6 ± 0.4	176.3 ± 0.8	67.2 ± 0.2	15.3 ± 0.7	1.18

第四节　夹泥多甑双轮底发酵技术

以笔者等人在湖南湘窖有限公司进行的科学研究与生产应用为例，介绍夹泥多甑双轮底发酵技术的具体情况。

一、技术特点

盛载了人工窖泥的楠竹零距离接触摆放，形成人工窖底，在这种人工窖底上面加入上一轮发酵好并拌入了酒曲的酒醅材料，这样可在一个窖池同时做上 3 甑或以上的带有窖底的酒醅，经封窖再发酵一个周期，可获得夹泥多甑双轮底酒醅。取出这些双轮底酒醅后，经蒸馏可得到多甑双轮底酒，从而达到增加特级酒的产量和提高酒质的双重效果。在每一轮生产中，与传统的双轮底发酵操作相比，同一窖池采用夹泥多甑双轮发酵技术的特级酒产量由原来 15 ~ 20kg 提高到 40 ~ 60kg，总酸高 7.5%、总酯高 16.8%，己酸乙酯增加 66.3%，己乳比、己乙比更协调，浓香型风格典型。采用楠竹盛载人工窖泥进行夹泥多甑双轮底发酵技术，提高双轮底调味酒产量的效果明显，操作简便，规模可按需调节。

二、技术原理

在浓香型大曲酒的常规生产中，一个窖池可连续或隔排生产一甑双轮底醅，经蒸馏得到双轮底酒。由于酒醅位于窖底，与窖泥充分接触，窖泥中的产香微生物如己酸菌促进醇酸酯化反应，形成较多的主体香成分己酸乙酯。浓香型白酒的生产以泥窖窖池为基础，发酵过程是栖息在窖池糟醅、窖泥中的庞大微生物区系在糟醅固、液、气三相界面复杂的物质能量代谢过程。窖泥中丁酸菌、己酸菌在代谢过程中产生丁酸、己酸和氢，氢则被甲烷菌及硝酸盐还原菌利用，甲烷菌、硝酸盐还原菌与产酸、产氢菌相互偶联，实现"种间氢转移"关系，甲烷有刺激产酸的效应。窖泥中丁酸、己酸等醇溶性有机酸向母糟渗透，母糟体系中乙醇浓度的提高，促进己酸乙酯、丁酸乙酯的生成。发酵过程中产生的黄水充当着窖泥与糟醅物质交换的载体,封盖发酵形成的窖内压力变化使酒糟中的养分和来自曲药、环境的微生物及其代谢产物不断通过黄水进入泥中,物质能量交换不断改善着窖泥微生态环境,促进了窖泥有益产香菌的富集和酒质的提高。因为双轮底发酵时,酒醅与窖泥接触面积大,窖泥中有益产香菌通过代谢和渗透作用,能增加酒醅中己酸乙酯、丁酸乙酯的含量,所以能提高双轮底酒的主体香味成分含量,并促进香味成分之间的比例协调。以盛载了人工窖泥的楠竹形成人工窖底,通过一层人工窖底一甑酒醅的交替入窖措施,经夹泥多甑双轮底发酵,可大大提高酒醅与窖泥的接触面积,从而实现一个窖池可同时产多甑双轮底酒的目标。

三、工艺流程

夹泥多甑双轮底发酵生产工艺流程如图 5-6 所示。

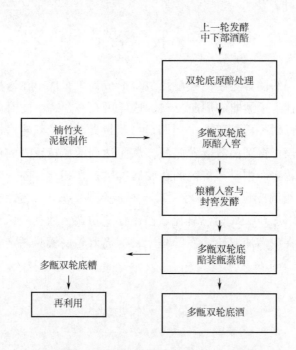

图 5-6 夹泥多甑双轮底发酵生产工艺流程

四、技术要点

(1)楠竹夹泥板的制作 取直径 25~30cm 的楠竹若干,楠竹长度锯成窖池长度的90%,每根楠竹一切两开,在竹节之间钻 2~3 个孔,槽中盛载人工老熟的窖泥。

(2)双轮底原醅的处理 选择上一轮正常发酵的窖池,开窖后,将中下部已发酵好的酒醅滴窖操作后取出。其中 3 甑或 3 甑以上酒醅留作双轮底发酵的材料，每甑加陈曲 12kg（中高温∶高温曲 = 4∶1），用钯翻 2 遍、撒入酒尾 20~22kg，翻 1 遍，加入清蒸稻壳 3~4kg，翻拌均匀，即得双轮底原醅。

（3）多甑双轮底原醅入窖　在窖池底部和四壁喷洒己酸菌液 20kg、大曲粉 3kg，将 1 甑双轮底原醅入池，钯平、适度踩紧。在其顶部摆放一层盛载了人工窖泥的楠竹，楠竹之间零距离接触，形成人工窖底，在人工窖底上加入第二甑双轮底原醅，钯平、适度踩紧。在其顶部摆放一层盛载了人工窖泥的楠竹，楠竹之间零距离接触，形成人工窖底，在人工窖底上加入第三甑双轮底原醅，钯平、适度踩紧。可重复以上操作至 4~5 甑醅入完，再撒薄薄的一层稻壳做记号，至此夹泥多甑双轮底醅已入窖完毕。

（4）粮糟入窖与封窖发酵　继续在双轮底醅上面添加粮糟，每一甑粮糟入窖后钯平、适度踩紧。再入面糟，钯平、适度踩紧。然后用 15cm 厚的窖皮泥封窖，并经常护窖，发酵 50~60d。

（5）多甑双轮底醅装甑取酒　首先取出已发酵好的多甑双轮底酒醅单独堆放，通过配糟控制糟醅的含水量在 51% 左右，装甑汽压控制在 0.02~0.03MPa，装甑时间控制在 45min 以上，馏酒时间约 20min，流酒温度控制在 25~28℃，摘酒酒度保证在 65%vol 以上，得到多甑双轮底酒。

五、应用效果

1. 提高了窖池每批特级酒的产量

在湖南湘窖酒业有限公司生产实践中，试验窖池的特级酒产量见表 5-7，同一窖池按传统的双轮底发酵操作每批产特级酒只在 23~38kg，而采用多甑双轮发酵每批产特级酒则在 48~60kg，后者比前者特级酒的产量提高了 45%~109%，平均增幅达 68.8%，这主要是多甑双轮发酵较传统的双轮底发酵操作每批双轮底醅增加了两甑的缘故。

表 5-7　　　　　试验窖池每批特级酒 [60%（vol）] 产量的对比

窖池编号	203	208	302	305	309
A 多甑双轮发酵/kg	48	54	45	60	55
B 传统双轮发酵/kg	23	33	29	35	38
A 比 B 增加幅度/%	109	63.6	55.2	71.4	44.7

2. 增加了企业特级酒的总产

在湖南湘窖酒业有限公司生产实践中，试验一年后特级酒的产量从上一年度的 3.07t 提高到 6.40t（表 5-8），特级酒增加了 108.5%。2000 年在企业推广应用多甑双轮发酵后，全厂特级酒由 1999 年的 21.6t 增加到 2000 年的 33.2t，增幅在 53.7%，其中增加主要是多甑双轮发酵所产特级酒，而传统的双轮底发酵操作所产特级酒较以前基本持平。

表5-8　　　　　　试验班特级酒总产对比［酒度60%（vol）］　　　　单位：kg

月份	3	4	5	6	9	10	11	12	总量
1999年产量	339	1070	692	847	56	1360	826	1210	6400
1998年产量	85	49	760	942	0	0	1003	230	3069

3. 提高了产酒的质量

采用夹泥多甑双轮发酵的三甑双轮底酒的三大酯含量见表5-9。中下部两甑产酒的己酸乙酯含量均远远超过270mg/100mL，达到特级酒产量；上

部一甑产酒的己酸乙酯含量虽低于特级酒270mg/100mL的标准，但高于厂方优质酒200mg/100mL的标准；乳酸乙酯的含量由下至上逐渐增多，但己乳比较协调。

表5-9　　　　　　　　多甑双轮发酵酒的三大酯含量　　　　　　单位：mg/100mL

产酒部位	最底部	中部	上部
己酸乙酯	450.9	357.6	243.4
乙酸乙酯	314.4	271.9	188.8
乳酸乙酯	339.1	287.3	243.5

表5-10　　　　　　　　试验班特级酒理化指标与感官评定的对比

项目	1999年特级酒（试验样）	1998年特级酒（对照样）
总酸，以乙酸计/（g/L）	1.431	1.331
总酯，以乙酯计/（g/L）	6.729	5.762
乙酸乙酯/（mg/100mL）	238.6	352.2
乳酸乙酯/（mg/100mL）	319.1	239.1
丁酸乙酯/（mg/100mL）	48.2	58.6
己酸乙酯/（mg/100mL）	450.9	271.1
己酸：乳酸	1:0.71	1:0.88
己酯：乙酯	1:0.53	1:1.30
感官品评	主体香欠突出，入口浓，较甜，味较长较净，浓香型风格较典型。	窖香浓郁，入口浓甜，味长后味干净，浓香型风格典型。

所产特级酒的理化分析与感官品评结果见表5-10，多甑双轮发酵较传统双轮发酵所产特级酒的总酸高7.5%、总酯高16.8%，己酸乙酯增加66.3%，己乳比、己乙比降低，从而使酒的香气突出，口味更加谐调，浓香型风格典型。这主要是增加了发酵

糟与窖泥的接触面积，提高了己酸菌发酵产香的几率；其次，受益于回酒发酵、己酸菌液养窖等措施。

第五节　酿酒机械化拌料技术

以湖南湘窖酒业的有限公司第二酿酒车间机械化拌料技术为例，介绍该技术的具体情况。

一、机械化拌醅技术

（一）技术特点

采用酒醅拌料机代替人工将酒醅、粮粉和老糠进行快速拌和均匀，实现机械化操作，该技术具有以下特点：①酒醅拌料机通过双螺带旋转，将料斗中的粮、糟等充分搅拌均匀；②料斗装有喷淋装置，可自动均匀喷淋润粮；③搅拌混合工作容积大，搅拌均匀，粮糟不挤压，不成团，混合速度可调；④放料口设置有电动门和链板提升机，可将物料提升后输送到接糟盆；⑤使用本机可使粮糟不落地，干净卫生。⑥减轻人员劳动强度，节省劳动力。

（二）酒醅拌料机情况

1. 酒醅拌料机基本情况

型号：1269 – SH01 – 0；生产能力：10m³/h；有效容积：3m³。

生产厂家：广州广富食品化工装备有限公司。

2. 设备结构图

酒醅拌料机的剖面结构如图5 – 7所示。

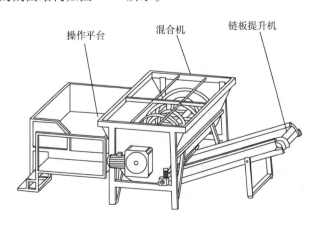

图5 – 7　酒醅拌料机的剖面结构

3. 拌料原理

酒醅拌料机是通过螺旋搅拌，在一定时间内促使酒醅、粮粉和老糠充分接触，从而达到三者混合均匀、疏松不成团的效果。

（三）操作控制

启动拌料机，将粮粉倒入拌料机内，投粮量为 200～280kg/甑，开启喷淋水润粮，喷淋水为常温水，用量为 50～100kg/甑，拌和 3～4min。然后，加入酒醅，粮醅比为 1∶4.5～5。粮糟搅拌均匀后，在装甑前 10min 内加入清蒸老糠搅拌，加糠量为粮粉质量的 23%～30%，搅拌时间不超过 1min。搅拌完成后通过链板提升机将糟醅输送到吊糟盆，装甑取酒。

（四）使用效果

该设备在湘窖酒业二期工程酿酒车间使用以来，使用效果好。①物料拌和均匀，糟醅松散、不成团、混合均匀；②降低劳动强度，混合时间短、搅拌效率高，大大减轻工人劳动强度；③利于 6S 管理，粮糟不落地、便于场地保持清洁卫生。

二、机械化拌曲技术

（一）技术特点

采用加曲拌料机代替人工实现酒糟、酒曲粉拌和均匀与物料快速降温暖，实现机械化操作，该技术具有以下特点：①加曲拌料机可将摊晾、加曲、搅拌等工序一次完成；②摊晾过程中设置有多个搅拌打散装置，使糟醅在摊晾过程中保持松散不结团；③摊晾输送链条与加曲速度均可调。

（二）酒醅拌料机情况

1. 加曲拌料机基本情况

型号：1699－SW01－0，生产能力：6～7.5m³/h。

生产厂家：广州广富食品化工装备有限公司生产厂家：广州广富食品化工装备有限公司。

2. 加曲拌料机结构图

加曲拌料机的剖面结构如图 5-8 和图 5-9 所示。

3. 机械拌料加曲的原理

酒糟由喂料机进入加曲拌料机，由输送链板带动前移，输送过程中设置有离心风机和搅拌打散装置。通过风机散热和打散使糟醅降至需要的温度。并在接近机器末端部位设有加曲装置，曲粉装在料斗里面，出口处有一圆轴，轴上均布开槽，通过轴的转动，使槽内的曲粉撒落在酒糟上完成加曲。在输送过程中，酒糟与酒曲粉充分接触、混合，从而达到混合均匀、疏松不成团的效果。

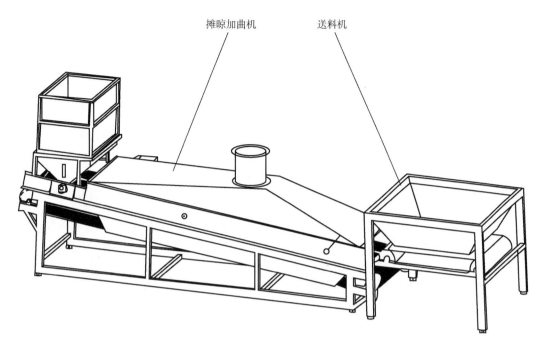

图 5 - 8　加曲拌料机的外形结构

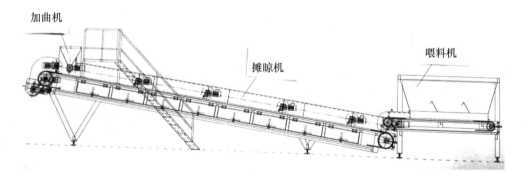

图 5 - 9　加曲拌料机的剖面结构

（三）操作控制

开启喂料机和摊晾机输送链，糟醅用行车吊至喂料机，开启打散搅拌轴和离心风机。当糟醅输送至加曲位时，开启加曲装置，曲粉用量为每甑粮粉质量的 18% ~ 23%。根据测量温度调整输送链速度，糟醅温度控制范围：地温在 20℃ 以下时糟醅温度 16 ~ 20℃，地温在 20℃ 以上时平地温。糟醅加曲后再经打散混合，最后用接糟盆接住进入下一工艺环节。

（四）使用效果

该设备在湘窖酒业二期工程酿酒车间使用以来，使用效果好。①快速降温，酒糟冷却速度快、松散不结团，与酒曲粉混合均匀；②自动化程度高，可根据气温高低调整输送速度和下曲量；③降低劳动强度，机械化程度高，节省人工、减轻工人劳动强度；④利于6S管理，粮糟不落地、减少杂菌污染。

第六章 生态化贮存与勾调技术

贮存与勾调是白酒生产的下游加工工程部分，新酒在经历一定时间贮存的过程中，通过物理变化和化学作用促进了酒的老熟，勾兑和调味技术对形成产品风格、稳定酒质、提高优质酒比率起着至关重要的作用。生态酿酒追求产品的安全、优质，随着科学技术的进步，生态化的贮存与勾调新技术层出不穷，满足消费者个性需求的新产品不断涌现，极大地推动了酿酒行业的供给侧结构改革和产业升级。

第一节 自然贮存新技术

新酿造的白酒具有入口暴辣、刺激性强的新酒味，常需贮存一年或数年甚至更长的时间，以消除新酒味、增加陈酒感。贮存是提高酒质醇和度的基本措施，也是提高酒的安全性的重要手段。新酒经历的消除新酒味、增加陈酒感的贮存过程称为老熟或陈化。学者一直在探究白酒贮存的方法与效果，曾经的研究认为只有陶坛贮存才能出现"陈味"；而新的研究发现，在新酒贮存过程中，酒体溶液是由均相的分子溶液向非均相的胶体溶液转变。在遵循自然老熟方法和机理基础上，白酒的贮存也在不断创新，涌现了一些新的技术，下面介绍一些典型的生态化贮酒新技术。

一、湘窖"露天地藏"技术

（一）技术特点

湘窖"露天地藏"技术集陶坛贮酒、地窖贮藏和露天贮藏三者特性于一体，聚日月之精华，集天地之灵气，创造在天然的物理条件下进行贮酒的新工艺。其特点有三：

1. 恒温–变温交替，促进新酒的自然老熟

每一个酒窖的绝大部分的新酒处于地下恒温恒湿的状态，而少量开口露天部分的新酒随四季、日夜温差变化，这样酒液在酒窖内形成对流状态，促进酒液中物质分子之间的物理变化和化学反应，达到排杂增香的目的，加速新酒的老熟。适合于长期贮

藏，为酒质的稳定提供了可靠的保证。

2. 类似麻坛的大缸贮酒，促老熟降成本

采用陶瓷板贴面的水泥池贮酒大容器酒窖（图6-1），每个酒窖内壁均贴有3cm厚的上等陶片，酒窖中的酒通过管道进行输送。这样，既完全达到麻坛贮酒的效果，又可避免因陶坛渗漏和破损导致的酒损，还可减少麻坛勾兑在酒质跟踪评价、操作上的烦琐，降低了贮酒成本。

3. 生态环保的贮酒环境，酒旅融合的亮点

湘酒窖"露天地藏"贮酒技术改变了传统贮酒的神秘，在一片开放的绿地之下贮酒（图6-2)，既是公司接待来宾一道靓丽的风景，也是公司对外宣传酒质、品牌和酒文化的窗口。

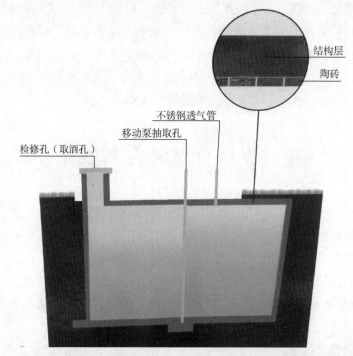

图6-1 湖南湘酒窖酒业"露天地藏"贮酒的地下酒窖剖面结构

图6-2 湖南湘酒窖酒业"露天地藏"贮酒现场一角

（二）应用效果

（1）改善酒质　温度对新酒老熟有直接影响，通过地下与地上贮酒的有机结合，加速了酒质随着自然条件下温度的适度变化而变好，这样贮存 1 年的酒相当于传统酒库贮存 2 ~ 3 年的效果。同时，利用贮存的合格酒开发出了绵柔型开口笑等产品，该产品具有"香气悠久、味醇厚、入口甘美、入喉净爽、各味谐调、恰到好处、酒味全面"的独特风格。

（2）减少投资　湘窖酒业的"露天地藏"酒窖群占地 1.5 万 m²，分 3 个区域，有地下酒窖 98 个，每个酒窖能贮酒 150 ~ 300t，总容量达到 2 万 t。这样的贮酒方式，不需要房屋建造的投资，也没有占用土地，从而减少了投资；同时，成为了生态环保的旅游风景。

二、金种子"恒温窖藏"技术

（一）技术特点

金种子酒业的杨红文等在研究中发现白酒的品质稳定与窖藏温度息息相关，2005 年在行业内首创物理"恒温窖藏"工艺的先河，给白酒窖藏工艺带来了一场重大的技术革命，使白酒酒质在恒温条件下，达到了绝对稳定，使白酒"恒温窖藏"达到了前所未有的新境界。"恒温窖藏"技术具在三个显著的特点：①克服了温度对酯化水解反应的可逆性的影响，使酒体品质异常稳定；②有利于酒体氢键结合，作用力明显，使酒体品质绵柔无比；③更有利于去除酒体中任何一丝杂味，使酒体极度纯净。

（二）应用效果

1. 改善酒质

65% vol 新酒与贮存期 1 年后不同批量的酒样进行分析比较，分析结果见表 6 - 1，感官品评见表 6 - 2。从理化指标及口感品评的变化分析可知，酒基在贮存过程中呈现酸增高、酯水解降低的现象，总酸上升 0.07 ~ 0.12g/L、总酯每年下降 0.095 ~ 0.16g/L，但由于贮存之后的酸酯重新达到一个新的平衡，使口感变得更柔和、谐调、舒适。

表 6 - 1	样品贮存前后的理化指标的结果比较		
成分	贮存前/（g/L）	贮存后/（g/L）	变化率/%
总酸（以乙酸计）	1.30	1.42	+9.2
总酯（以乙酸乙酯计）	4.95	4.75	-4.0
己酸乙酯	3.20	2.98	-6.9
乙酸乙酯	2.95	3.10	+5.1
乳酸乙酯	1.80	1.65	-8.3

续表

成分	贮存前/（g/L）	贮存后/（g/L）	变化率/%
丁酸乙酯	0.49	0.50	+2
乙酸	0.80	1.01	+26.2
己酸	0.57	0.71	+24.6
丁酸	0.48	0.51	+6.3
乙醛	0.62	0.56	-9.7

2. 开发出柔和型健康

将生态酿酒融入酿酒生产全过程，依据恒温窖藏新工艺，研制出了一种以口感特性命名柔和型健康白酒。"柔和型"白酒以"柔和种子酒""恒温窖藏醉三秋"和"徽蕴金种子"三种新产品为代表，酒体中的各种香味更加和谐、各种微量成分更加协调，窖香纯正，入口柔和，饮酒轻松，饮后舒适，具有"柔、和、净、爽"的独特风格，成为市场受欢迎的白酒新宠。

表 6-2 样品的感官品评结果比较

样品	感官评语
贮存前	窖香暴，新酒味明显，味冲，酒体略糙，尾较净
贮存后	窖香较浓郁，新酒味不明显，酒体较谐调，尾较净

三、帝豪"水窖地藏"技术

（一）技术特点

白酒生产经过制曲、发酵、蒸馏后的新酒经常出现"暴辣冲鼻、口感差，香与味不协调"的问题，酒液需要经过一段时间的贮藏老熟，才能使酒中让人不愉快的气味消失。常规的贮藏方式因地气稀薄，老熟陈化不够充分。为此，从 2006 年开始，山东帝豪酒业在传统地窖天然恒温的基础上，通过现代科技进一步强化贮藏温度，创造出在物理条件下进行贮酒的新工艺，在地下酒窖中，促进地下酒窖中地气的大规模聚集，使帝豪酒的酒体容易得到充分老熟。

（二）技术要点

即为将盛着基酒的宜兴陶坛，放入酒窖之上是水，酒窖之下也是水的汉堡式地下酒窖之中存放 3 年。水窖地藏工艺采取地下窖藏，空气湿润和常年恒温的原理，促进酿酒所需有益微生物的繁衍生息，宜兴陶坛（采用紫砂材料烧制而成，坛壁富含矿物元素且呈现多微孔网状结构）既透气又不会产生液体渗漏现象，新酒醇化老熟更快，生香更好，酒体更加圆润柔和。环境、容器、时间的有机相融，使帝豪酒在总体风格稳定的前提下呈现细微差异，促使帝豪形成别具一格的"窖养酒，酒养人"的产品特色。

（三）应用效果

现在帝豪地下酒库分南北三个库，总面积一万多平方米，共有酒缸 1500 多个，不锈钢酒罐 50 个，地下酒窖池 27 个，具有贮酒能力 1 万 t，可有力地保证帝豪酒的稳定性、可持续性。帝豪酒业始终坚持以消费者为导向，以凸显地方特色为策略，满足消费者消费需求为目的，全新推出 T 系列天赐帝豪酒，分别为天赐帝豪—T3、天赐帝豪—T6、天赐帝豪—T9，受到消费者的广泛青睐。

四、活竹贮酒技术

竹酒是选用深山中健康生长的楠竹，将度数较高的原酒液，用高压灌注法灌注于楠竹节腔内，再用同材质的活竹签密封灌注口。经一定时间贮存，楠竹在生长过程中的光合作用、新陈代谢以及自然条件下的温差等物理作用，使得楠竹节腔内的原酒液参与整株楠竹的生理循环，促进楠竹与酒液之间物质交流，取出后过滤而成风味独特的产品。以庞刚的发明专利《一种从处于生长的竹中制备野竹酒的方法》（00109427.0）为例，说明活竹贮酒技术的具体情况。

（一）技术特点

该方法通过在处于生长的竹上设置一灌液、取液装置，可以分时段、分量采集竹中的野竹酒，同时可反复多次灌、取液，从而提高了竹的利用率，更好地控制制备得到的野竹酒的酒度。可对竹节内的含酒精饮用品进行随时监测取样，保证获得的野竹酒的统一性，用于制备该野竹酒的竹可以反复利用。

在生长的竹的竹节上设置灌液、取液装置，可以根据需要分时段、分批次、分量采集野竹酒，从而可方便地获得各种度数的野竹酒；灌液、取液装置的液面观察器可方便地观察竹节中液体的生态和动态及量的增减变化等，各管、孔、盖之间的密封连接保证了制备过程的纯净和卫生，通过取液装置可随时取出竹节中的液体进行检测分析而不影响竹节内的其他液体；制备野竹酒可不受竹生长状况的影响，选择生长期适中的竹制备野竹酒，在保证含酒精饮用品在竹节中通过竹的生长、新陈代谢等生理活动浸提和交换竹中的有益成分的同时，生长中的竹也可反复使用，而且竹经一段时间制备野竹酒的使用后，仍可作为竹材使用。采集野竹酒的时间可根据竹节中酒的酒度和所需营养物质的含量以及所需的酒度而确定，可分批分期分量采集，大大节约了生产成本，适于大规模组织生产；本发明方法也有利于自然资源的多次利用，经实践证明，竹在本发明方法反复制备野竹酒后，生长和发育无不良影响，在春、冬两季竹笋仍可不断长出，这对于保持竹林的动态平衡和环境的生态平衡都有积极的意义。

（二）技术原理

在竹的生长过程中，通过将含酒精饮用品在生长的竹中进行动态缔合贮存，使酒体中的成分趋于协调一致，竹材可过滤酒中所含的有害成分，同时含酒精饮用品能从竹中浸提和溶解出竹中所含的有益成分；竹中所含天然水分的渗入，增加了含酒精饮用品的量，降低了含酒精饮用品的酒度，获得的低度酒并不是由高度白酒加水勾兑而成，而是通过在天然植物中贮存，充分吸取自然精华的水分逐渐降低酒精度而获得，在未添加任何化学成分的前提下，获得了全新的口感；经检测证明，使用本发明方法反复制备的野竹酒中所含营养成分在各批次之间无显著差异，其原因在于在含酒精饮用品浸提竹中成分的同时，竹也在生长过程中不断地吸收土壤中的各种营养，并通过其自身的新陈代谢作用制造新的营养成分。

（三）技术要点

选择节长适中、生长状况良好的 2~3 年竹龄的毛竹，在各竹节的上、下分别钻孔，如图 6-3 (1) 所示，上方孔为排气管孔 1，下方孔为注液管孔 2，孔的大小应分别与欲插入的排气管和注液管口相适配并紧密结合，然后将排气管 2 和注液管 7 分别用力压入排气管孔 1 和注液管孔 8，排气管的另一管口 9 外设置一排气管盖 3，用于封闭排气管 2；注液管为——T 形管，另一端管口 12 外设置一注液管塞 6，用于封闭注液管 7；注液管 7 的 T 形管口连接一液面观察管 5，液面观察管 5 的管口 10 外设置一液面观察管盖 4，用于封闭液面观察管 5，为保证竹节内液体的纯净，防止外界的空气和蚊、蝇等昆虫进入，各管、孔、盖之间的连接均为密封连接。如图 6-3 (2) 所示，在注入含酒精饮用品时，拔开排气管盖 3、液面观察管盖 4 以及注液管塞 6，通过注液器 11 将 50 度白酒注入竹节中，通过液面观察管 5 观察竹节内的液体量，至所需量时分别用排气管盖 3、注液管塞 6 和液面观察管盖 4 封闭各管口，让竹继续生长 30d 后，如图 6-3 (3) 所示，拔开排气管盖 3、液面观察管盖 4 以及注液管塞 6，通过注液管采集竹中的野竹酒；采集后可依以上程序循环使用该竹；另外，本发明的制备方法还可通过向竹节中注入水来调节含酒精饮品的酒度。

（四）应用效果

（1）改善酒质　按照技术要点介绍的方法，将 500mL 54%（vol）白酒注入处于生长的竹中，在竹中生长贮存 30d 后，取出竹节中的野竹酒（样品 1），测定体积和酒度；再将另外 500mL 54%（vol）白酒注入上述同一竹的同一竹节中，生长贮存 30d，取出竹节中的野竹酒（样品 2），测定体积和酒度；又将另外 500mL 54%（vol）白酒再注入上述同一竹的同一竹节中，生长 30d 后，取出竹节中的野竹酒（样品 3），测定体积和酒度；检测样品 1、样品 2、样品 3 和对照组［原酒 54%（vol）白酒为对照］中的氨基酸、微量元素和有害物质含量，结果见表 6-3。由上表可见，制备的野竹酒与对照组原酒比较，氨基酸、矿物质和各种有益成分显著增加，而甲醇和杂醇油等有害成分显著降低。在处于生长竹中反复制备得到的各批次野竹酒，所含各种营养成分的量

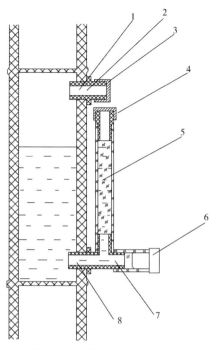

(1) 灌液、取液装置结构

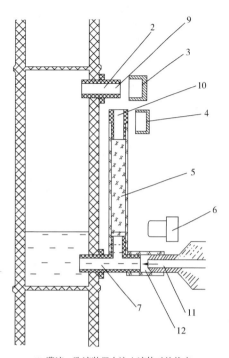

(2) 灌液、取液装置在注入液体时的状态

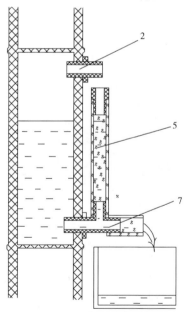

(3) 灌液、取液装置在取液时的状态

图 6 - 3　灌液、取液装置

1—排气管孔　2—排气管　3—排气管盖　4—液面观察管盖　5—液面观察管

6—注液管塞　7—注液管　8—注液管孔　9—排气管的另一管口　10—液面观

察管的管口　11—注液器　12—注液管的另一端管口

无显著差异，说明活竹贮酒方法的稳定性和重复性较好。

（2）活竹可反复利用 该技术通过在处于生长的竹上设置一灌液、取液装置，可以分时段、分量采集竹中的野竹酒，同时可反复多次灌、取液，从而提高了竹的利用率，更好地控制制备得到的野竹酒的酒度，同时，又能对竹节内的含酒精饮用品进行随时监测取样，保证获得的野竹酒的统一性，用于制备该野竹酒的竹可以反复利用。

表 6-3　　　　各批次野竹酒之间的营养成分和有害物质含量比较

	物质成分	对照组	样品 1	样品 2	样品 3
氨基酸 / (mg/ 100ml)	门冬氨酸	0.05	15.88	43.05	16.48
	苏氨酸	未检出	0.83	83.62	0.08
	丝氨酸	未检出	2.92	8.48	2.57
	谷氨酸	未检出	2.53	4.30	4.29
	甘氨酸	未检出	0.32	0.74	0.36
	丙氨酸	未检出	1.70	4.04	1.48
	胱氨酸	0.29	0.27	0.35	0.28
	缬氨酸	未检出	0.41	0.33	0.33
	甲硫氨酸	0.15	未检出	0.22	0.06
	异亮氨酸	未检出	0.52	0.07	0.11
	亮氨酸	未检出	0.55	0.10	0.12
	酪氨酸	0.05	0.19	0.44	0.11
	苯丙氨酸	0.02	0.16	0.14	0.20
	赖氨酸	0.04	0.28	0.61	0.26
	组氨酸	未检出	3.07	1.72	0.33
	精氨酸	未检出	0.07	1.42	0.13
	脯氨酸	未检出	0.81	1.74	0.70
元素及矿物质	全氮/ (mg/L)	1.95	93.87	348.5	101.7
	全磷/ (mg/L)	0.008	3.96	2.14	3.59
	全钾/ (mg/L)	0.88	145	105	210
	钠/ (mg/L)	14.4	11.2	10.6	9.4
	钙/ (mg/L)	2.56	30.9	9.96	24.5
	碘/ (mg/L)	0.021	0.040	0.046	0.041
	铜/ (mg/L)	<0.02	0.023	0.104	0.020
	铁/ (mg/L)	0.149	0.14	0.128	0.172

续表

	物质成分	对照组	样品1	样品2	样品3
元素及矿物质	锌/（mg/L）	0.148	0.305	0.486	0.354
	锰/（mg/L）	<0.02	2.19	1.98	0.021
	硅/（mg/L）	10.9	16.8	22.4	24.3
	硒/（μg/L）	0.71	3.32	2.84	2.31
	维生素B_2/（mg/L）	未检出	0.028	0.028	2.13
	还原糖/（g/L）	未检出	1.05	1.93	0.094
	类胡萝卜素/（mg/L）	0.016	0.096	0.048	0.096
有害物质	甲醇/（g/100mL）	0.01	0.0011	0.0057	0.008
	杂醇油/（g/100mL）	0.0374	未检出	0.014	未检出

第二节　人工催陈技术

白酒的老熟可分为自然老熟和人工老熟，自然老熟必然会积压大量资金、增加设备投资，加之每年近2%的酒损，给企业造成巨大的经济损失，成为各酒厂亟待解决的重大技术难题。为此，白酒界科技工作者一直在努力探索各种人工老熟方法来缩短陈酿周期，提高企业经济效益。

一、人工催陈技术对白酒的影响

在白酒自然老熟机理"挥发说""缔合说""氧化说""酯化说""溶出说"等的指导下，白酒界科研人员建立了多种人工催陈方法，主要包括物理法、化学法、生物法和复合法，下面分别介绍它们对白酒品质的影响。

1. 物理法

依据对白酒施加能量的方式不同，物理法又可分为如下几类：

（1）高温催陈　温度对酒老熟有直接影响，温度高时，低沸点成分挥发和化学反应进行的较快，容易老熟。赵国敢等研究了温度对洋河大曲新酒贮存的影响，采用新酒在55℃条件下贮存1～2个月，以室温条件贮存为对照。结果发现：①在较短时间内高温贮酒优于常温贮酒的效果；②高温贮存的酒中酸酯转换的速度远快于常温贮存，与贮存2年左右的酒质十分相似；③高温贮存的酒在室温条件下放置7个月后，理化指标没有出现可逆现象，其口感优于或接近于自然贮存约2年的原酒。许福林等发明了一种白酒高温贮存老熟工艺，将新酒采用瓦坛在保温

（30～60℃）、保湿（65%～85%）的条件下贮存 3～6 个月，其酒质可达到常温贮存 2 年的效果。

（2）超高压催陈　超高压可破坏酒中水和乙醇之间的氢键，并且其提供的能量会被各组分分子吸收并转化为分子参加各种老熟反应所需的活化能，从而加速物理变化和化学反应。因此，超高压有显著的催陈效果。段旭昌等采用超高压技术处理太白酒，在 20℃下分别采用 100MPa、200MPa、300MPa、400MPa、500MPa、600MPa 和 700MPa 压力处理酒样，结果表明：超高压处理可使新酿白酒的电导率、氧化还原电位、总酸含量、表面张力趋向于陈酒；200MPa 处理新酒 2h 的风味最好。

（3）光催陈

①红外线催陈：利用特定的红外线（波长 0.75～1500μm）辐射装置处理新酒，使酒中各主要成分获得能量，加速了酒中乙醇与水的氢键缔合速率，促进了酯化反应和低沸点物质挥发，从而达到除杂、醇和、增香的老熟效果。雷鸣书等最早将红外辐射用于长沙酒厂白沙液新酒的人工催陈，经过红外催陈的新酒品质，口感相当于自然老熟 6～12 个月的酒质，总酸、总酯增加明显。

②激光催陈：通过借助激光辐射场光子的高能量，对酒中物质分子中的某些化学键产生有力的撞击，使得这些化学键断裂或部分断裂，某些大分子被"撕成"小分子，或被激化为活性中间体，加速各种反应而达到老熟的效果。采用激光陈化白酒最早于 1981 年开始，利用激光方法催陈白酒时常用的激光器有 He－Ne 激光器、CO_2 激光器、CO 激光器、N_2 激光器、准分子激光器等，激光催陈的优点是陈化速度快。潘忠汉等采用激光陈化法对汾酒、安徽优质大曲酒进行处理，发现激光照过的白酒总酸、总酯、高级醇含量增加，甲醇、乙酸等有害成分含量降低。

③紫外光：在紫外线（波长小于 0.4μm）的作用下可产生少量的初生态氧，促进酒中一些成分的氧化过程而达到老熟的效果。茅台酒厂的紫外线催陈新酒的试验结果表明：在新酒温度 16℃下，用紫外线（253.7nm）直接照射 5min 时酸、酯变化适度、效果较好，而处理 20min 后出现过分氧化的异味。

④强光：强光的高光照功率密度和剂量与强磁场处理酒液，促进酒中成分的氧化、缩合、酯化等化学反应而达到老熟的效果。孙孟嘉等采用脉冲氙灯或碘钨灯构成光处理器，固态发酵新酒先经光源的强光场处理，其光照剂量为 5×10^{-4}～$1 \times 10^{-1} J/cm^3$，波长 1.06μm，光束功率密度大于 $10^7 W/cm^2$，然后再经磁场强度为 1×10^6～2×10^6 高斯的强磁场处理，催陈时间 0.5～40s，就可以达到长期贮存自然老熟的白酒的陈化水平和质量水平，催陈后的白酒原酒或勾兑酒色、香、味、格俱佳，乙醛、乙缩醛与乙酸乙酯的含量明显增加。

（4）电催陈　电催陈是将电引入新酒中产生电解反应生成电解氧，利用新生氧的活性加速酒体中氧化、酯化等反应的进行，加速酒的老熟。袭政等将电解水产生的氧气直接加入新酒中，使酒体中氧气的浓度为 2×10^{-6}～2×10^{-4}mol/L，经处理后的白酒品质相当于自然陈酿 6 个月效果。

（5）波催陈

①微波催陈：用微波（波长为 1mm ~ 1m，或频率 300MHz ~ 300GHz）催陈白酒时，因为微波使酒中的分子以极快的速度摆动，高频振荡使分子获得能量，快速地将部分乙醇和水分子群切成游离分子，微波功率去掉后，它们再结合成新的缔合分子群；同时，促进酒的化学反应，加速了白酒老熟的过程。林向阳等采用频率为 915MHz、功率为 5kW 的微波对德山大曲酒和长沙大曲酒进行催陈，处理过的新酒相当于自然老熟 3 ~ 4 个月的水平，可缩短这类大曲酒一半的贮存期。

②超声波催陈：利用超声波（频率高于 20000Hz）的"空化"作用加速了酒中低沸点物质的挥发，高频振荡增加了酒中各种反应发生的几率，促进了醇和水分子之间的缔合，提高了酯化、氧化反应的速率，还可能改变酒体中分子的结构。望开庆采用多个超声波振子产生的不同频率超声波对白酒催陈，对一般质量的酒，用超声波处理 10min 后，酒质相当于自然陈化 1 年的效果。

（6）场催陈

①磁场催陈：磁场能使白酒中的极性分子有序排列，且酒在高梯度磁场作用下高速流动，分子间互相碰撞会使水、醇、酸各自的缔合体解体，形成更多的游离分子，加速酒体中氧化、酯化反应的发生。但是，单独使用磁场进行催陈效果常常不明显，而将磁催陈法与氧化法、催化剂催陈法、光催陈法等联合使用，催陈效果较佳。谢文蕙等采用可调式磁处理器（磁场强度为 90 ~ 300mT、处理 0 ~ 15 次可调）处理新酒，新酒以 0.3 ~ 10T/h 的流量通过磁场强度为 120 ~ 220mT 的磁处理器 2 ~ 9 次，随后于该酒中加入 1×10^{-6} ~ 1×10^{-4}mol 至少含有一种过氧化物的助剂（过氧碳酸钠、过氧乙酸或过氧化氢），如此处理后的酒，色、香、味相当于自然陈化 6 个月至两年或更长时间的陈酒。

②电场催陈：高压电场作用于新酒后，可加快物理变化和化学反应。一方面可使一些有害的低沸点物质挥发，促使酒液中极性分子趋于沿电场方向定向排列，致使酒液分子间的部分氢键断裂，使乙醇分子和水分子相互渗透，缔合成大分子群，减少自由乙醇分子的数量，降低酒的刺激性；另一方面，电能的输入增加了白酒中各类分子的活化能，加快了酒体中各种化学反应的进程。殷涌光等采用在酒液内部直接通入高电压脉冲电，处理后的酒样总酸、总酯和总醛含量有所增加，总醇含量有所下降，指标与自然陈酿 6 年以后的酒样成分变化趋势相同；酒体透明，陈香明显，辛辣味减少、柔和绵软、有余香。

（7）射线催陈

①X 射线催陈法：X 射线具有较高的能量，照射白酒时会使酒体中的物质分子吸收能量而电离或激发，形成许多活性中间体加速各种反应发生的速率，促进白酒老熟。廖仲力等发明了用 X 射线处理酒的装置，先让新酒通过分子筛除去酒中的挥发性酸类

和硫化物，然后将过滤后的酒注入磁处理机使其乙醇的活性降低，随后让磁化后的酒进入 X 射线处理机，用 X 射线（$1 \times 10^5 \sim 2 \times 10^6 R$）进行辐照处理 $1 \sim 20s$。处理后的酒中甲醇、异丁醇、异戊醇、甲酸乙酯和乙酸乙酯以及醛类、硫化物等物质含量明显降低，有的降低 30% 左右，而酒中己酸乙酯含量却大大增加；处理后的酒浓厚醇香、绵软优雅、谐调可口的味道。

②γ 射线催陈：γ 射线照射白酒，会使酒体中水分子和有机化合物分子产生电离和激发，因而产生大量自由基，加速了酒体中氧化、酯化反应，从而达到快速催陈的效果。付立新等用 $^{60}Co - \gamma$ 射线催陈散装白酒［60%（vol）］，处理剂量为 0.8kGy、2.0kGy、4.0kGy，剂量率为 3.33Gy/min，第一批以新鲜白酒贮存 7d 后辐照，第二批以贮存 90d 辐照，两批样品均在处理后 7d 进行分析。处理后的酒样中总酸、总酯等有益成分增加，味道醇和、苦涩味减少。尤其以辐照剂量 2.0kGy 的处理组最佳，且辐照后贮存一定时间的效果更好。

（8）其他催陈方法　超滤膜对极性分子也具有选择性吸附作用，使乙醇、羧酸、醛类等极性分子因吸附在膜中保持较高的相对浓度，能增进陈酿效果。超高压射流技术将新酒通过超高压及瞬态卸压过程，能加速白酒的催陈反应。樊迪采用超高压射流技术对不同香型白酒催陈效果的研究发现，浓香型白酒在 200 ~ 300MPa 处理后，香气优雅，酒体醇和，绵柔爽净；酱香型白酒在 50 ~ 200MPa 压力下处理后，酱香纯正，酒体醇和，尤其空杯留香纯爽、持久。清香型白酒经 150 ~ 200MPa 处理后，口感和风味较佳。

2. 化学法

化学法催陈白酒主要着眼于加快白酒中各种成分间的化学变化，化学法主要分为氧化法和催化法。

（1）氧化法　氧化法主要是向酒体中注入氧气、臭氧或加入过氧化物、高锰酸钾等氧化剂，利用氧化剂的氧化作用加快酒体中醇、醛的氧化，从而促进酒体老熟。

①臭氧催陈：臭氧催陈是利用其较强的氧化能力和较大的能量，加速酒液中氧化反应、酯化反应、缔合作用和挥发作用，从而缩短陈酿期。李宏涛等利用臭氧来处理清香型白酒新酒，发现经过一定剂量的臭氧氧化处理后，新酒味减轻，具有一定的催陈或陈化作用；同时发现臭氧处理后酒中总酯下降，尤其是三种高级脂肪酸乙酯（棕榈酸乙酯、油酸乙酯、亚油酸乙酯）的含量明显减少，具有一定的除浊作用。

②氧气催陈：强制氧化采用从酒液底部均匀搅拌加氧的方法，使氧气穿过液体时能与酒液充分接触，加速酒液中氧化反应，特别是不饱和多元醇氧化成酸，降低不饱和多元醇的刺激性，从而使酒体变得醇香，达到更好的氧化效果。张忠茂等采用强制氧化技术对浓香型大曲新酒处理 16 ~ 26min 后，酒质相当于自然陈酿 90 ~ 120d 的白酒，

比常规老熟的白酒更加醇甜。

③高锰酸钾氧化法：高锰酸钾处理新酒是利用其在酒液中的分解与氧化作用，促进酒的氧化和酯化作用，而本身则还原为二氧化锰可过滤除去，从而起到去杂、催陈的目的。尚宜良采用高锰酸钾处理高粱新酒，高锰酸钾用量为 0.05%，先将高锰酸钾用 5～10 倍 70℃以上的热水化解、搅匀，在酒中边搅拌边加入高锰酸钾溶液，使高锰酸钾与酒液充分接触，静置 8～16h，过滤，所得酒液无新酒味，而有较为醇厚绵软的口感。

（2）催化法　催化法是通过在酒体中加入催化剂，加快酒体中酯化反应和氧化反应的进程，达到催陈的效果。

①酸催化：酸催化是在新酒中加入酸后，不仅增加了酒体中的反应物，而且能加快羰基质子化进程，从而促进酯化反应，实现催陈的效果。采用酸对白酒进行催陈时，固体酸、过氧乙酸是最常用的催化剂。郭生金等用固体酸对白酒进行催陈，处理后酒体中总酯含量升高。赵怀杰等在"磁—红外—氧化—过滤"组合法催陈白酒时向新酒中加入适量的过氧乙酸，处理酒样中酯含量明显增加，感官品质相当于自然陈酿 1～2 年的酒。

②催陈剂（器）催化法：在新酒中加入金属离子（如 Cu^{2+}、Fe^{3+} 等），金属离子能降低酒液分子间反应的活化能，增加了活化分子数及单位时间内的有效碰撞次数，因而加快化学反应速率，达到催陈的效果。杜小威等采用混合陶缸碎片（宜兴黑 500：四川 500：红 500：无名缸片为 1:1:1:1）处理汾酒新酒，按 20% 加入试样中处理 60d，每天搅拌 2 次，每次敞口排杂 10min，陶片中的金属离子对酒进行了催化作用，处理后的酒质效果显著改善。

（3）生物法　生物催熟的显著特点就是具有特殊的选择性，但因生物催熟技术难度大，我国对生物催熟技术研究较少。陈功等采用从植物中提取的 α－醇酶和酵素经技术处理得到的生物催熟剂 YS－Ⅱ 对新酒进行催熟，新酒处理后的刺激性降低、柔和感增强、后味干净、无"返生现象"，处理 15～30d 相当于自然老熟 180d 以上。

（4）复合法　以上介绍了单一人工催陈方法，这些方法不同程度地对白酒有一定的催陈作用，但用于大规模工业化生产的白酒人工催陈方法仍为少见，尤其是使用单一的物理方法，普遍存在"回生"现象，酒的品质也难以维持原有风格；化学方法又普遍存在添加非发酵过程中产生的物质问题，而国家对纯粮酿造酒明令禁止采取上述化学方法；生物方法对高度白酒实现陈化较为困难。目前普遍研究的方法多为复合处理方法，复合法利用优势互补，能达到更好的催陈效果。陈立生采用"加热－催化－超滤"复合催陈方法，先对新酒进行 50℃以下加热处理，辅以适当搅拌使低沸点的甲醇、酸类和硫化物等物质挥发；然后将含高羧酸量的陈酒按比例加入搅拌均匀，常温催化处理 30d 左右，每周搅拌一次，每次 10min，促进缔合反应建立相对稳定的动态平衡；最后进行超滤处理，用压力将酒强制通过截止分子质量为 1400~500u 的超滤膜。该方法能使新酒在不到 60d 时间达到自然陈酿 1 年以上的效果，不会产生有害物质，可适用名优酒的前期催陈。

二、超重力旋转床高效传质催陈技术

超重力场技术是一种装置体积小、传质强度高、容易操作的一门新兴技术，超重力场具有强有力的微观混合、高效传质的优势。以张生万等人的发明专利《一种白酒催陈的方法及其装置》（200810054772.8）为例，介绍超重力旋转床高效传质催陈技术的具体情况。

（一）技术特点

超重力旋转床高效传质技术用于白酒催陈具有操作简单、成本低廉、处理效果好的特点，具体表现为：①利用超重力旋转床高效传质技术对白酒进行催陈，处理后的酒液不增加任何非发酵过程中产生的物质；②使酒液在超重力旋转床中与氧化性气体微观混合和高效传质，加快了陈化反应的发生；③通过调节冷凝系统、酒液、气体温度，在进一步促进陈化反应发生、维持原酒风味特征、尽量减少酒损的同时，使产生新酒味的低沸点物质也得到了彻底的去除；④模拟白酒自然陈酿过程及环境，选择了与自然陈酿贮存容器相同的材料，创造了贮存容器表面活性中心参与陈化反应及分子间弱相互作用的环境，促进了白酒陈化产物的形成；⑤适合各种类型白酒、不同规模的工业化催陈。

（二）技术原理

超重力旋转床高效传质技术催陈白酒时，白酒经液体温度调控装置、进液口进入旋转床，并从布液器喷出，再经转子离心雾化。同时，氧化性气体（臭氧、氧气或空气）经过气体温度调控装置、进气口进入旋转床，在旋转床的喷雾区形成轴流向上的均匀气流。这样，白酒被巨大的剪切力撕裂成微米至纳米级的液膜、液丝和液滴，使气－液、气－固、液－固两相在超重力环境下的多孔介质或孔道中流动接触，进行强有力的微观混合和高效传质，促进酒体中各种成分的转化过程（低沸点物质挥发、酯化水解、氧化还原、分子间的弱相互作用、贮存容器表面活性中心的参与等反应平衡），从而达到快速老熟的效果。

（三）催陈装置

超重力旋转床高效传质催陈装置如图 6-4（1）所示，其核心设备为超重力旋转床[图 6-4（2）]，转子的结构如图 6-4（3）所示。转子的同心圆环填料层可以是具有1~4 层的筛网状的圆桶，每一层圆桶可以是单层结构，也可以是充有陶瓷颗粒的夹层结构，所述的圆桶是由金属、合金或表面涂有陶瓷的材料制成；超重力旋转床的内壁、布液器的表面材料为陶瓷、金属或合金。

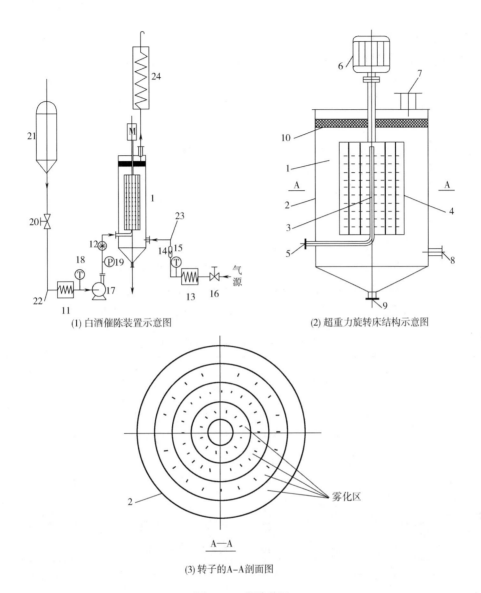

(1) 白酒催陈装置示意图　　(2) 超重力旋转床结构示意图

(3) 转子的A-A剖面图

图6-4　催陈装置

1—超重力旋转床　2—壳体　3—布液器　4—转子　5—进液口

6—电机　7—排气口　8—进气口　9—排液口　10—捕集器

11—液体温度调控装置　12—液体流量计　13—气体温度调控装置

14—气体流量计　15—气体温度计　16—气体阀门　17—泵

18—液体温度计　19—压力表　20—液体阀门　21—液体贮罐

22—液体管道　23—气体管道　24—冷凝器

（四）技术要点

氧化性气体（臭氧、氧气或空气）经气体流量计和气体温度调控装置调控气体流量 [$600\sim12000L/（m^3 \cdot h$）] 和温度（15~75℃）后，由超重力旋转床的进气口进入旋转

137

床（转速为 500 ~ 3000rpm），在旋转床中形成轴流向上的均匀气流，进入雾化区和转子的填料层；而待处理的新酒则由白酒贮罐经液体流量计调整流量 [500 ~ 3000L/ （m³·h）] 和液体温度调控装置调控温度（15 ~ 75℃）后，由超重力旋转床的进液口进入布液器，通过布液器喷出，进入雾化区，喷在第一级同心圆环填料层上，被电机带动转子高速旋转产生的强大离心力强制沿径向做雾化分散，经历第一级雾化后，液滴再撒在第二级同心圆环填料层上，再经历离心雾化。这样，液相被高速旋转的筛网状多次雾化分散成极微小的液滴。液滴在喷雾区和填料层与氧化性气体、填料经过充分接触和高效传质。然后，酒液经旋转床壳体内壁汇集到装置底部的排液口排出，气流则由捕集器消雾后，经排气口进入冷凝器冷却回收气流夹带的酒液后经冷凝器排气口排出。

（五）应用效果

氧化性气体为氧气，对新产汾酒进行处理。氧气通过气体温度调控装置，控制入口温度为 45 ~ 50℃，流量控制在 2000L/ （m³·h）；酒液经液体温度调控装置，控制入口温度为 55 ~ 60℃，流量控制在 1800 ~ 2000L/ （m³·h）；电机的转速为

表 6-4　　　　　　　气相色谱分析的部分微量成分相对百分含量*

微量成分	对照样品				新酒用本发明处理后的样品		
	新酒	贮存半年	贮存 2 年	贮存 5 年	臭氧处理	空气处理	氧气处理
乙酸乙酯	60.7894	58.6788	47.9174	45.1762	48.8405	46.7913	47.6386
乳酸乙酯	8.2836	10.5951	14.9633	11.5519	12.6905	13.0692	12.273
正丙醇	3.8104	2.6988	2.6324	4.5979	4.3319	4.5563	4.7382
异丁醇	3.6268	3.7692	3.7546	5.4115	4.0531	4.2787	4.5214
异戊醇	10.7713	12.1913	14.6698	16.9677	13.2703	14.2846	14.3579
β - 苯乙醇	0.1521	0.1619	0.2067	0.2399	0.2293	0.2152	0.2138
乙酸	4.679	5.3524	6.6419	6.2482	7.4007	7.5125	6.7523

注：* 在相同的气相色谱条件下，对照样品和新酒经处理后分别直接进样，扣除乙醇外，其他所有微量成分归一化处理得到相对百分含量。

表 6-5　　　　　　　　　酒厂组织品酒师口感品评结果

样品	考查指标（分值分配）					总分
	色（10）	香（25）	味（50）	格（15）	评语	
空气处理	10	22	45	14	无色透明，清香纯正，入口较柔和，谐味较协调，后味较净	91
氧气处理	10	22	45	14	无色透明，清香纯正，入口绵软，谐味较协调，后味较净	91
臭氧处理	10	21	42	13	无色透明，清香纯正，口感涩	86
新酒	10	20	40	13	无色透明，新酒味较重，较辛辣微苦、涩	83

续表

样品	考查指标（分值分配）					总分
	色（10）	香（25）	味（50）	格（15）	评语	
半年	10	21	41	13	无色透明，少有新酒味，辛辣微苦、涩	85
2 年	10	22	44	14	无色透明，清香纯正，入口绵甜	90
5 年	10	23	45	14	无色透明，清香纯正，入口柔和，略带陈味，尾味长净，尾净	92

1800r/m；冷凝器用自来水冷却。处理后的酒液，酒损在 0.4% vol，口感品评优于自然贮存 2 年以上的白酒，气相色谱分析的部分微量成分相对百分含量和口感品评结果见表 6-4 和表 6-5。处理后的白酒色、香、味相当于自然陈酿 6 个月至两年或更长时间的白酒。

三、纯粮固态白酒重蒸馏技术

以笔者等人的发明专利《电磁感应加热的纯粮固态发酵白酒液态重蒸馏装置》（201410674381.1）为例，介绍纯粮固态白酒重蒸馏技术的具体情况。

（一）技术特点

传统大曲酒的生产采用固态发酵产酒和固态蒸馏取酒，新酒通过贮存、勾兑和调味等环节生产出产品。固态蒸馏后的新酒 2% 的微量成分已检出 180 多种组分，其中有一些成分如乙醛、丙烯醛、高级醇等含量超标会导致产品辛辣、刺喉、有苦味、易上头，传统方法全靠一定的贮存期进行物理和化学变化来改善新酒的酒质或采取物理、化学和生物等人工催陈的方法。而本技术对固态蒸馏后的新酒进行液态重蒸馏，分离新酒中引起辛辣、刺喉、易上头的乙醛、丙烯醛、高级醇等多种不利成分，实现快速提高新酒品质的目的。因此，本技术具有处理时间短、可连续操作、除杂针对性强、效果好的特点。

（二）技术原理

根据新酒样中组分沸点不同的特性，通过蒸馏装置的控温、控压操作，实现酒液中成分的分离与纯化。由于在贮酒前先将新酒中引起辛辣、刺喉、易上头的乙醛、丙烯醛、高级醇等多种不利成分分离，从而提高白酒的安全性，缩短贮酒时间。

（三）蒸馏装置

电磁感应加热的纯粮固态发酵白酒液态重蒸馏装置，包括蒸馏釜体及加热系统、酒液馏分冷却系统、酒液和氮气供给系统，各系统之间由管道、控制阀、物料泵连接并组成回路（图 6-5）。

蒸馏釜加热系统：蒸馏釜体 8 上部装有压力表 14、安全阀 29、蒸馏釜排空阀 16、测温计Ⅱ13，蒸馏釜体 8 上部连接蒸馏釜进口阀 7、通过管道和阀门连接冷凝器 20；蒸馏釜体 8 下部装有测温计Ⅰ12；蒸馏釜体 8（不锈钢材质圆柱体的螺纹式快开结构，径高比为 1:4）外被保温层 9，保温层外带有电磁感应线圈 10 和电磁感应控制器 19，电磁感应线圈 10 外被保温套 11；蒸馏釜体 8 下部的出口端连接并联的残余酒液收集阀Ⅰ17 和残余酒液收集阀Ⅱ18，它们再分别连接残余酒液收集器Ⅰ26 和残余酒液收集器Ⅱ27，酒液收集器下部分别装有残余酒液排空阀Ⅰ33 和残余酒液排空阀Ⅱ32；

酒液馏分冷却系统：蒸馏釜馏分出口阀 15 出口端连接冷凝器 20 酒管的入口端，冷凝器 20 酒管的出口端分别连接并联的馏出液收集阀 30 和回路控制阀 23，馏出液收集阀 30 连接馏出组分收集器 24，馏出组分收集器 24 的出口端连接馏出组分排空阀 31；冷凝器 20 的出水端连接散热器 22 的入水端，散热器 22 的出水端连接冷水池 28，冷水池 28 出水端连接冷水泵 21，冷水泵 21 连接冷凝器 20 构成回路。

酒液和氮气供给系统：酒液贮罐与酒液泵之间连接有进料控制阀，酒液泵的出口端连接单向阀的入口端；氮气瓶开口端依次连接调节阀、截止阀后与单向阀合并连接，再连接蒸馏釜进口阀最后连接蒸馏釜体；冷凝器 20 的酒管下部依次连接回路控制阀 23、酒液泵 25 后，再连接酒液贮罐 6 的入口端，构成新酒中馏出组分的回路。

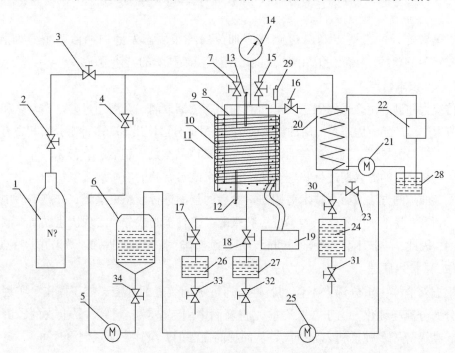

图 6-5　纯粮固态发酵白酒液态重蒸馏装置

1—氮气瓶　2—调压阀　3—截止阀　4—单向阀　5—酒液泵　6—酒液贮罐　7—蒸馏釜进口阀　8—蒸馏釜体
9—保温层　10—电磁感应线圈　11—保温套　12—测温计Ⅰ　13—测温计Ⅱ　14—压力表　15—蒸馏釜馏分
出口阀　16—蒸馏釜排空阀　17—残余酒液收集阀Ⅰ　18—残余酒液收集阀Ⅱ　19—电磁感应控制器
20—冷凝器　21—冷水泵　22—散热器　23—回路控制阀　24—馏出组分收集器　25—酒液泵
26—残余酒液收集器Ⅰ　27—残余酒液收集器Ⅱ　28—冷水池　29—安全阀　30—馏出液收集阀
31—馏出组分排空阀　32—残余酒液排空阀Ⅱ　33—残余酒液排空阀Ⅰ　34—酒液排料控制阀

（四）技术要点

将新酒经泵从贮罐进入蒸馏釜体，控制蒸馏釜体内酒液压力和温度在合适值范围。当酒液升温至某一指定温度，沸点低于这一指定温度的新酒馏分经蒸馏釜馏分出口阀排出，通过冷却系统的冷凝器冷却得到酒液馏出组分，酒液馏出组分经回路酒液泵进入酒液贮罐；沸点高于这一指定温度的新酒成分残留于蒸馏釜体内；经氮气压出后进入残余酒液收集器。通过对酒液馏出组分2~3次液态循环蒸馏，对不同沸点成分进行多次分离与收集，除去收集器中含有的乙醛、丙烯醛、高级醇等微量成分的收集液，将其余收集器中收集液混合得到重蒸馏后的酒液。

（五）应用效果

新酒经重蒸馏处理后，对乙醛、丙烯醛、高级醇等微量成分后分离达到80%以上。但酒质口感欠醇和，需要采取自然老熟一定时间或与其他人工催陈方法结合进一步促进酒的老熟。

第三节　勾兑调味技术

白酒勾兑和调味技术从简单的坛内扯兑、同香型酒勾兑、不同糟酒和不同轮次酒勾兑，逐步发展到不同香型酒的勾兑和调味、微机勾兑和调味等，勾兑和调味技术的发展是白酒生产技术进步的重大成就。

一、调味酒的提香技术

笔者等人的研究《CO_2超临界提取双轮底酒醅中香味成分的工艺研究》为例，介绍双轮底调味酒的 CO_2 超临界提取技术。

（一）技术特点

采用超临界 CO_2 流体萃取双轮底酒醅中的香味成分是一种新的尝试，此技术具有萃取效率高和萃取物中无异杂味等特点。

（二）技术原理

超临界 CO_2 流体萃取（SFE）是利用超临界流体的溶解能力与其密度的关系，即利用压力和温度对超临界流体溶解能力的影响而进行的。在超临界状态下，将超临界流体与待分离的物质接触，使其有选择性地把极性大小、沸点高低和分子质量大小的成分依次萃取出来。由于双轮底醅中含有酯类香味成分，如己酸乙酯、乳酸乙酯、丁酸乙酯、戊酸乙酯等微量香味物质，可用超临界 CO_2 流体萃取其中的有效成分。

（三）工艺流程

原料→预处理→称样→萃取→浸提→过滤→酒样→色谱分析→报告结果

（四）技术要点

（1）原料预处理　取自湖南湘窖酒业有限公司刚出窖的双轮底酒醅，适当晾干，瓷盘盛满后置恒温干燥箱中，50℃烘干。取出，稍去谷壳（收得率约70%），经粉碎机粉碎后，过20目筛，检测样品的含水量为9.78%。

（2）CO_2超临界萃取　每次称取200g粉碎的酒醅样，置CO_2超临界萃取设备中，在一定的温度、压力、夹带剂和时间下萃取酒醅中的香味成分。

（3）正交试验设计　在单因素试验的基础上，选取4因素3水平（表6-6）的正交试验设计$L_9(3^4)$方法，应用CO_2超临界流体萃取技术提取双轮底醅中香味成分，研究萃取压力、温度、夹带剂（无水酒精）、时间4因素的各水平对主要香味成分萃取量的影响，从而确定超临界二氧化碳萃取双轮底醅中香味成分的最佳工艺条件。

（4）酒精浸提　各提取物采用60mL的60%酒精浸泡，常温静置24h，溶解其酒香成分。

（5）过滤　用滤纸自然过滤，收集各样品的滤液，用于气相色谱分析。

表6-6　　　　　　　　4因素3水平正交试验设计表

水平	A 压力/MPa	B 时间/min	C 温度/℃	D 夹带剂/%
1	30	30	40	20
2	25	20	37	15
3	35	40	43	25

（五）技术效果

1. CO_2超临界萃取条件对主要酯类提取量的影响

采用CO_2超临界萃取技术提取双轮底醅中酯类成分，按正交表$L_9(3^4)$进行试验后，主要酯类提取量的结果见表6-7，数据进行统计分析后的结果见表6-8。

表6-7　　　　　　　CO_2超临界萃取条件对主要香味成分提取量的影响

单位：mg/100g 绝干醅

试验号	乙酸乙酯	乳酸乙酯	己酯/乳脂	总酯	总酸
1	2.6669	11.3529	0.2349	357.2352	298.5853
2	2.8984	19.3466	0.1498	89.8840	301.8208
3	0.1758	1.5982	0.1100	18.0903	36.7239

续表

试验号	乙酸乙酯	乳酸乙酯	己酯/乳脂	总酯	总酸
4	0.3512	4.5543	0.0771	15.1546	45.6556
5	0.1590	1.3920	0.1143	7.3749	49.7771
6	0.1865	6.6002	0.0283	16.6579	29.1929
7	8.3877	48.8969	0.1715	149.6579	632.3463
8	2.1539	19.8593	0.1085	44.2967	223.2144
9	7.8501	35.0117	0.2242	122.9877	626.088

由表6-8可以看出，①影响己酸乙酯萃取量的主次因素依次为B（时间）>A（压力）>D（夹带剂）>C（温度），较优水平为 $A_1B_3C_3D_1$ ，即压力为30MPa，时间为40min，温度为43℃，夹带剂为20%。②影响乳酸乙酯萃取量的主次因素依次为B（时间）>A（压力）>D（夹带剂）>C（温度），较优水平为 $A_1B_3C_1D_1$ ，即压力为30MPa，时间为40min，温度为40℃，夹带剂为20%。（3）影响己酸乙酯、乳酸乙酯萃取量的主次因素依次为B（时间）>C（温度）>A（压力）>D（夹带剂），较优水平为 $A_1B_3C_3D_1$ ，即压力为30MPa，时间为40min，温度为43℃，夹带剂为20%。

表6-8　　　　CO $_2$ 超临界萃取条件对主要酯类提取量影响的结果分析

数据处理	己酸乙酯/（mg/100g绝干醅）				乙酯乳脂/（mg/100g绝干醅）				乳酸乙酯/（mg/100g绝干醅）			
	A	B	C	D	A	B	C	D	A	B	C	D
k_1	3.80	1.91	2.92	3.70	21.6	10.8	19.0	19.6	0.16	0.16	0.10	0.15
k_2	1.74	0.23	1.80	1.68	13.53	4.18	14.6	12.6	0.12	0.07	0.11	0.12
k_3	2.74	6.13	3.56	2.91	14.4	34.6	15.9	17.3	0.12	0.17	0.19	0.13
R	2.06	5.90	1.76	2.03	8.07	30.4	4.45	7.03	0.04	0.10	0.088	0.03

2. CO $_2$ 超临界萃取条件对总酯和总酸提取量的影响

采用CO $_2$ 超临界萃取技术提取双轮底醅中总酯、总酸成分，按正交表 $L_9(3^4)$ 进行试验后，醅中总酯、总酸提取量的结果见表6-9，数据进行统计分析后的结果见表6-9。由表6-9可以看出，①影响总酯萃取量的主次因素依次为B（时间）>A（压力）>C（温度）>D（夹带剂），较优水平为 $A_1B_1C_3D_2$ ，即压力为30MPa，时间为30min，温度为37℃，夹带剂为15%。②影响总酸萃取量的主次因素依次为B（时间）>D（夹带剂）>C（温度）>A（压力），较优水平为 $A_1B_3C_3D_1$ ，即压力为30MPa，时间为40min，温度为43℃，夹带剂为20%。

表 6 – 9 　　　　　　 CO_2 超临界萃取条件对总酯和总酸提取量影响的结果分析

数据处理	总酯/（mg/100g 绝干醅）				总酸/（mg/100g 绝干醅）			
	A	B	C	D	A	B	C	D
k_1	174.0	155.1	61.31	76.01	325.5	212.4	232.8	324.5
k_2	47.19	12.89	49.78	139.2	191.6	41.54	190.2	183.7
k_3	52.41	105.7	162.5	58.37	230.7	493.9	324.8	239.6
R	126.8	142.2	112.6	80.85	133.9	170.8	134.9	140.9

综合考虑正交试验对双轮底酒醅中香味成分提取量的影响，以提高浓香型白酒主体香成分为目标，采用超临界 CO_2 流体萃取双轮底酒醅中的香味成分的主次因素依次为时间＞压力＞温度＞夹带剂；确定的最佳萃取条件为压力 30MPa，温度 43℃，无水乙醇用量 20%，时间 40min。其提香效果为：乳酸乙酯 0.15~0.17mg/100g 绝干醅，己酸乙酯 3.7~3.9mg/100g 绝干醅，总酸 320~330mg/100g 绝干醅，总酯 170~180mg/100g 绝干醅。

二、酒体风味设计技术

20 世纪 80 年代之前，白酒的勾兑工艺一直处于师徒相传，秘而不宣的状况。20世纪 80 年代，在轻工业部的主导下，首次举办了全国性的白酒勾兑培训班，才使白酒勾兑技术脱离了旧时代师徒单传守旧的境地。酒体设计技术是在 20 世纪 90 年代提出的，其基础是白酒的勾兑技术。白酒酒体的风味和质量设计是我国白酒酿造工业的创新之举，是赋予酒体具有某种感官功能的精神享受而进行的一系列的生产工艺活动。

（一）技术特征

（1）酒体结构　白酒的酒体中最主要的成分是乙醇和水，总计约占酒体的 98% 左右，但白酒的风味千差万别，其区别正是在于这剩余的 2%。这 2% 的物质主要包括酯类、酸类、醇类、醛酮类以及一些含量极低的酚类、含硫化合物等物质。这些种类的物质均有各自独特的香味和香型，对白酒的气味与口感影响深远。这些成分在酒中的地位和作用为：酯类是白酒香的主体，中国白酒是以乙酯类为主；酸是味的主体，并起重要的协调作用；醇类是香与后味过渡桥梁，含量恰到好处，甜意绵绵，在酒中起调和作用；醛类主要是协调白酒香气的释放和香气的质量。

（2）酒体风味设计学　研究酒体风味特征形成规律、实现品牌质量目标的价值体系，设计出构成完美酒体和典型风格特征的整套技术方案和科学的管理准则；酒体风味设计学内容如图 6 – 6 所示。

酒体风味设计学的原则是"特色优先，质量第一，结构合理"。白酒行业正在进入

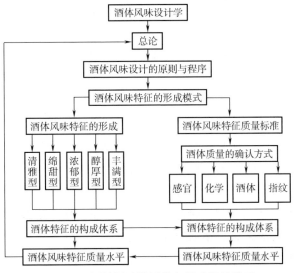

图 6-6　酒体风味设计学与风味设计关系

消费者主导的个性化时代，白酒作为一种具有文化内涵的商品，需要适应不同的消费者群体或个人对酒订制的要求，这就要求白酒产品至少具备时尚、优质与大众三者中的一种特质。此三者都可以通过酒体设计，调整白酒的成分配比而达到相应的口感，同时配合包装与宣传上的创新，实现特色新产品的销售。

（3）酒体设计　形成酒体风味特征的技术要素和实现品牌质量目标，设计出有效控制产品风味质量的整套技术标准和管理准则。

因此，酒体设计是按市场消费者的需求目标去开发酒类产品，即按需求生产产品，其技术特征表现为：①为消费者提供具有独特个性、酒体风味特征的产品；②提高中国白酒的适应性、产品质量；③提高名优酒比率、节约粮食。

（二）酒体风味质量感官特征的类型

（1）幽雅型风味质量特征。

（2）浓郁型风味质量特征。

（3）纯正型风味质量特征。

（4）醇厚型风味质量特征。

（5）醇和型风味质量特征。

（6）醇净型风味质量特征。

（7）丰满型风味质量特征。

（三）基本程序

开发新酒品的酒体设计程序包括调查研究、方案确定、新样试制、市场反馈、新品鉴定、新品推介 6 个的基本步骤，各个环节相互关联、不可分割。

（1）调查研究　市场调查、技术调查或利用大数据分析，把握市场需求和基本的风味走向，形成设计构想方案，确保开发的产品具有鲜明个性特征和完美酒体风味质量特色。

（2）方案确定　将专业人员和市场部人员的多种预案进行对比筛选，确定品牌方案。品牌方案内容包括产品的风味特色、产品质量的香味物质组成和理化指标、产品的卫生和安全性指标、产品的结构形式、形成酒体风味质量的关键技术和生产工艺模式，品牌方案的决策包括酒体风味质量目标的价值评估、酒体风味质量要达到的价值目标、生产模式和各项技术要素的指标。

（3）新样试制　按照新开发品牌设计方案中酒体风味质量的理化和感官的技术指标进行定性，确定微量香味成分的含量和相互比例关系的参数，制定合格酒的验收标准和基础酒的质量标准，选用适宜的合格酒和调味酒进行酒质的勾调，初步确立新风味酒品的质量标准。

（4）市场反馈　将少量新风味酒品投放市场接受消费者品鉴，倾听消费者的反响，认真收集反馈意见，形成修改与完善的具体信息。

（5）新品鉴定　根据市场反映，再对新酒品进行风味或制作工艺的调整，最终形成新风味的酒定型样品和风味质量的各项指标，并做出鉴定结论。在样品酒制出后，必须要从技术上、经济上做出全面的评价，再确定是否进入下个阶段的批量生产。

（6）新品推介　制作相应的宣传与包装设计，向市场推出新开发的酒体设计产品。

（四）酒体设计实例

1. 浓郁型酒体风味质量设计案例

（1）市场调研　在市场调查的基础上，确定新产品的风味质量。

（2）确定原料品种和工艺技术标准　浓郁型酒采用以多种粮谷为原料，黄泥老窖为发酵容器，使用传统的中温大曲作糖化发酵剂，经固态发酵，坚持"一长二高三适当"的技术原则生产的新酒经陶罐贮存，精心组合而成的蒸馏白酒。

（3）确定理化卫生安全指标　理化指标见表6－10，卫生安全指标按 GB 2757 执行。

表6－10　　　　　　　　　　　浓郁型酒理化指标要求

项目	优级	一级	二级
酒精度%（v/v）		40.0～60.0	
总酸，以乙酸计/（g/L）	0.50～2.00	0.40～2.00	0.30～2.00
总酸，以乙酸乙酯计/（g/L）	≥2.50	≥2.00	≥1.50
乙酸乙酯/（g/L）	2.00～3.00	1.50～2.50	0.60～2.00
固形物/（g/L）		≤0.40	

（4）确定风味物质　体现酒体风味物质量的微量香味物质种类及含量控制范围，如果酒中有 100 种成分，高、中度名酒中微量香味成分应控制在 80% 以上，即要有 80 种以上的微量香味成分。低度酒中微量香味成分应控制在 70% 以上，即应具备 70 种以上的微量香味成分，以保持固态纯粮发酵白酒的传统特色。为了达到香气优美、浓郁典雅、酒体丰满完整、风格典型独特，必须对多种微量香味成分的含量范围及其比例

关系做出相应的规定。

（5）制定感官质量指标 色泽清亮透明，芳香浓郁典雅，味道绵柔甘洌，回味悠长爽净，酒体醇厚丰满，风格典雅独特。

（6）试调样品 在验收合格酒和调味酒的基础上，把这些酒经过贮藏并且待到酒的贮藏期达标后，进行基础酒勾兑组合，然后进行样品酒调味等工艺环节，最后形成批量样品。

（7）市场反馈 获取消费者的反馈信息，根据信息确定改进意见。

（8）产品鉴定 最终产品的分析检测、鉴定。

（9）新品推介 全面符合品牌的质量标准方可批准包装，出厂销售。

2. 浓香型酒体设计实例

现有贮存一年以上多粮风味60%（vol）浓香型大宗酒及双轮底酒、95%（vol）食用酒精、纯净水及食用香料 [几种酒精度的质量分数：45%（vol）=37.8019，60%（vol）=52.0879，95%（vol）=92.4044]，大宗酒：总酸为1.10g/L，总酯为4.00g/L，己酸乙酯为2.40g/L；双轮底总酸为1.20g/L，总酯为5.00g/L，己酸乙酯为3.0g/L。请设计勾兑1000mL 45%（vol）普通白酒，食用酒精70%（vol），固态法白酒30%（vol），计算出各种物质使用量。

（1）酒的用量计算

我们设计此普通白酒大宗酒占20%（vol），双轮底酒占10%（vol），

①计算配制45%（vol）普通白酒需要60%（vol）的大宗酒用量：

$$1000 \times 20\% \times 37.8019/52.0879 = 145.15（mL）$$

式中　1000mL——所要设计的普通白酒体积

　　　20%——大宗酒占普通白酒的体积

　37.8019——45%（vol）酒度的质量分数

　52.0879——60%（vol）酒度的质量分数

②计算配制45%（vol）普通白酒需要60%（vol）的双轮底酒用量：

$$1000 \times 10\% \times 37.8019/52.0879 = 72.57（mL）$$

式中　1000mL——所要设计的普通白酒体积；

　　　10%——双轮底酒占普通白酒的体积；

　37.8019——45%（vol）酒度的质量分数

　52.0879——60%（vol）酒度的质量分数

③计算配制45%（vol）普通白酒需要60%（vol）的食用酒精用量：

$$[37.8019 \times 1000 \times 45\% - 52.0879 \times（145.15 + 72.57）\times 60\%] /（92.4044 \times 95\%）= 116.27（mL）$$

则普通白酒中大宗酒的酸含量为：

$$145.15 \times 1.10/1000 = 0.16（g/L）$$

式中：1.10——大宗酒总酸

145.15——大宗酒体积

1000mL——所要设计的普通白酒体积

（2）冰乙酸的用量计算

①所用酒中酸的含量：普通白酒的酸含量为：

$$0.16 + 0.087 = 0.247 （g/L）$$

同理可以计算出双轮底酒中酸的含量为：0.087g/L

②冰乙酸的用量：按总酸不小于0.8g/L计算，显然达不到要求。根据经验，每升普通白酒加1/10000冰乙酸酸度上升0.1g，可以得到至少还需要加入0.6mL左右的冰乙酸，才能达到酸含量的标准要求。

（3）酯的用量　同理可以计算出需要加入乙酸乙酯1.5mL，己酸乙酯1.4mL，可以达到总酯和己酸乙酯的要求。

（4）各种物质使用量　按酒体设计要求，勾兑1000mL 45%（vol）普通白酒的配方为：

60%（vol）的大宗酒用量145.15mL

60%（vol）的双轮底酒用量72.57mL

95%（vol）食用酒精用量116.27mL

冰乙酸用量0.6mL

乙酸乙酯用量1.5mL

己酸乙酯用量1.4mL

纯净水（约663mL）定容至1000mL

三、微机勾兑、调味技术

随着科学技术的迅猛发展，先进的分析设备与技术、计算机技术、数据库技术、人工智能技术、知识发现与数据挖掘技术在工农业生产中的广泛应用，白酒评价、勾兑调味这一沿袭了几千年的传统工艺，不断地在应用新技术。20世纪80年代以来，随着精密仪器分析和电子计算机技术的发展，利用计算机实行自动勾兑、调味成为可能。

（一）技术特点

与传统的人工勾兑、调味相比较，计算机勾兑、调味技术具有如下特点：

（1）加快开发新产品的速度　根据新产品的理化指标进行新产品勾兑指标设计，可以很快得到新产品酒的配方，再经过品尝调味过程的反复试验，最终得到较理想的产品，从而大大简化了新产品的开发过程。

（2）提高和稳定产品质量　同一企业的勾兑员使用了相同的数据库，勾调出的产品酒达到了一个理化标准，具有基本相同的感官特征，避免了因人与人之间的差异造成感官特征上差异较大的现象。降低生产成本，减少浪费，提高经济效益。

（3）提高勾调劳动效率　采用人机对话的形式，通过内存庞大的数据库及数学模型的计算，可以查密度、折标准温度酒度、按数量兑酒、计算折算率、计算加浆数等，操作简单、使用方便，使勾调工作更加系统化、科学化，从而大幅度地提高勾调工序的劳动效率。

（4）降低减轻勾调劳动强度　将大量工作交给计算机去做，几分钟就可以得出一个勾兑方案，科学的计算方法使勾兑很快达到理想结果，勾兑一个酒所花费的时间比人工勾兑减少三分之二以上。这样，勾兑师品尝酒样的次数明显减少，有益于勾兑师的健康。

（二）技术原理

（1）勾兑原理　运用气相色谱仪测量合格酒的微量成分，并通过品尝评价其质量，采用组合过程数学模型和最优化计算及遗传算法，在满足基础酒质量标准前提下，最大限度地使用质量差的合格酒，获得基础酒经济指标最佳的组合方案和合格酒的用量比例，从而降低生产成本，提高经济效益。

（2）调味原理　采用人工智能专家系统知识获得方法和知识表达方式，系统科学地总结勾兑师的调味经验，形成调味专家系统的知识库，通过专家系统工具编制调味专家系统软件使计算机能够针对基础酒中出现的香气和口味上缺陷，模仿勾兑师进行思维、推理、判断和决策等工作，得到合理的调味方案和调味酒组合。根据调味过程的数学模型，采用最优化方法对调味专家系统的调味方案和调味酒的用量进行优化计算，获得比人工调味更精确更经济的调味方案和调味酒用量比例。

（3）工艺流程　以杜帮云等人的发明专利《白酒勾兑自动控制系统》（200710142994.0）为例，勾兑的工艺流程如图6-7和图6-8所示。

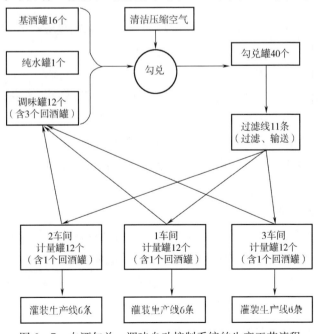

图6-7　白酒勾兑、调味自动控制系统的生产工艺流程

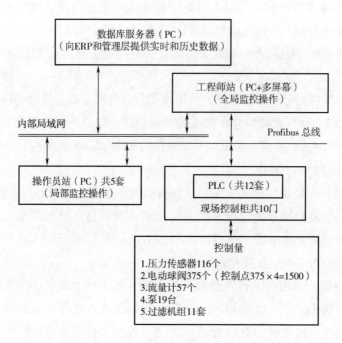

图 6－8　白酒勾兑自动控制系统的控制流程

（4）操作步骤　以四川沱牌舍得酒业股份有限公司的模糊勾兑技术为例，利用公司研制的模糊勾兑软件进行配方设计的具体步骤如下：

①在成品酒微量成分含量的标准数据库中选择参与配方的成品酒标准，并确定成品酒中各微量成分的上、下限。

②在基础酒和调味酒数据库中选择参与勾兑配方设计的基础酒和调味酒，并可根据实际需要确定基础酒和调味酒用量的上、下限。

③选择参与配方设计的微量成分组分。

④选择优化配方设计方法。即采用线性规划法、目标规划法或模糊线性规划法。

⑤将计算机计算出的配方结果与标样酒的微量成分进行对比，如不满足要求，再修改配方模型，重新计算，直到得到满意的配方结果为止。

⑥由计算机计算出的配方必须先进行小样勾兑和人工微调，结果令人满意后，才能进行大样勾兑。

（三）勾兑优化系统

以彭奎等人的研究《江西章贡酒业微机勾兑网络管理系统的开发》为例，勾兑优化系统具有选酒、定标、计算、输出及结果分析功能模块。

（1）选酒　根据贮存天数（范围）、合格酒组名、等级来选择合格酒，也可任意选择，还允许删除所选项再重新选择合格酒。

（2）定标　可指定每种所选合格酒的用量限制（最少、等于、最多用量），可指定成品酒型号（即指定的成品酒应达到的理化指标范围），可指定对哪些理化指标范围进行限制。

（3）组合计算　可在满足理化指标要求的情况下，优化合格酒选择及用量比例，使生产成本最低。

（4）输出　计算出的结果将输出到屏幕时，主要包括合格酒用量及其折算成 60 度酒用量、所占比例、所得合格酒模拟成本及单价，并提供打印组合结果。

（5）统计查询　对过往数据进行统计、分析、指导和校正。

（四）应用效果

以彭奎等《江西章贡酒业微机勾兑网络管理系统的开发》为例，主要效果为：

（1）保持酒质的稳定　由于对同一产品酒始终按同一标准进行勾兑，所以同一产品不同批次的理化指标是非常接近的，克服了人工勾兑的人为影响因素。

（2）提高优质酒产量　如果采用相同数量的基酒和调味酒，微机勾兑与人工勾兑相比，优质酒产量可以提高 5% ~ 10%。

第七章 酒质检测新技术

对白酒成品的研究，通常使用传统的仪器设备测定常规理化指标，比如用酒度计测定白酒的酒精度，滴定法测定总酸总酯，用紫外分光光度法测定酒中氰化物，用气相色谱测定白酒主要成分，这些指标只是宏观上的白酒质量和品质参数。但是，这些检测方法仅仅能满足产品标准的要求，用这些仪器和设备对白酒进行质量控制、添加剂识别、真伪鉴别是远远不够的。应用新的检测技术深入研究白酒中微量成分，对白酒品质的发展，尤其对传统固态发酵酒的保护和新型白酒的开发有着深远的意义。

第一节 风味导向技术

风味导向技术是采用现代风味化学和分析化学理论，从白酒中上千种微量成分中发现和确定对白酒具有风味贡献度的物质——风味化合物，发现并确认关键风味和异嗅（味）物质的化学本质；研究关键风味和异嗅（味）物质的形成机制、机理和途径。通过风味化合物的指向形成功能微生物高通量筛选技术、风味化合物发酵、调控技术、风味优化重组技术。生产上指导白酒制曲、发酵酿造、蒸馏取酒、贮存老熟、基酒组合与专家调味等白酒全过程实现高效制造，以确保白酒风味谐调、个性突出、批次稳定、饮后舒适等特征。

一、技术特点

2007 年，在中国酿酒工业协会白酒技术委员会的支持下，江南大学作为技术依托，负责与茅台、五粮液、洋河、汾酒、剑南春、郎酒、今世缘、口子窖、老白干、牛栏山、二锅头、古贝春、西凤等 10 家不同香型行业骨干企业共同参与开展"中国白酒 169 计划"研究。与以往研究相比，"中国白酒 169 计划"在突出了研究的全面系统性和应用基础性的特点特征外，其自身特点表现在：①实现了白酒研究的两个提升。将白酒微量组分的研究从分析化学技术全面提升到现代风味化学技术的层面；将中国白酒发酵机理研究从物理变化和化学反应层面提升到生物有机化学层面，从而大大丰富了我国白酒特有风味化学和微生物发酵理论。②风味导向技术的提出。该研究在继承中国白酒研究成功经验的基础上，采用当今国际风味化学、微生物生态学和现代生物技术发展的最新理论和技术，提出以风味导向技术为原则的学术思想，形成了风味定向为特点的方法学，开启中国白酒新一轮创新性的研究。因此，风味导向技术的特点为：①采用分析手段确定白酒微量成分中关键风味和异嗅（味）物质的本质，倒逼探究其具体的来龙去脉；②实现白酒关键风味和异嗅（味）物质生产过程的有效控制，提高酒类产品的安全性和优质比率。

二、技术内容

集中对中国白酒的特征风味、中国白酒的风味功能微生物、中国白酒的风味化合物阈值、中国白酒的贮存老熟和中国白酒的健康成分进行全面研究，旨在对影响中国白酒产品质量和生产效率的酿造关键共性技术以及在酿造机理上的探索方面取得新的发现和突破，以推动白酒的技术创新来支撑中国白酒行业的技术升级和传统产业的改造。其主要内容有：

1. 白酒风味化合物的研究

主要涉及白酒微量成分及风味成分的研究、异嗅化合物的确定、白酒风味化合物嗅觉阈值测定等方面，不同香型白酒的微量成分和风味化合物数量见表7-1。异嗅化合物的确定中，首次确认清香型、浓香型等白酒非辅料糠味化合物为 TDMTDL 及其微生物生成机制和关键控制机理，形成了快速检测与预测的有效调控手段和技术因素。窖泥臭的化合物是 PC，在浓香型白酒中高达 1200μg/L，主要是由于微生物代谢所产生，不会因为贮存而减少。2008—2009 年，开展了我国历史上规模大、参加人数多、检测方法最规范和测定化合物全的白酒风味化合物嗅觉阈值测定，共对 79 种风味化合物的阈值进行了检测和专业术语的风味描述。

表 7-1 　　　　　　我国主要香型白酒的微量和风味化合物

香型酒	微量成分	风味成分	重要风味成分	特征化合物
酱香型	>800 种	>300 种	65 种	四甲基吡嗪等
浓香型 1（江淮）	>800 种	>90 种	20 种	—
浓香型 2（川酒）	>800 种	>130 种	20 种	—
清香型 A	≥703 种	>100 种	8 种	DMST
清香型 B	>720 种	≥127 种	17 种	CARY
老白干香型	>750 种	≥106 种	12 种	TDMTDL
兼香型	>850 种	≥113 种	14 种	—
凤香型	约 820 种	>102 种	11 种	—

2. 重要微生物及其风味物质形成途径和机理的研究

有效地将传统酿造技术与现代生物技术紧密结合起来，将系统生物学、微生物分子生态学和固态发酵控制等技术综合运用于重要功能微生物的研究中，并形成了白酒功能微生物研究的方法学，包括风味导向微生物未培养技术、定性与定量群体微生物分析技术、风味导向功能微生物筛选技术、系统功能微生物学技术、微生物固态发酵技术、代谢调控技术等。如高产 2，3，5，6 - 四甲基吡嗪（TTMP）的微生物及其非化学的美拉德反应产生途径，高效产酱香风味微生物及其发酵代谢特征、产非辅料气味微生物及其产生途径等均已揭示。白酒群体微生物研究、白酒功能微生物库的建立和重要酿酒微生物的基因组测序研究等。

三、技术成果

江南大学徐岩教授主持的《基于风味导向的固态发酵白酒生产新技术及应用》项目获 2013 年国家科学技术发明奖二等奖，以中国传统白酒的现代化改造为目标，针对白酒复杂生物发酵系统，提出了基于风味导向的固态发酵白酒新思路，发明了特征风味强化、不良风味消除、基酒组合控制等新技术，改进了白酒生产的制曲、酿造、勾兑三个关键工序，构建我国白酒优质、高效、稳定生产的新体系。该项目成果已经在贵州茅台酒股份有限公司、山西杏花村汾酒厂股份有限公司和江苏洋河酒厂股份有限公司得到了应用，同时在其他 9 家大型白酒企业技术推广应用。应用了该成果的酿酒企业认为，基于风味导向的固态发酵白酒生产新技术在企业的生产、技术、科研、质量保证等方面发挥了重大作用。

四、技术应用

针对不同香型白酒生产的不同特征，通过大量研究开发与应用实践工作的开展，风味导向技术形成了众多生产应用技术，有些已在实际生产中证实了其有效性与实用性。

1. 在清香型白酒生产中的应用

（1）清香类型原酒等级鉴别技术 根据一定的判别聚类建模原则，通过计算机建模建立原酒等级数据库，应用 73 个成分可以将不同工艺、不同等级原酒区分开来，此分类方法可以用于原酒等级区分与鉴定。

（2）清香类型原酒原产地鉴别技术 对 153 个酒样进行 PCA 分析，共检测出 91 种微量成分，其中重要成分 21 个。使用此 21 个成分构建用于区分不同产地白酒的鉴别技术，该技术可将牛栏山二锅头酒、小曲清香型白酒、汾酒、衡水老白干酒等清香类型白酒完全区分开来。

（3）清香类型白酒功能微生物应用技术 通过对清香类型不同原酒特征风味成分

产生功能微生物及其代谢机制的认识，丰富了清香类型白酒功能微生物的资源库，建立了清香型白酒功能微生物的应用技术，包括制曲方式的改良、大曲质量的安全评价技术、酿造过程检测及监控技术、发酵过程调控和风味成分预测技术等，为最终真正实现清香型白酒机械化与现代化的改造提供了重要理论和实践的指导。

2. 在绵柔型白酒中的应用

2011 年 8 月，由江南大学和江苏洋河酒厂股份有限公司共同完成的"风味导向技术及其在绵柔型白酒中的应用"项目通过鉴定，该项目研究过程应用气相色谱 – 闻香、气相色谱 – 质谱和极微量定量分析技术，系统研究分析了绵柔型白酒的重要香气成分，发现的微量成分多达 933 种，其中定性分析的有 672 种；首次在绵柔型白酒中发现多种萜烯类化合物；确定了己酸乙酯等多个风味物质为绵柔型白酒的关键香气成分，并探索了其量比关系，首次建立了绵柔型不同等级白酒区分的数学模型。该研究成果已经应用于绵柔型白酒的生产工艺、质量控制，取得了较好的成效，具备推广条件，经济效益和社会效益明显。

第二节　指纹图谱技术

指纹图谱鉴定始于 19 世纪末 20 世纪初的犯罪学和法医学，由于基因学的发展，近代将指纹分析的概念结合生物技术延伸到 DNA 指纹图谱分析，而且应用范围从犯罪学扩大到医学和生命科学的领域。自 20 世纪 70 年代以来，各研究院所采用 GC/MS 联用技术展开了对白酒类型与质量差异的研究，并取得了卓著的成绩，对我国白酒的发展也起到了巨大的推进作用。近年来，随着对白酒质量研究的深入，揭示了各类白酒的质量差异主要表现为微量香味组分含量间的差异，对白酒的研究从而也转入了以高效分离及准确定量香味组分为基础的研究。

指纹图谱是指样品经适当处理后，采用一定的分析手段如光谱或色谱，得到能够标示该样品特性的色谱或光谱的谱图或图像。这些图谱或图像就如人的指纹一样具有专一性和代表性，因此被形象地称为指纹图谱。白酒指纹图谱技术可以为厂家提供准确的香型风格信息；指纹图谱应用在白酒勾兑中可避免人为误差，提高勾兑合格率，节省人力、时间等；通过建立和保存原酒、产品酒标准图谱，利用指纹图谱分析方法和条件，对不同批次的原酒、产品酒进行质量鉴别和评价，指导企业合理控制生产工艺。

一、技术特点

白酒的指纹图谱基本反映了该白酒的化学成分及其含量分布情况，指纹图谱具有以下几个特点：①特征性和专属性，通过指纹图谱能有效鉴别样品的真伪；②可量化性，根据主要特征峰的面积或比例，能有效控制样品质量，确保样品质量的相对稳定；③稳定性、重现性和再现性，这是由图谱采集环境（分析测试手段）决定的，对于同种样品，只要图谱采集条件一致，那么所得的图谱也一致；有效性应与样品各组分相联系，并且在统计学上其数据有鉴别意义；④完整性，由于样品成分未被全部阐明，仅对某些成分进行定性、定量分析，不能有效控制样品质量，所以图谱中应该能够相对全面、系统地表现样品已知和未知物质成分；⑤模糊性，因为样品成分间的协同交互作用复杂，所以可采用模糊数学的分析手段来解决实际问题。

二、技术原理

指纹图谱是指样品经适当处理后，采用一定的分析手段，得到能够表示该样品特性的色谱或光谱的图谱，并使待测物的检出尽可能多地反映其全貌。指纹图谱不强调个体的绝对唯一性（个体特异性），而强调同一群体的相似性，即物种群体内的唯一性（共有特征性）。相似性是通过色谱的模糊性和整体性来体现，模糊性强调的是对照样品与待测样品指纹图谱的相似性，而不是完全相同；整体性强调的是比较色谱特征的"完整面貌"，而不是将其"肢解"，这样才能在不同环境的样品色谱中，搜索和提取与该样品指纹图谱"整体面貌"相关的特征，加以鉴别。因此，色谱特征的整体性及模糊性是色谱指纹图谱分析的最基本的属性，指纹图谱分析强调准确的辨认，而不是精密的计算，比较图谱强调的是相似，而不是相同。指纹图谱分析与传统分析的观点和要求根本不同所在，与传统质量控制模式的区别在于：指纹图谱是综合地看问题，也就是强调化学谱图的"完整面貌"即整体性，反映的质量信息是综合的。

三、技术要点

1. 方法选择

目前获得指纹图谱的主要手段有色谱法、光谱法、波谱法、联用技术以及其他方法，其中色谱方法为酒类指纹图谱的主流方法，色谱法的具体方法与特点为：

（1）薄层（TLC）指纹图谱　TLC在色谱方法中相对而言是易开展的方法，具有操作简便、快速、经济等特点。通过荧光显色或使用显色剂，TLC可以提供直观形象、易于比较的图像。在TLC基础上又发展了薄层扫描法，以及其他和计算机相结合的技术，在色谱指纹图谱中有着广泛的应用。

（2）高效液相色谱（HPLC）指纹图谱　HPLC在色谱方法中是使用相当广泛的一种方法，具有分离效率高、分离速度快、重现性好、应用范围广等特点。HPLC分离原理使其非常适合分析混合的复杂体系，并且通过与不同性能的检测器联用，可以有针对性的检测分析样品中不同的化学成分。

（3）气相色谱（GC）指纹图谱　GC 具有分离效能高、分离速度快等优点，所得的色谱轮廓，其重现性好、分辨率高，检测设备可选性较大。在具体使用时，多与质谱检测器（MS）联用，特别适用于挥发性样品的指纹图谱的研究与应用。

（4）高效毛细管电泳（HPCE）指纹图谱　HPCE 是一类比较新的液相分离分析技术，综合了电泳和色谱的一些优点，具有分离效能高，分析速度快，消耗低、环保等特点。分析对象也十分广泛，小至无机离子，大至蛋白质和高分子聚合物等。

（5）高速逆流色谱（HSCCC）指纹图谱　HSCCC 是一类新的液液萃取分离技术，它利用相对移动的两种互不相溶的溶剂，在处于动态平衡的两相中将具有不同分配比的组分分离。HSCCC 分离效能高、低成本、样品的前处理简单，可适用于任何极性范围样品的分离，特别适用于指纹图谱分析。

2. 建立标准指纹图谱

采用标准样品建立标准指纹图谱作为对照指纹图谱，标准指纹图谱是指在固定的分析方法（包括仪器配置、操作条件、色谱柱及分离条件等）下，能够稳定、真实、全面反映分析对象个性特征的唯一性图谱。标准指纹图谱有两种模式：一种是从试验样本中选择具有代表性的样品；另一种是使用试验样本图谱的平均值或中位数建立对照指纹图谱。对于进行试验的 n 批次的指纹图谱向量 $(X_1, X_2, X_3, \cdots X_n)$，

其平均值对照指纹图谱为：X 平均值 $= \mathrm{mean}\ (X_1, X_2, X_3, \cdots X_n)$

其中位数对照指纹图谱为：X 中位数 $= \mathrm{median}\ (X_1, X_2, X_3, \cdots X_n)$

从上述两式可知，平均值的计算实际上就是将这一批色谱指纹图谱的每一个元素的均值求出即得。中位数的计算可以通过找到这一批色谱指纹图谱的每一个元素的中位数得到。如果在这批样品中不存在离群样本时，一般应推荐使用平均值来建立对照指纹图谱，但如果在这批样品中存在有离群样本时，则应推荐使用具有稳健性质的中位数来建立对照指纹图谱。如果不存在离群样本时，两种方法所得结果应该基本一致。

（1）检测试样获得样品指纹图谱　采用与建立对照指纹图谱相同的色谱条件，建立待评价样品的样品指纹图谱。

（2）指纹图谱评价　计算软件是专用于对各种图谱进行综合峰面积比较的计算软件，利用色谱流出曲线中保留时间对色谱峰进行匹配，然后对匹配峰面积进行比值计算，求出其 RSD 值，综合计算出图谱之间的相似度，从而实现对样品差异程度的评价。当比较指纹图谱时，相合系数在 [0, 1] 的区间内变化，当相合系数为 1 时，则表示两个图谱完全一致；当两个图谱矢量正交时，即一个指纹图谱中出现色谱峰的位置在另一个图谱中没有出现色谱峰，用化学的语言来说，就是这两个样本没有一个相同的化学组分，此时这两个对应的色谱指纹图谱的相合系数为 0。

四、技术应用

1. 白酒勾兑工艺及真伪识别

（1）提高白酒勾兑的有效程度　白酒的勾兑调味工艺过去一直是由勾兑师凭借敏锐的感官品尝和丰富的勾兑调味经验进行操作，存在很大的操作误差。通过白酒指纹图谱分析就可以使这个技术更加科学化、规范化。在白酒的勾兑中，首先，建立基础酒、调味酒以及本厂优质酒的指纹图谱，其次，以优质酒的指纹图谱为目标，按照缺什么补什么的原则选取基础酒及调味酒进行多次组合，将组合后的酒样图谱与目标酒样指纹图谱进行比较，找出差异，再进行组合，再比对，直到两张图谱的差异在研究者所接受的范围内，通过白酒指纹图谱使白酒勾兑技术得到更好的推广和普及。

（2）提供可靠的白酒的真伪鉴别　白酒质量的差异性主要是由酒中微量物质表现出来的，对于纯粮酿造的白酒，其指纹图谱中有很多峰无法定性，人为无法添加，而低档酒、伪制酒的峰数量却少得多，尤其是高温部分峰存在很大区别，同时峰形也要小得多，所以，对于优质高档白酒，根据图谱基本上可以判别其真伪。王宏镭等发明了酿造白酒与酒精勾兑白酒的指纹图谱鉴别方法，运用库仑阵列高效液相色谱分析并分别建立酿造白酒与酒精勾兑白酒的指纹图谱，获取酿造白酒与酒精勾兑白酒的指纹图谱数据；建立酿造白酒与酒精勾兑白酒的指纹图谱统计模型；将待测白酒样品以上述相同方法分析、取得库仑阵列高效液相色谱数据，通过指纹图谱模型进行鉴别，检测灵敏度高，结果直观。

2. 白酒风格特征分析、特色鉴别

李长文利用宏观红外指纹三级鉴定法对金士力酱香型白酒进行了分级鉴定，直观展现白酒指纹特征。郑岩采用白酒的气相色谱分离方法建立了低度浓香青酒、五星习酒、高度浓香青酒、泸州老窖特曲酒、贵州茅台酒、金沙回沙酒、酱香青酒、董基酒、成品董酒、桂林三花酒的对照指纹图谱，并通过考察指纹图谱的技术参数及相似性分析后发现：泸州老窖和五星习酒的勾兑质量最为稳定，贵州茅台酒次之；不同年份酿造的董基酒组分差异很大。周围等人利用气相色谱技术分析获得了茅台、五粮液、剑南春等几类名酒的质量指纹图谱。可分析出的指纹图谱具有 32 个特征峰，每个峰代表一种可挥发性的香味化学成分。经初步分析，鉴定出了包括酯类、醇类、酸类、醛类（包括羰基类物质）4 大类物质，它们的含量和比例的变化对白酒的香型和风格具有决定性的影响，不同品牌的白酒都有各自的质量指纹图谱。2008 年，李长文等对不同酒龄基酒进行鉴别研究，结果表明红外三级鉴别分析方法可以分层次地展现不同光谱在谱图上吸收峰细节的差异，一维红外光谱直接比对，二阶导数光谱强化谱图的分辨率，二维相关红外光谱凸显差异的显著性，二者互相应证，相互弥补，实现快速准确识别出不同酒龄的汾酒基酒。2010 年，姜安等对白酒的香型、等级和年份三个属性进行分析鉴定，面对采集的红外光谱图，首先进行基线校正、小波去噪、标准归一化等相关的预处理，将处理后的光谱数据送入支持向量机（SVM），并建立对应的三个分类模型，结果香型、等级和年份的分类准确率分别为98%、92%和100%。

3. 白酒质量控制及未知酒的归类

在实际应用中，检测白酒质量是否合格、对未知酒的归类等问题上，会涉及指纹图谱的相似度计算，指纹图谱的相似度计算一般采用夹角余弦法或相关系数法。由于方法复杂，而且色谱分析数据量大，用 EXCEL 进行谱峰的匹配和计算也是一项繁杂的工作。指纹图谱相似度计算软件很好地解决了这个问题，能对酒质量是否合格、对未知酒的归类提供有效的判断依据。

第三节　联用技术

纯粮固态白酒组成成分复杂，面对白酒出现的年份酒鉴定、真伪鉴别、非法添加物等酒质优劣和安全性等新问题，单一检测还不能完全准确定性或定量分析，需要采用两种或两种以上的联合检测技术方可奏效，研究人员不断推出色谱－质谱、同位素－色谱－质谱联合检测新技术在酒类中应用，正逐渐解开白酒之谜。

一、技术特点

1. 色谱技术

色谱法（Chromatography）又称色谱分析，按两相状态分为气相色谱（GC）和液相色谱（LC），色谱过程的本质是待分离物质分子在固定相和流动相之间分配平衡的过程，不同的物质在两相之间的分配会不同，这使其随流动相运动速度各不相同，随着流动相的运动，混合物中的不同组分在固定相上相互分离。

2. 同位素技术

同位素技术是将同位素（示踪原子）或它的标记化合物用物理的、化学的或生物的方法掺入到所研究的生物对象中去，再利用各种手段检测它们在生物体内变化中所经历的踪迹、滞留的位置或含量的技术。这种技术一般不需经过提取、分离、纯制样品等步骤，具有快速、灵敏、简便、巧妙、准确、可定位等优点，已经成为研究生物物质代谢、遗传工程、蛋白质合成和生物工程等不可缺少的技术之一。

3. 质谱技术

质谱分析法是测定被测样品离子的质荷比的一种分析方法。被测样品首先被离子化，继而利用不同气相离子在电场或磁场中运动行为的不同，将不同质荷比（m/z）的离子分开而得到质谱图，通过样品的相对分子质量和信息，实现样品的定性和定量分析，质谱技术具有快速、灵敏、准确、专一等特点。

因此，以上技术的联合运用，就能发挥各自所长，具有检测白酒微量成分的灵敏度高、连续性强、操作简化、结果准确等特点。

二、技术原理

质谱法还可以进行有效的定性分析，但对白酒复杂有机化合物分析无能为力，而且在进行有机物定量分析时要经过一系列分离纯化操作，十分麻烦。而色谱法对白酒有机化合物是一种有效的分离和分析方法，特别适合进行有机化合物的定量分析，但定性分析则比较困难，因此两者的有效结合将提供一个进行复杂化合物高效的定性定量分析的工具。同位素技术利用放射性同位素或经富集的稀有稳定核素作为示踪剂，通过放射性测量方法，则可省去烦琐的分离目标物的过程。因此，在色谱－质谱（GC－MS）或同位素－质谱或同位素－色谱－质谱的联用技术中，同位素是一种标记性的预处理方法，GC 是 MS 的进样装置，而 MS 相当 GC 的一个检测器。对经富集的稀有稳定核素或者可用质谱法直接测定；或经同位素标记再经色谱分离后，各组分随载气先后流出色谱柱，经分子分离器进入质谱仪的离子源电离成离子，然后由质量分析器将离子按大小分离，经快速扫描可行总离子图，由质谱图可知化合物分子量和有关结构等信息，从而实现酒类的定性、定量分析。

三、技术应用

（一）白酒年份酒检测

1. 研究进展

白酒的年份鉴别，传统的方式是对酒进行感官品评，再结合常规的理化分析指标。剑南春酒业的徐占成等研究人员发明了"挥发系数鉴别年份酒的方法"，即根据年份酒中某种微量成分的挥发系数大小与年份酒贮存时间长短成反比的规律进行白酒的年份酒鉴定。采用气相色谱测定年份酒中某种微量成分（乙醛、丙酮、乙酸乙酯、乙缩醛、2－戊酮或丁酸乙酯）的含量，色谱数据为 $M_色$；顶空与气相色谱联用测定达到热力学平衡后年份酒蒸气中相应微量成分的含量，顶空进样色谱数据为 $M_顶$；计算微量成分的挥发系数，挥发系数 $H = M_顶/M_色$；用挥发系数大小判断年份酒贮存时间长短，挥发系数越小，年份酒的贮存时间越长。华中科技大学的尤新革等发明了机器学习和模式识别技术鉴定白酒年份，该技术采用电感耦合等离子体发射光谱仪测定年份酒中的微量元素的含量组成特征向量，利用白酒中多种特征元素随时间呈线性规律或二次函数变化的规律，建立不同贮存时间的年份酒的特征微量元素数据库，以数据库中的数据作为特征值，结合机器学习和模式识别理论来训练支持最小二乘向量机分类器，测量待测年份酒中的相关微量元素［铝（Al），钾（K），镁（Mg），磷（P），锌（Zn），钠（Na）］含量，然后利用上述分类器对样本进行分类，确定其年份，技术具有可靠性、科学性和稳定性的特点。江苏省质量安全工程研究院的王海燕等集成分析化学和模式识别技术为一体，通过拉曼光谱、离子迁移谱和质谱对不同规格的白酒进行测定，利用主成分分析结合线性判别分析的方法对拉曼光谱、离子迁移谱和质谱数据提取特征，利用支持向量机方法建立对应的分类模型，研究结果表明多谱图特征融合算法在白酒年份识别上达到了很高的分类准确率和识别率。庄名扬研究发现，在年份酒的基酒、酒精、总酸、总酯的含量、贮存容器与条件基本稳定的前提下，利用原子吸收光谱仪测定酒体中对酒质产生影响的金属元素含量来鉴定年份酒的贮存年份，研究结果显示：酒体中金属元素（K、Fe、Cu、Ni、Mn、Cr、Pb）的含量随着贮存时的增长而增加，两者呈正相关。庄名扬等还发现，白酒中金属元素的存在为酒体中胶溶的形成提供了胶核，酒体中金属元素含量越高，则颗粒越多。白酒随着贮存时间的增长，酒体中颗粒形状由聚集体笼状颗粒最后向球状颗粒逐步转化，颗粒的平均高度和表观宽度也逐渐增大。随着科学技术的进步，先进分析仪器的使用以及机理认识的提高，通过对白酒微观形态的变化与贮存期之间的关系的研究，定能建立一套科学的鉴定年份酒的方法。杨涛等不仅对等离子发射光谱法测定年份酒中金属元素含量和利用白酒胶溶特性测定白酒黏度进行了研究，而且研究了紫外光谱法测定年份酒中共轭体系化合物含量，发现酒样的紫外吸收度随贮存时间加长而增强，因而可利用紫外光谱仪测定酒样的光吸收度值来鉴别年份酒。国外稳定同位素比质谱技术（IRMS）在葡萄酒年份鉴别上的研究成果表明，IRMS技术应用于白酒不同贮存年份的鉴别是具有可能性的。

2. 具体实例

以马燕红等的研究《清香型白酒酒龄鉴别的方法研究》为例，介绍利用气相色谱－质谱（Gas chromatography - mass spectrometry，GC - MS）联用、气相色谱（GC）技术用于清香型白酒酒龄鉴别的具体情况。

（1）GC - MS条件及分析

①GC条件：配有Dean Switch装置，利用中心切割技术，使用HP - FFAP（30m × 0.25mm，0.25μm，美国J&W公司）为一维色谱柱、HP - 5（30m × 0.25mm，0.25μm，美国J&W公司）为二维色谱柱，进样量1μL，分流比30∶1；进样口温度250℃；中心切割范围：7.0 ~ 9.6min，将乙醇切入二维色谱柱中；载气为高纯He；柱流速1mL/min；升温程序：初始温度为45℃，保持4min后，以3.5℃/min程序升温至230℃，保持20min。

②MS条件：电子轰击（Electron ionization，EI）离子源；电子能量70eV；离子源温度250℃；传输线温度280℃；四极杆温度为150℃；质量扫描范围质荷比 m/z 29 ~ 400。

在上述GC - MS条件下，对新产汾酒，采用直接进样法测定，并对各组分的质谱图进行解析，同时与NIST 05 Spectral Library（美国Agilent公司）进行比对，确认其结构。

（2）GC 条件及测定 使用 BP – 21FFAP 色谱柱（25m × 0.32mm，0.5μm，澳大利亚 SGE 公司）；升温程序：初始温度为 45℃，保持 4min 后，以 3.5℃/min 程序升温至 230℃，保持 20min；汽化室与检测器温度均为 250℃；载气为高纯 N_2；柱流速 1mL/min，进样量为 1μL；分流比 30:1。

在上述色谱条件下，采用三内标法定量测定新产和贮存 0.5 ~ 30 年的 65%（vol）白酒样中 31 种微量香味成分的含量。每个待测样品平行测定 3 次，取平均值。

（3）酒龄鉴别模型的建立 将待测新酒和贮存 0.5 ~ 30 年的 65%（vol）白酒的 pH、电导率及其相对含量较高的一些微量成分含量为变量，分别采用多元线性逐步回归技术和偏最小二乘法，建立一个白酒组成与其酒龄的相关模型（图 7 – 1）。

①多元线性逐步回归模型：用多元线性回归建立白酒的陈酿时间（Y）与其 pH、电导率、微量成分（X）的相关数学模型为：

$$Y = -15.942 - 0.437X_5（甲醇） + 2.501X_9（1,1 – 二乙氧基异戊烷） + 0.402X_{10}（异丁醇） -$$
$$1.071X_{22}（2,3 – 丁二醇） + 0.573X_{33}（电导率）$$

从上述模型可知，汾酒的酒龄主要与甲醇、1,1 – 二乙氧基异戊烷、异丁醇、2,3 – 丁二醇和电导率相关。其中甲醇、2,3 – 丁二醇与酒龄呈负相关，甲醇、2,3 – 丁二醇含量越低表明酒龄越长；1,1 – 二乙氧基异戊烷、异丁醇与酒龄呈正相关，白酒贮存时间越长生成的 1,1 – 二乙氧基异戊烷、异丁醇相对含量也就越高；与酒龄呈正相关；电导率值与酒龄呈正相关。

②偏最小二乘回归模型：为保证变量单位空间尺度一致，首先采用自定标法对原始变量（33 个因素）标准化处理，再用化学计量学软件 Simca – p10.0 对训练集 26 个样本建模，并以交叉检验最高值所对应的主成分数 2 作为模型的复杂程度。

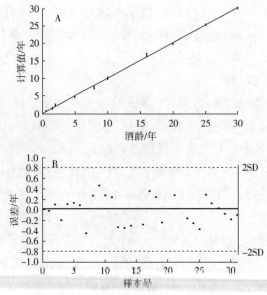

图 7 – 1 白酒酒龄与预测值模型相关性（A）和酒龄误差分布（B）

③同时采用内部及外部双重验证：对所建模型稳定性进行分析和验证，多元线性分析结果显示：建模相关系数为 0.9990，交互检验复相关系数为 0.9980，外部检验相关系数为 0.9984；偏最小二乘回归结果显示：建模相关系数为 0.9949，交互检验复相关系数为 0.9840。所建立的数学模型具有良好的稳定性和预测能力，可用于清香型白酒的酒龄预测。

（二）白酒产地溯源

1. 研究进展

白酒产品的真实性鉴别和防伪对高端白酒市场来说是极为重要的。传统方式是采用气相色谱建立的质量指纹图谱库与计算机专家识别系统结合来鉴别，此外更多的是通过感官品质来判别白酒的真实性。白酒防伪上，常常注重包装材料的防伪技术，如采用防伪标签、激光防伪和防伪瓶盖等，但这些方法存在的缺点是不言而喻的，成本高、易被仿制。因此，可以利用稳定同位素比质谱（IRMS）技术测定酒体中相应成分的 C、H 或 O 元素的同位素比，建立白酒产品的同位素比数据库，为高端白酒的防伪提供支持。

主要的食品溯源技术有稳定同位素技术、矿物质元素分析技术、近红外光谱技术和标签溯源技术等，其中稳定同位素技术被认为是可应用于食品的产地溯源的有效技术。蒸馏酒是一种复杂的混合体系，除了水和酒精之外，还有多种多样的有机和无机成分，大量使用多维元素和多维元素稳定同位素分析的研究方法广泛运用于酒类来源鉴别之中，通过稳定同位素比质谱技术识别各个白酒产区的产品。汪强对酒样进行微波消解前处理，采用电感耦合等离子体发射光谱（ICP－OES）定量检测酒样中 K、Na、Mg、Si、Rb、P 等元素和采用电感耦合等离子体质谱法（ICP－MS）剖析酒样中可能存在的 47 种微量元素，对不同原产地域和厂家的酱香型白酒的检测结果进行统计分析，提取了反映酱香型白酒地域特征的信息，B10/B11 在茅台酒中具有明显的原产地域特征；运用人工神经网络技术（ANN）的基于误差反向传播算法的多层前馈网络（简称 BP 网络），建立了茅台酒原产地域识别模型，神经网络模型以其相对简单、省时和方便的优点，可以成为酒类原产地识别的有力工具。

2. 具体实例

以范文来等发明专利《一种利用气相色谱－质谱不解析化合物鉴别白酒原产地的方法》（201310154193.1）为例，介绍该技术的具体情况。

（1）气相色谱－质谱技术建立不同产地白酒的离子丰度质谱图　使用配有固相微萃取自动进样装置 MPS2 的气相色谱－质谱仪 GC6890N－MSD5975 建立不同产地白酒的离子丰度质谱图。

①供试样品的采集与准备：采集不同产地的白酒酒样 131 个，其中汾酒 12 个，老白干 12 个，郎酒 35 个，牛栏山 6 个，洋河 15 个，古贝春 7 个，剑南春 6 个，西凤 8 个。各白酒的香型类别中，凤香型：西凤；酱香型：郎酒；老白干香型：老白干；清

香型：汾酒、牛栏山；浓香型：洋河、古贝春、剑南春。将每个酒样需先用去离子水稀释成 10%（vol），配成 8mL 溶液体系，稀释后的酒样与 3g 氯化钠混合配成饱和溶液，置于 20mL 顶空瓶中，顶空瓶用硅胶垫片密封。

②对供试样品进行 HS－SPME－GC－MS 分析后获得色谱图。对供试样品进行顶空固相微萃取气相色谱质谱 HS－SPME－GC－MS 分析：

SPME 条件：采用 DVB/CAR/PDMS 三相萃取头于恒温 40℃下预热 5min，后在同一温度下萃取吸附 15min；萃取完成后，萃取头插入气相色谱仪进样口中解吸分析物；解吸时间设为 10min。

质谱条件：EI 电离源，电子轰击能量为 70eV，离子源温度为 230℃；扫描范围为 35～350amu。

③选择导出质荷比 m/z55～191 范围内的离子丰度值数据。上述供试样品由气相色谱仪得到的色谱图经 NIST05 质谱库 Agilent Technologies Inc. 分析，导出三维数据，获得不同产地白酒酒样质荷比 m/z55～191 范围内的离子丰度值数据，得离子丰度质谱图。

（2）建立不同产地白酒的离子鉴别统计模型

①重要的特征离子筛选：将上述的离子丰度值数据导入化学计量学软件（SIMCA－P，IBM SPSS20 和 MATLAB 软件），进行偏最小二乘－判别分析（由 SIMCA－P 完成）和逐步线性判别分析（由 IBM SPSS20 完成），筛选出重要的特征离子（图 7－2）。

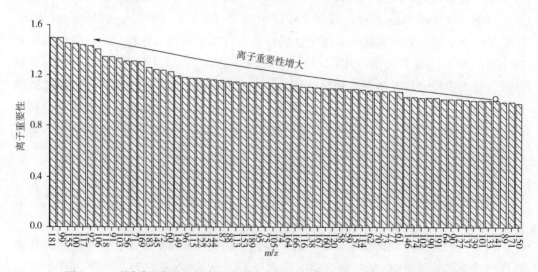

图 7－2　不同香型多种白酒产地鉴别的偏最小二乘－判别分析的离子重要性排序

②建立原产地鉴别的神经网络模型：根据筛选得到的特征离子，由 MATLAB 建立原产地鉴别的神经网络模型。该技术建立了一种全新的白酒质量控制及原产地保护方法，操作简单，检测灵敏度高，结果直观可靠（图 7－3 和图 7－4）。

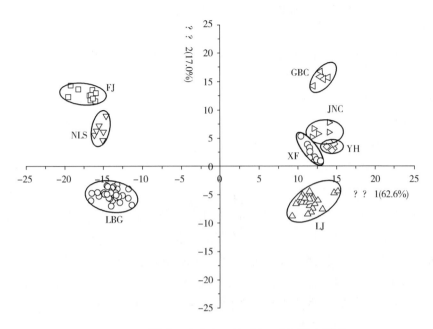

图 7 − 3　不同香型多种白酒的原产地判别分析结果

1	12 9.2%	0 0.0%	0 0.0%	0 0.0%	0 0.0%	0 0.0%	0 0.0%	0 0.0%	100% 0.0%
2	0 0.0%	42 32.1%	0 0.0%	0 0.0%	0 0.0%	0 0.0%	0 0.0%	0 0.0%	100% 0.0%
3	0 0.0%	0 0.0%	35 26.7%	0 0.0%	0 0.0%	0 0.0%	0 0.0%	0 0.0%	100% 0.0%
4	0 0.0%	0 0.0%	0 0.0%	6 4.6%	0 0.0%	0 0.0%	0 0.0%	0 0.0%	100% 0.0%
5	0 0.0%	0 0.0%	0 0.0%	0 0.0%	15 11.5%	0 0.0%	0 0.0%	0 0.0%	100% 0.0%
6	0 0.0%	0 0.0%	0 0.0%	0 0.0%	0 0.0%	7 5.3%	0 0.0%	0 0.0%	100% 0.0%
7	0 0.0%	0 0.0%	0 0.0%	0 0.0%	0 0.0%	0 0.0%	6 4.6%	0 0.0%	100% 0.0%
8	0 0.0%	0 0.0%	0 0.0%	0 0.0%	0 0.0%	0 0.0%	0 0.0%	8 6.1%	100% 0.0%
	100% 0.0%	100% 0.0%	100% 0.0%	100% 0.0%	100% 0.0%	100% 0.0%	100% 0.0%	100% 0.0%	100% 0.0%
	1	2	3	4	5	6	7	8	

预测原产地（纵轴）　目标原产地

图 7 − 4　不同香型多种白酒的神经网络模型的产地预测结果

（三）白酒中邻苯二甲酸酯类塑化剂的检测（简写 PAEs）

1. 研究进展

邻苯二甲酸酯类塑化剂（PAEs）的检测技术主要集中于气相色谱－质谱法，包括气相色谱－质谱联用仪（GC－MS）和气相色谱－串联质谱仪，串联质谱多反应监测模式（MRM）灵敏度高、抗干扰能力强，在复杂基体样品中低含量成分检测方面有很大优势。苗宏健等建立白酒中 18 种邻苯二甲酸酯（PAEs）的气相色谱－串联质谱（GC－MS/MS）测定方法，样品中加入 PAEs 同位素内标，调整样品的酒度，以甲苯萃取，采用 GC－MS/MS 以多反应监测模式（MRM）测定，苯二甲酸二异壬酯（DINP）、邻苯二甲酸二异癸酯（DIDP）在 0.1～10μg/mL，其他 16 种 PAEs 在 0.01～1.0μg/mL 范围内呈良好线性关系，方法操作简便，同时具有较高的灵敏度和重现性，适合白酒中 18 种邻苯二甲酸酯的同时检测。谭文渊等建立气相色谱－质谱联用方法测定白酒中的氨基甲酸甲酯和氨基甲酸乙酯，该方法在 2～30μg/mL 范围内线性关系良好，相关系数为 0.9923 和 0.9811，平均回收率为 76.10% 和 75.43%，RSD 为 4.48% 和 4.00%。该方法可应用于 24 种白酒检测，结果氨基甲酸甲酯和氨基甲酸乙酯分别为 7.8～35.5μg/L、2.2～28.6μg/L。李拥军建立了 SPE－GC/MS 外标法测定酒中氨基甲酸乙酯，该法氨基甲酸乙酯在 10～120μg/L 浓度范围内线性关系良好，检测限为 1.6μg/kg，定量限为 3.0μg/kg，对甘肃省市场销售的白酒中氨基甲酸乙酯检测的结果为 5.8～93.6μg/kg。崔鹏建立青稞酒中氨基甲酸乙酯含量的气相色谱－四级杆质谱联用（GC－MS）测定方法，青稞酒样品加氨基甲酸乙酯同位素内标提取后，采用 DB－INNOWAX 毛细管色谱柱（30m×0.25mm，0.25μm）进行 GC－MS 测定，该方法具有灵敏度高、稳定准确、重现性好等优点，对青海本地产的 26 件青稞蒸馏酒样品进行检测，仅在 4 件廉价的青稞酒中检出氨基甲酸乙酯含量介于 1.5～23.2μg/kg。林国斌等以氘代同位素 D5－氨基甲酸乙酯为内标，用液－液萃取法稳定同位素稀释，气相色谱－质谱选择离子法测定，检测 15 种白酒中氨基甲酸乙酯含量在 5.8～297μg/kg，液－液萃取稳定同位素内标法测定酒中氨基甲酸乙酯具有精密度和准确度高、简便快速的特点。赵依芃建立稳定同位素稀释－液相色谱－串联质谱直接测定酒类中氨基甲酸乙酯新方法，EC 的检出限和定量限分别不大于 2ng/mL 和 5ng/mL，验证质量浓度（5～500ng/mL）范围内保持线性，检测北京回龙观地区销售的 6 个白酒样中氨基甲酸乙酯含量为 3.6～252.23ng/mL。刘红丽等建立了以氘代同位素为内标，采用硅藻土固相萃取柱进行萃取，乙醚洗脱，气相色谱－质谱选择离子法测定酒中氨基甲酸乙酯，氨基甲酸乙酯的检出限为 2.0μg/L，检测出河南市场上 25 种白酒中氨基甲酸乙酯为 6.9～485.5μg/kg。

2. 具体实例

以四川剑南春（集团）有限责任公司的陈勇等人发明专利《同时定量检测蒸馏白酒中氨基甲酸乙酯和邻苯二甲酸酯含量的方法》（201310316512.4）为例，介绍该技术的具体情况。

（1）向酒样中加入内标物Ⅰ和内标物Ⅱ　酒样中加入的内标物Ⅰ为氘代氨基甲酸乙酯，内标物Ⅰ与酒样的体积比为3∶5000；内标物Ⅱ为纯度≥98%的邻苯二甲酸二异戊酯，内标物Ⅱ与酒样的体积比为3∶5000。

（2）采用气相色谱–质谱仪进行检测得到其含量　采用气相色谱–质谱仪进行检测，使用选择离子监测和定量。

①气相色谱的条件：采用 ZB–WAXplus 毛细管色谱柱（长度为30m，内径为0.25mm，膜厚为0.25μm）进行分离，进样口温度250℃，进样量0.5μL，不分流进样，柱流量1mL/min；升温程序：40℃保持2min，以10℃/min升至160℃，再以30℃/min升至230℃，保持15.6min。

②质谱的条件：电子电离源，电离电压70eV；扫描方式为选择离子监测，离子源温度230℃，四级杆温度150℃，GC–MS辅助加热温度240℃。

③选择离子监测：氨基甲酸乙酯的监测离子 $m/z62$，氘代氨基甲酸乙酯的监测离子 $m/z64$，邻苯二甲酸二甲酯的监测离子 $m/z163$，邻苯二甲酸二乙酯、邻苯二甲酸二异丁酯、邻苯二甲酸二丁酯、邻苯二甲酸二（2–乙基）己酯和邻苯二甲酸二异戊酯的监测离子均为 $m/z149$。

（3）采用内标法得到氨基甲酸乙酯和邻苯二甲酸酯的含量　经过仪器分析得到峰面积，再根据已经绘制的标准曲线计算结果。绘制标准曲线的步骤如下：

①绘制氨基甲酸乙酯标准曲线

氨基甲酸乙酯贮备液的配制：准确称取22.8mg的氨基甲酸乙酯于50mL烧杯中，加入约20mL乙醇完全溶解后转移至100mL容量瓶中，用少量乙醇冲洗烧杯2至3次，冲洗液转移至容量瓶中，最后用乙醇定容至刻度。

内标物Ⅰ溶液的配制：准确称取41.6mg的氘代氨基甲酸乙酯于50mL烧杯中，加入约20mL乙醇完全溶解后转移至50mL容量瓶中，用少量乙醇冲洗烧杯2~3次，冲洗液转移至容量瓶中，最后用乙醇定容至刻度。

系列氨基甲酸乙酯标准工作溶液的配制：分别移取50μL、250μL、500μL的氨基甲酸乙酯贮备液和60μL内标物Ⅰ溶液于100mL容量瓶中，用50%（体积分数）的乙醇定容至刻度。

采用气相色谱–质谱依次将系列氨基甲酸乙酯标准工作溶液进行测定，绘制标准曲线，得到线性方程：$y=ax$，$R^2=0.9999$，其中 $a=1.058$；$x=$ 氨基甲酸乙酯与内标物Ⅰ的浓度之比；$y=$ 氨基甲酸乙酯与内标物Ⅰ的峰面积之比。

②绘制邻苯二甲酸酯标准曲线

邻苯二甲酸酯贮备液的配制：准确称取20mg的DMP（邻苯二甲酸二甲酯）、50mg的DEP（邻苯二甲酸二乙酯）、35mg的DIBP（邻苯二甲酸二异丁酯）、45mg的DBP（邻苯二甲酸二丁酯）和65mg的DEHP［邻苯二甲酸二（2–乙基）己酯］于50mL烧杯中，加入约30mL乙醇完全溶解后转移至100mL容量瓶中，用少量乙醇冲洗烧杯3~

5 次，冲洗液转移至容量瓶中，最后用乙醇定容至刻度。

内标物 Ⅱ 溶液的配制：准确称取 100mg 的邻苯二甲酸二异戊酯于 50mL 烧杯中，加入约 30mL 乙醇完全溶解后转移至 100mL 容量瓶中，用少量乙醇冲洗烧杯 3～5 次，冲洗液转移至容量瓶中，最后用乙醇定容至刻度。

系列邻苯二甲酸酯标准工作溶液的配制：移取 50μL、75μL、150μL 的邻苯二甲酸酯贮备液和 60μL 内标物 Ⅱ 溶液于 100mL 容量瓶中，用 50%（vol）的乙醇定容至刻度。

采用气相色谱 – 质谱依次将系列邻苯二甲酸酯标准工作溶液进行测定，绘制标准曲线，得到每种邻苯二甲酸酯的线性方程为：$y = ax^2 + bx$；其中，

邻苯二甲酸二甲酯的线性方程为：$y = 0.2044x^2 + 0.6239x$，$R^2 = 0.9999$，$x =$ 邻苯二甲酸二甲酯与内标物 Ⅱ 的浓度之比；$y =$ 邻苯二甲酸二甲酯与内标物 Ⅱ 的峰面积之比；

邻苯二甲酸二乙酯的线性方程为：$y = 0.07384x^2 + 0.5726x$，$R^2 = 0.9999$，$x =$ 邻苯二甲酸二乙酯与内标物 Ⅱ 的浓度之比；$y =$ 邻苯二甲酸二乙酯与内标物 Ⅱ 的峰面积之比；

邻苯二甲酸二异丁酯的线性方程为：$y = 0.1350x^2 + 0.8949x$，$R^2 = 0.9999$，$x =$ 邻苯二甲酸二异丁酯与内标物 Ⅱ 的浓度之比；$y =$ 邻苯二甲酸二异丁酯与内标物 Ⅱ 的峰面积之比；

邻苯二甲酸二丁酯的线性方程为：$y = 0.1284x^2 + 1.118x$，$R^2 = 0.9999$，$x =$ 邻苯二甲酸二丁酯与内标物 Ⅱ 的浓度之比；$y =$ 邻苯二甲酸二丁酯与内标物 Ⅱ 的峰面积之比；

邻苯二甲酸二（2 – 乙基）己酯的线性方程为：$y = 0.06119x^2 + 0.8346x$，$R^2 = 0.9998$，$x =$ 邻苯二甲酸二（2 – 乙基）己酯与内标物 Ⅱ 的浓度之比；$y =$ 邻苯二甲酸二（2 – 乙基）己酯与内标物 Ⅱ 的峰面积之比。

③通过下式计算得到酒样中氨基甲酸乙酯的含量

$$m = A/A_S \times m_s/a$$

式中　m——酒样中氨基甲酸乙酯的含量，mg/L

　　A——氨基甲酸乙酯的峰面积

　　A_S——氘代氨基甲酸乙酯的峰面积

　　m_s——酒样溶液中内标含量，mg/L

　　a——由线性回归方程得出

④通过下式计算得到酒样中邻苯二甲酸酯的含量

$$m = [-b + (4a \times A/A_s + b^2)^{1/2}] \times m_s/2a$$

式中　m——酒样中每种邻苯二甲酸酯的含量，mg/L

　　b——由线性回归方程得出

　　a——由线性回归方程得出

　　A——每种邻苯二甲酸酯的峰面积

A_S——邻苯二甲酸二异戊酯的峰面积

m_s——酒样溶液中内标含量，mg/L

该方法采用内标法检测邻苯二甲酸酯的含量，并可同时检测氨基甲酸乙酯的含量，操作简单，灵敏度较高，准确性高，重现性好，适用于企业内部进行大批量样品自检。

（四）白酒中 7 种甜味剂的检测

1. 研究进展

甜蜜素（环己基氨基磺酸钠，CYC）、糖精钠（邻苯甲酰磺酰胺钠，SAC）、安赛蜜（乙酰磺胺酸钾，ACS－K）、三氯蔗糖（SCL）、阿斯巴甜（天冬氨酰苯丙氨酸甲酯，ASP）、纽甜（N－[N－（3，3－二甲基丁基）－L－α－天门冬氨酰]L－苯丙氨酸－1－甲酯，NEO）和阿力甜（L－α－天冬氨酰－N－（2，2，4，4－四甲基－3－硫化三亚甲基）－D－丙氨酰胺，ALI）7 种人工合成甜味剂均属于高甜度甜味剂，在GB 2760－2011《食品安全国家标准　食品添加剂使用标准》中明确规定白酒中不允许添加任何甜味剂。串联质谱（MS/MS）MRM 模式在定性和定量分析中表现出更高的灵敏度及选择性，已在酒类样品中甜味剂的检测方面的应用越来越多。方慧文等采用高效液相色谱－串联质谱 HPLC－MS/MS MRM 模式实现了白酒中 CYC 的准确定量，并将得到的高质量子离子谱图用于谱图检索，极大地提高了定性准确性，为白酒中甜蜜素阳性样品提供了确证方法。梁桂娟等对白酒稀释过滤后，采用 UPLC－MS/MS 对其中微量 ACS－K、CYC、SAC 和 SCL 进行检测，方法检出限为 0.024～0.1μg/g，其中 SCL 的检出限最高。余磊等建立了白酒中 CYC、ACS－K、ASP、SCL、NEO 和 SAC 6 种人工合成甜味剂的 HPLC－MS/MS 分析方法，酒样直接稀释过滤后上样，检出限为 10μg/kg。郭莹莹等对白酒在 100℃ 水浴蒸发至近干，复溶过滤后 UPLC－MS/MS 上样分析，得到 ACS－K、CYC、SAC 和 ASP 的检出限为 0.03～0.35μg/L，检测灵敏度较酒样直接稀释后上样明显提高。

2. 具体实例

以江南大学的王洪新等人的发明专利《超高压液相色谱－飞行时间质谱同时测定白酒中六种微量甜味剂的方法》（200910184787.0）为例，介绍该技术的具体情况。

（1）样品预处理　由于白酒中乙醇含量较高，在进行液相色谱分离时，容易对甜味剂在色谱柱保留性能产生影响。所以利用物理或化学方法脱去待测酒样醇类等易挥发组分，脱除影响检测的醇类物质。

（2）采用超高压液相为分离手段　色谱条件为：色谱柱型号：BEH C－18 2.1mm×50mm，1.7μm；检测器：紫外检测器；检测波长：200～800nm；流动相：流动相 A 为甲醇，流动相 B 为 20mmol/L 乙酸铵溶液；梯度洗脱时流动相配比：（初始）0minA：B 比例为 0：100；4minA：B 比例为 30：70；6～8min A：B 比例为 100：0；8min 后A：B比例恢复到 0：100；压力：103.425MPa；流速：0.3mL/min；色谱柱温：30℃，进样体积：10μL，完成整个检测过程需 10min。

（3）质谱检测　质谱条件：ESI 负离子检测模式，质量范围 100～1000u 毛细管电压 2.5kV，锥孔电压 30V，二级锥孔电压 4V，离子能量 1，检测器电压 1600V，离子源温度 100℃，脱溶剂气温度 250℃，脱溶剂气 N_2 流量 600L/h，锥孔气 N_2 流量 50L/h，进样体积 10μL。

（4）流动相溶液配制　流动相 A：甲醇，色谱纯；流动相 B：20mmol/L 乙酸铵溶液。取 1.54g 乙酸铵，用超纯水溶解至 1000mL，再经 0.2μm 滤膜过滤。

（5）六种甜味剂标准曲线绘制　分别取一定量安赛蜜、糖精钠、甜蜜素、三氯蔗糖、阿斯巴甜、纽甜的单标工作溶液，配制成一定浓度的混标工作溶液，待仪器稳定后，分别对系列混标工作溶液取 10μL 进样，做 UPLC－MS 检测，以离子流的强度为纵坐标，样品进样量为横坐标，绘制标准曲线（或回归方程）。利用该方程和测得样品中的甜味剂的离子流强度计算出各种甜味剂的含量。

（6）定性与定量分析　对被测样品和标准样品检测，分别得到样品的谱图和六种甜味剂标准品的谱图；将两者进行比较，样品谱图中与标准品保留时间相同的色谱峰即为相应的某种甜味剂，为了确保检测结果的准确性，采用各组分准分子离子作为监测离子，若在相同保留时间处，样品中某成分的检测离子与一种标准品的检测离子相同，可进一步肯定样品中甜味剂的成分，即根据保留时间和六种甜味剂的特征分子离子安赛蜜 $m/z = 162$，糖精钠 $m/z = 182$，甜蜜素 $m/z = 178$，三氯蔗糖 $m/z = 395$，阿斯巴甜 $m/z = 293$，纽甜 $m/z = 377$ 进行定性分析；将样品中所测得的甜味剂的色谱峰带入所得线性回归方程中，计算样品中各种甜味剂的浓度，即根据外标法利用标准品绘制标准曲线进行定量分析。

该方法采用超高效液相色谱－飞行时间质谱联用（UPLC－TOF－MS）技术，针对白酒中常被违规添加的甜味剂，不但可同时检测安赛蜜、糖精钠、甜蜜素、三氯蔗糖、阿斯巴甜、纽甜六种甜味剂，而且快速、简便，定性、定量准确、灵敏度高。

第八章　生态化资源利用技术

白酒生产过程中的副产物主要有固态的酒糟和液态的黄水、酒尾和底锅水等废水，这些副产物传统意义上被称为"废物"，而在生态酿酒中被称为放错地方的资源。在白酒副产物的资源化利用中做到物尽其用，不仅可提高其附加值，更重要的是有效避免环境污染，从而实现酿酒产业的可持续发展。

第一节　酒糟利用技术

白酒酒糟是酿酒业的副产品。据统计，我国年产白酒酒糟达 2500 万 t 左右，量大并且集中，如果不及时加以处理，就会腐败变质，不仅严重污染周围环境，还会浪费宝贵的资源。因此，酒糟的资源化利用对我国的资源节约和环境保护具有非常重要的意义。目前我国在白酒酒糟资源化利用方面的研究已经取得了一定的成绩，申请了发明专利 100 余项，在《酿酒科技》《酿酒》等中国酿酒行业学术刊物上发表了 200 余篇文章。有关酒糟研究综合开发和利用，涉及饲料、肥料、沼气、醋、酱油、丁二酸、木糖、膳食纤维、食用菌和氨基酸等。但是，酒糟成分复杂，含水量高，不易贮存，还有不易利用的稻壳等发酵填充物，所以对白酒酒糟的利用仍存在很大的困难，需要更加先进的工艺技术来处理白酒酒糟。

一、酒糟饲料的开发

（一）白酒糟的饲用价值

（1）白酒糟与饲料原料营养成分的比较　白酒鲜糟经烘干加工成干样，不同地区白酒糟干样与常见饲料原料的主要营养成分比较见表 8–1。①白酒糟含粗蛋白质 13%～27.5%、粗纤维 16%～28%、粗脂肪 3.5%～11%、灰分 3.5%～15.5%、磷 0.1%～0.45%、钙 0.1%～0.8%。②不同地区白酒糟同一营养成分有差异，主要由酿酒原料的品种、填充辅料的种类与质量、发酵工艺、生产季节等因素的变化所导致。③与饲料原料相比，白酒糟粗蛋白质和粗脂肪除低于大豆外，其粗蛋白质是常见饲料原料的 1 ~ 4 倍，粗纤维 3 ~ 14 倍，粗脂肪 2 ~ 5 倍，灰分 1 ~ 10 倍，钙高磷低。白酒糟富含氨基酸（表 8 - 2）、维生素、矿物质及菌体自溶产生的各种生物活性物质。

（2）白酒糟去壳前后饲用价值的比较　结果见表 8 - 3。经过水洗法和干法去壳，白酒糟粗蛋白质含量提高，粗纤维含量下降。水洗法与干法分离稻壳相比，稻壳分离彻底，漂洗干净，产品营养成分含量高，但养分损失大，干燥能耗高，成本高。因此，分离稻壳的干法比水洗法更具有推广应用价值。

（二）白酒糟加工蛋白质饲料的工艺研究

1. 去壳酒糟饲料的生产

分离大曲酒糟稻壳的工艺主要有 4 种：①挤压分离法；②漂洗分离法；③干燥搓揉分离法；④干燥振打分离法。各种工艺方法各有优缺点，但用于工业化生产的方法有振打分离工艺与搓揉分离工艺。

（1）典型工艺流程　去壳酒糟饲料生产的典型工艺流程如图 8 - 1 所示。

表 8 - 1　　　　　　　　　白酒糟与饲料原料常规营养成分比较

饲料来源	营养成分						
	干物质/%	粗蛋白质/%	粗纤维/%	粗脂肪/%	粗灰分/%	磷/%	钙/%
饲料原料							
大麦		11.1	4.2	2.1		0.41	0.09
小麦		12.6	2.4	2.0		0.32	0.09
高粱		9.5	2.0	3.1		0.27	0.07
大豆	88	37	5.1	16.2	4.6	0.48	1.27
玉米	88.4	8.6	2.0	3.5	1.4	0.21	0.04
不同地区白酒干糟							
山东	91.7	23.5	25.6	10.5	10.1		
北京	92.3	18.7	24.4	10.2	10.5		
内蒙古	91.8	17.8	22.1	9.1	9.7		
河南	92.9	16.4	18.4	5.5	14.2		
江苏	89.5	21.8	20.9	7.0	3.9	0.28	0.62
青海		27.3	16.4	8.1		0.13	0.76
山西		15.5	20.6	7.0	9.2	0.32	0.42
重庆		15.4	19.5	4.8	11.9	0.26	0.14
安徽		13	21	3.8		0.38	0.21
四川 1		15.4	24.1	5.1	15.4		
四川 2		17.8	27.6	7.4	13.3	0.41	0.26

表 8 – 2   白酒干糟的氨基酸含量

氨基酸	含壳干糟/%	含壳鲜糟/(mg/100g)	含壳干糟/%	去壳干糟/%	氨基酸	含壳干糟/%	含壳鲜糟/(mg/100g)	含壳干糟/%	去壳干糟/%
谷氨酸	2.21	981.10	3.24	2.70	甘氨酸	0.50		0.48	0.52
丙氨酸	0.95	163.1	1.16	0.81	亮氨酸	1.25	368.43	1.6	0.80
苏氨酸	0.44	425.13	0.42	0.38	酪氨酸	0.33	86.54	0.35	0.20
丝氨酸	0.52	114.6	0.52	0.46	苯丙氨酸	0.71	171.61	0.64	0.49
色氨酸	1.53	1.53			赖氨酸	0.40	54.95	0.32	0.28
胱氨酸	0.75		0.22	1.07	组氨酸	0.33	115.31	0.21	0.19
缬氨酸	0.64	2.31	0.66	0.08	精氨酸	0.49	209.15	0.41	0.44
甲硫氨酸	0.17	0.81	0.16	0.07	脯氨酸	0.96		0.98	
天冬氨酸	0.88	235.61	0.83	0.81					

表 8 – 3   白酒糟（干样）去壳前后饲用价值的比较

评价指标	水洗法去壳			干法去壳①			干法去壳②			干法去壳③		
	去壳前	去壳后	变化率	去壳前	去壳后	变化率	去壳前	去壳后	变化率	去壳前	去壳后	变化率
干物质/%	92.9	90.1	-3	88.0	88.0	0	88.0	88.0	0			
粗蛋白质/%	10.6	19.6	+84.9	14.4	16.8	+16.7	15.2	17.4	+14.5	17.3	23.5	+35.8
粗纤维/%	21.1	6.4	-69.7	19.9	12.1	-39.2	20.9	8.4	-59.8	25.0	15.6	-37.6
粗脂肪/%	5.2	7.2	+38.5	5.9	6.2	+5.1	3.9	4.2	+7.7	4.3	10.5	+144.2
灰分/%	18.1	8.2	-54.7	9.5	9.5	0	10.5	9.8	-6.7	12.4	10.9	-12.1
无氮浸出物/%	39.9	50.7	+27.1	38.3	43.3	+13.1	37.5	48.2	+28.5			
钙/%				0.43			0.82	1.22	+48.8			
磷/%				0.25			0.48	0.57	+18.8			
总能/(mJ/kg)				15.83	16.39	+3.5	16.60	16.48	-0.7			
消化能/(mJ/kg)							8.79	10.87	+23.7			
代谢能/(mJ/kg)				5.69	8.64	+51.8	7.61	9.28	+21.9			

图 8 – 1   去壳酒糟饲料生产的典型工艺流程

（2）生产效果　采用搓揉分离工艺分离酒糟谷壳，谷壳和酒糟粉的得率分别为41%和59%，脱壳酒糟粗蛋白质含量高于20%，粗纤维含量低于12%，白酒糟振打分离工艺，与搓揉分离工艺相比，稻壳的破碎率低；比直接筛分多得粮渣20.5%，产品粗蛋白质提高6.36%，粗纤维降低9.42%。夏先林和汤丽琳研究表明，风干后的酒糟通过振打分离工艺去谷壳，谷壳和酒糟粉的得率分别为27.8%和72.2%，其粗纤维含量降低58.8%，粗蛋白质含量提高14.7%。去壳后的酒糟饲料的营养价值明显提高，可以作为畜禽配合饲料的原料之一。

2. 酒糟菌体蛋白饲料的生产

利用白酒糟为基本原料，添加单一或多种微生物菌种发酵，可得到菌体蛋白饲料。酒糟菌体蛋白饲料生产有固态发酵工艺和液态发酵工艺两种，其中以固态发酵工艺为主。

（1）典型工艺流程　酒糟菌体蛋白饲料生产的典型工艺流程如图8-2所示。

酒糟 → 配料 → 灭菌 → 冷却 → 接种 → 固态发酵 → 出料 → 低温干燥 → 粉碎 → 包装 → 成品

图8-2　酒糟菌体蛋白饲料生产的典型工艺流程

（2）生产效果　利用生物技术开发酒糟菌体蛋白饲料，是缓解蛋白质饲料严重短缺及使酒糟增值的重要途径。研究表明，与酒糟原料相比，白酒糟经微生物发酵后的菌体蛋白产品粗蛋白质含量提高43%~336%，粗纤维和粗脂肪含量分别下降15%~87%和12%~63%，氨基酸总量提高35%~54%，赖氨酸含量提高28%~155%。由于发酵生产的酒糟原料与添加量、菌种及菌种数、发酵方式不同，导致酒糟菌体蛋白饲料产品相对于酒糟原料的某一营养成分之间存在差异，其中以多菌种混合、液态发酵更为明显，但固态发酵成本低、操作简便值得推广。

3. 酒糟饲料添加剂的生产

利用酒糟作为原料载体，采用单一或多菌种混合固态发酵技术，生产出富含微生物酶、维生素、生物活性物质及生长调节剂的新型高效饲料添加剂。目前主要采用固态、纯种发酵工艺生产酶类饲料添加剂。

（1）典型工艺流程　酒糟饲料添加剂生产的典型工艺流程如图8-3所示。

鲜糟 → 配料 → 灭菌 → 冷却 → 接种 → 固态发酵 → 低温干燥 → 配兑 → 包装 → 成品

图8-3　酒糟饲料添加剂生产的典型工艺流程

（2）生产效果　富含酶和微生物活菌的酒糟饲料添加剂，不仅提高原料酒糟的附加值，而且解决了目前配合饲料中营养水平低、营养不平衡、吸收效率不高、添加商品饲用酶的成本过高等问题。侯国亮等报道，以33%的白酒糟制备培养基，分别接种

AS 3.4309 和绿色木霉，发酵获得含糖化酶、纤维素酶的两个产品，产品分别含糖化酶 ≥2500U/g 和细胞总数 1.008 亿个/mg、纤维素酶≥680U/g 和细胞总数 1.029 亿个/mg。王建华等用酒糟（其中含白酒糟 5%）为原料，接种 FL－02、E－45、CU－81、G－61 菌混合发酵生产，产品含赖氨酸 0.35%，粗蛋白质含量提高 12.5%。邓小晨和孟勇将黑曲霉、米曲霉、木霉和白地霉单独培养至中期再混合的方式，接入酒糟：辅料 = 9：1（木霉为 4：6）的培养基中进行通气培养，获得粗酶制剂产品的糖化酶、α－淀粉酶、蛋白酶、纤维素酶和果胶酶活力分别为 341U/g、102U/g、714U/g、175U/g、292U/g。左雅慧等在 60% 的酒糟原料接种链霉菌属 342 号菌发酵产品含糖化酶 432U/g、蛋白酶 339U/g、粗蛋白质 19%、维生素 A 6.7mg/100g、维生素 B 120.93mg/100g。此外，在酒糟为主的固体培养基上接种山大 C－2 菌种，生产出高活性的非淀粉多糖酶产品。

4. 酒糟动物蛋白质饲料的生产

国内蝇蛆规模化、工厂化生产技术及蝇蛆生化系列产品的制备工艺已渐成熟，每吨含酒糟 10% 的粪料通过液态或固态培养，可产鲜蛆 100～300kg。蝇蛆干粉的蛋白质含量达 53.26%，赖氨酸 4.09%，甲硫氨酸 1.41%，其中甲硫氨酸和赖氨酸分别是鱼粉的 2.7 倍和 2.6 倍。研究表明，在饲料中添加适量鲜蛆，蛋鸡产蛋率提高 17%～25%；猪日增重提高 19.2%～42%，节约饲料 20%～40%。

（三）白酒糟产品的饲喂效果

白酒糟作为饲料，产品包括鲜糟、青贮糟、含壳干糟、去壳干糟、菌体蛋白等系列产品，用这些产品饲喂畜禽的饲喂效果见表 8－4。同一类饲料产品在饲喂效果上存在一定差异，其原因可能是产品质量、使用量、饲喂对象的品种、试验期等不同：酒糟系列产品的饲喂效果按鲜糟、含壳干糟、青贮糟、去壳干糟、菌体蛋白依次增强。

表 8－4　　　　　　　　　　　　白酒糟系列产品对畜禽的饲喂效果

相关参数	菌体蛋白				酒糟粉	鲜糟青贮	含壳酒糟粉	鲜糟
使用量/%	25	15	15	17	25	20	25	5
饲喂对象	生长猪	生长猪	母牛	母鸡	肉牛	肉牛	生长猪	母鸡
试验期/d	120	96	50	140	60	30	90	40
日增重/%	101	11	3.59		47.8	7.3	1.14	
产乳量/%			20					
产蛋量/%				6.65				0
饲料利用率/%	19.0	－7		60		28	0.5	0
经济效益	310.9	26.8	96.4		936	11.9	25.9	12.2

二、酒糟保健食品的开发

（一）李渡酒糟蛋的开发

源自李时珍《本草纲目》记载：以烧酒煮鸡蛋可用于治疗肺疾。民间偏方认为，酒糟鸡蛋可以清肺火，对吸烟和雾霾造成人体肺部不良影响有较好的预防功效。李渡酒糟鸡蛋是李渡酒业有限公司在用蒸汽蒸馏酒时，将本地土鸡蛋放置甑桶内的酒醅中一并蒸熟（图8-4），节省了能源。同时蒸煮过程中，鸡蛋可吸收酒醅中风味和营养成分而风味独特，酒糟鸡蛋成为江西李渡酒业的生态酒庄代表产品之一。

（二）李渡酒糟冰棒的开发

李渡酿酒延续传统用大米酿酒，酒糟冰棒采用"酒糟分离物"添加枸杞等药材，按老冰棒的风格制作而成（图8-5），李渡酒糟冰棒具有消燥祛暑、润肺生津、四季皆宜的特点，深受游客喜爱，成为江西李渡酒业的生态酒庄畅销产品之一。

图8-4　李渡酒糟蛋的制作方法　　　　图8-5　李渡酒糟产品——雪糕

三、CO_2超临界萃取酒糟微量成分用作调味酒的技术

以笔者等人利用CO_2超临界萃取酒糟微量成分的研究为例，介绍该技术的具体

情况。

（一）技术特点

CO_2 超临界萃取法（SFE）是一种提取有效成分的新技术，具有以下特点：

（1）保持热敏性的有效成分 超临界萃取可以在接近室温（35～40℃）及 CO_2 气体笼罩下进行提取，有效地防止了热敏性物质的氧化和逸散。因此，在萃取物中能保持药用植物的有效成分，而且能把高沸点、低挥发性、易热解的物质在远低于其沸点温度下萃取出来。

（2）清洁而无污染 采用 SFE 是最干净的提取方法，全过程不用有机溶剂，萃取物中绝无残留的溶剂物质，进而防止了提取过程中产生对人体的有害物和对环境的污染物，保证了 100% 的纯天然性。

（3）有效降低提取成本 SFE 方法将萃取和分离合二为一，当饱和的溶解物的 CO_2 流体进入分离器时，由于压力的下降或温度的变化，使得 CO_2 与萃取物迅速成为两相（气液分离）而立即分开，不仅萃取的效率高而且能耗较少，提高了生产效率的同时降低了费用成本；CO_2 气体价格便宜，纯度高，容易制取，且在生产中可以重复循环使用，从而有效地降低了费用成本。

（4）良好的安全性能 SFE 方法以 CO_2 为萃取剂，CO_2 是一种不活泼的气体，萃取过程中不发生化学反应，且属于不燃性气体，无味、无臭、无毒、安全性非常好。

（5）简单而易于操作 压力和温度都可以成为调节萃取过程的参数，通过改变温度和压力达到萃取的目的。固定压力，通过改变温度，可以将物质分离开来；反之，固定温度，通过调节压力使萃取物分离。因此，SFE 方法工艺简单、容易掌握，而且萃取的速度快。

（二）技术原理

CO_2 在温度高于临界温度（T_c）30℃、压力高于临界压力（p_c）3MPa 的状态下性质发生改变，CO_2 密度近于液体、黏度近于气体、扩散系数为液体的 100 倍，因而具有惊人的选择性溶解能力，尤其对低分子、弱极性、脂溶性、低沸点的成分如挥发油、烃、酯、内酯、醚、环氧化合物表现出优异的溶解性。超临界 CO_2 流体萃取（SFE）分离过程的原理是利用超临界流体的溶解能力与其密度的关系，即利用压力和温度对超临界流体溶解能力的影响而进行的。在超临界状态下，将超临界流体与待分离的物质进行接触，使其有选择性地把极性大小、沸点高低和分子质量大小的成分依次萃取出来。当然，对应各压力范围所得到的萃取物不可能是单一的，但可以控制条件得到最佳比例的混合成分，然后借助减压、升温的方法使超临界流体变成普通气体，被萃取物质则完全或基本析出，从而达到分离提纯的目的，所以超临界 CO_2 流体萃取过程是由萃取和分离过程组合而成的。由于丢糟中含有酯类香味成分，如己酸乙酯、乳酸乙酯、丁酸乙酯、戊酸乙酯等微量香味物质，可采用超临界 CO_2 流体萃取丢糟中的有效成分。

（三）工艺流程

超临界 CO_2 流体萃取丢糟中有效成分的工艺流程如图 8 - 6 所示。

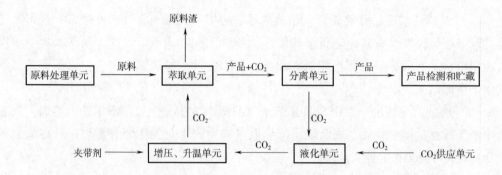

图 8 - 6 超临界 CO_2 流体萃取丢糟中有效成分的工艺流程

（四）技术要点

1. 方案设计

以湖南湘窖酒业有限公司的丢糟为原料，采用 CO_2 超临界萃取丢糟中的微量成分，与以酒精热浸提法提取丢糟中的微量成分进行对照比较提取效果。

2. CO_2 超临界萃取丢糟微量成分的操作方法

将瓷盘盛装新鲜丢糟，置恒温干燥箱中于 50℃ 烘干（水分含量至 13%），经粉碎机粉碎过 20 目筛。取 100g 粉碎的酒糟样，置于 CO_2 超临界萃取设备中，用无水酒精作夹带剂，在萃取温度 40℃、压力 35MPa 下浸提 2h，在分离温度 26℃、压力 6.0MPa 下收集萃取物。用 200mL 的 60% 酒精溶解酒香成分，常温静置 24h，用滤纸自然过滤，共收集样液 175mL，用于气相色谱分析。试验重复 3 次。

3. 酒精热浸提丢糟微量成分的操作方法

取 500mL 磨口试剂瓶 1 个，盛装新鲜丢糟 150g，加 60% 的酒精 300mL，盖好瓶塞，置于恒温水浴锅内，在 50℃ 保温 48h。用滤纸自然过滤，共收集浸提液 165mL，用于气相色谱分析。试验重复 3 次。

（五）应用效果

1. CO_2 超临界萃取丢糟微量成分的效果

用 CO_2 超临界萃取丢糟的微量成分，经 60% 酒精浸提、过滤后的样液，通过气相色谱分析的色谱图如图 8 - 7 所示，主要酯类成分与含量的结果见表 8 - 5。从表 8 - 5 可知：①样品中未检出乙酸乙酯；②检出的 4 种酯的含量顺序是：乳酸乙酯 > 己酸乙酯 > 丁酸乙酯 > 戊酸乙酯；③检出的 4 种酯总含量为 8.34252mg/100mL，折算成酯总含量为 16.78090mg/100g 绝干丢糟。

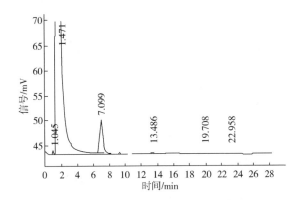

图8-7 CO₂超临界萃取丢糟微量成分的色谱图

表8-5 **CO₂超临界萃取法提取丢糟中主要酯类成分与含量**

峰号	组分名	保留时间/min	含量/ (mg/100mL)	折算含量/ (mg/100g*)
5	丁酸乙酯	5.849	0.03755	0.15905
6	丁酸乙酯	6.266	0.04152	
9	戊酸乙酯	12.001	0.00647	0.05013
10	戊酸乙酯	12.216	0.01845	
11	乳酸乙酯	12.688	0.03964	11.89551
12	乳酸乙酯	12.854	0.13042	
13	乳酸乙酯	13.486	5.74372	
15	己酸乙酯	22.958	2.32475	4.67621
合计			8.34252	16.78090

注：* mg/100g 表示每100g绝干丢糟中含某酯的 mg 数，下同。

2. 酒精热浸提丢糟微量成分的效果

用60%酒精在50℃热浸提丢糟的微量成分，经过滤后的样液，通过气相色谱分析的色谱图如图8-8所示，主要酯类成分与含量的结果见表8-6。从表8-6可知：①样品中未检出乙酸乙酯、丁酸乙酯和己酸乙酯；②检出的2种酯的含量顺序是：乳酸乙酯>戊酸乙酯；③检出的2种酯总含量为66.93678mg/100mL，折算成酯总含量为276.11422mg/100g绝干丢糟。

3. 两种方法提取丢糟微量成分的效果比较

从两种方法的检测结果比较来看：①均未能浸提出乙酸乙酯；②酒精热浸提只浸提出了乳酸乙酯和戊酸乙酯，没有丁酸乙酯和己酸乙酯，且其乳酸乙酯的含量远远大

于 CO_2 超临界萃取的量。大曲酒的蒸馏采用固态甑桶蒸馏，影响组分在蒸馏时分离效果的决定因素是组分间分子引力大小所造成的挥发性能的强弱。乙酸乙酯、丁酸乙酯和己酸乙酯难溶于水，易溶于乙醇，它们的馏出量与酒精浓度成正比。乳酸乙酯由于亲水羟基的作用，与水分子缔合力较大，它们的馏出量与酒精浓度成反比。至断花时，乙酸乙酯约馏出 95%，丁酸乙酯约馏出 90%，己酸乙酯约馏出 85%，乳酸乙酯馏出20% 左右。由此可见，大曲丢糟中 4 大酯的残留量顺序是：乳酸乙酯 > 己酸乙酯 > 丁酸乙酯 > 乙酸乙酯。由于乙酸乙酯在大曲丢糟中含量甚微，所以两种提取方法均未浸出乙酸乙酯。因为乳酸乙酯在大曲丢糟中残留量偏多，它与水分子缔合力较大，60%酒精热浸提法明显高于 CO_2 超临界萃取法。因此，从浓香型白酒的主体香成分分析，可以得出 CO_2 超临界萃取法优于酒精热浸提法。

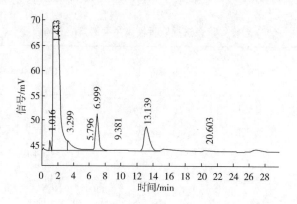

图 8 - 8　酒精热浸提丢糟的微量成分的色谱图

表 8 - 6　酒精热浸法提取丢糟中主要酯类成分与含量

峰号	组分名	保留时间/min	含量/（mg/100mL）	折算含量/（mg/100g*）
9	戊酸乙酯	11.720	0.04501	0.18567
10	乳酸乙酯	13.139	66.89177	275.92855
合计			66.93678	276.11422

四、酒糟生态解酸与食品用菌种植技术

以易利福等人发明专利《酒糟的生态解酸处理方法》（201010286856.1）为例，介绍酒糟的生态解酸与食品用菌种植技术。

（一）技术特点

利用白酒糟栽培食用菌时，传统的方法以生石炭或者化学碱剂对白酒糟进行解酸，虽然可将其 pH 调至适宜范围，但不能够消除白酒糟中的有害物质，且白酒糟中的难溶性营养物质得不到有效利用；对北虫草的栽培而言，利用生石炭或化学碱剂解酸后的白酒糟无法对其栽培。采用生态解酸方法处理酒糟后，可替代大米等粮食栽培北虫草，既可节约大量粮食，又实现了废物地再利用，处理方法也符合绿色环保的要求。因此，此技术具有极高的经济效益、社会效益和生态效益。

（二）技术原理

本发明通过预发酵、发酵两个步骤对白酒糟进行生态解酸处理，给好气菌（目标菌）提供了良好的生长环境，而好气菌又能消除白酒糟中的霉菌毒素、杂醇、酸等有害物质，并将白酒糟中的难溶性粗蛋白、粗脂肪、粗纤维等转化为易于北虫草吸收利用的物质，从而不仅使处理后的白酒糟成为北虫草理想的养料，而且克服了现有技术存在的北虫草培育过程中浪费大量粮食的缺陷。

（三）工艺流程

白酒糟的生态解酸与北虫草栽培工艺流程如图 8-9 所示。

酒糟 → 加水拌和 → 收堆 → 盖膜 → 预发酵管理 → 加水拌和 → 收堆 → 盖膜 → 发酵管理 → 干燥 → 配料 → 高压灭菌 → 栽培北虫草

图 8-9 白酒糟的生态解酸与北虫草栽培工艺流程

（四）技术要点

白酒糟的生态解酸处理方法，包括以下步骤：

（1）预发酵 首先向白酒糟中加水并拌和均匀，水与白酒糟的添加比例按质量计为 1:(0.88~1.04)，其中较佳比例为 1:0.96。其次，将水和白酒糟进行拌料和建堆处理，料堆的高度应介于 0.6~1.5m，其中料堆的高度为 1m 时效果较为理想。然后将带有通气孔的塑料膜覆盖于料堆的表面，这样有利于白酒糟的通气。当白酒糟的下部出现氨臭味时，应及时掀开塑料膜进行翻堆，翻堆后再重新建堆并将塑料膜覆盖回白酒糟料堆的表面，如此重复多次，直至白酒糟下部没有氨臭味和白酒糟中的水不再下渗为止。通常气温高的时候，翻堆的间隔时间较短，一般 24h 翻堆一次；气温低的时候，翻堆的间隔时间较长，一般 48~72h 翻堆一次。上述塑料膜通气孔包括等间距布设在位于料堆中上部周围塑料膜上的多个通气孔和开设于料堆顶部的塑料膜上的一个圆形通气孔，通气孔的直径为 1.5~2cm，以利于通气。

（2）发酵 取下预发酵后料堆上的塑料膜，并再次向预发酵后的白酒糟中加水并拌和均匀，水与白酒糟的添加比例按质量计为 1:(0.22~0.26)，比例为 1:0.24 较佳。然后进行建堆处理，建堆完成后，将具有良好透气性的透气膜覆盖于白酒糟料堆的表面。接着每隔 24h 左右翻堆一次，直至水不再下渗。然后测量白酒糟的料温，当料温停止上升或料温上升速度减缓时，便对白酒糟进行翻堆一次，且每次翻堆后都要将翻堆前取下的透气膜盖回白酒糟料堆表面，直至料温升至 68 ~70℃时停止翻堆，再持续发酵，到 pH 升至 6.5 ~7 时发酵成熟而终止发酵。

（3）贮存　将上述所得发酵物立刻进行烘干或晒干，保存于干燥处待用。

（五）应用效果

1. 生态解酸处理酒糟的效果

生态解酸处理酒糟的降酸效果见表 8 -7。

表 8 -7　　　　　　白酒糟经不同方法解酸与高压灭菌后的 pH 比较

解酸方法	原 pH	解酸后 pH	高压灭菌后 pH
化学碱解酸	3.6	6.5	3.8
生石炭解酸	3.6	6.5	6.0
生态解酸	3.6	6.5	6.0

2. 生态解酸处理过酒糟的北虫草栽培效果

生态解酸处理过酒糟作培养基栽培北虫草的效果见表 8 -8。

表 8 -8　　　　　　生态解酸处理过酒糟的北虫草栽培效果

培养基	北虫草菌丝生长情况	出基时间	子实体生长情况
化学处理白酒糟	菌丝不生长	—	
生石炭处理白酒糟	菌丝生长细弱	18d	细小畸形色淡黄
微生物（好气菌）处理白酒糟	菌丝生长正常	9d	粗壮直立色橘黄
大米	菌丝生长快	9d	粗壮直立色橘黄

从表 8 -8 的结果可以看出，经过微生物生态解酸方法处理的白酒糟栽培北虫草，北虫草生长情况极为良好，它与大米为培养基栽培的北虫草的生长情况相当。因此，微生物生态解酸方法处理后的白酒糟可替代大米成为北虫草栽培的理想养料。

第二节　黄水利用技术

黄水是传统固态发酵白酒生产过程中产生于窖池的副产物，近年来，对黄水的研究日渐增多，包括黄水的理化指标分析、黄水与酒质的关系和黄水的资源化再利用等方面。其中，韩永胜等人通过对不同窖龄黄水的差异性及其对酒质影响的研究得出窖池中酒醅的发酵好坏大多受这几种因素的影响：入窖酒醅的酸度，入窖温度的变化，配料比是否精确，操作人员是否精细等，发酵质量的好坏也可以通过黄水、酒醅等物质来反映。大多情况下，不同黄水之间的理化性质差异可以反映出窖池的质量差异，还可以推测酒质的质量。

一、黄水的形成与主要成分

（一）黄水的形成

我国固态发酵白酒大多选用大米、高粱、玉米、小麦、大麦、糯米等作为发酵的主原料，糠壳、麦壳作为辅料，在这些原辅料中，含有大量的淀粉、脂肪、蛋白质、木质素、半纤维素、纤维素和其他有机物质。在发酵过程中，入窖酒醅的含水量大多在52%~55%，经微生物分解代谢后产生大量的游离水，这些水将酒醅中的酸、可溶性淀粉、酵母溶出物、还原糖、单宁、酒精及香味前体物质溶出，再与酒醅中未被微生物所利用的水逐渐沉降，最后慢慢沉积在窖池底部而形成棕褐色、呈流体状的液体，这种液体被称为黄水。浓香型白酒酿造过程中的副产物之一的黄水，又称黄浆水，一般为棕褐色黏稠液体，含有醇类、酸类、醛类、酯类等呈香呈味物质，还含有经长期驯化的有益微生物、糖类物质、含氮化合物和少量的单宁及色素等有机物。黄水是一种可利用的宝贵资源，合理利用可以变废为宝。

（二）黄水的主要成分

1. 黄水的成分分析

在浓香型白酒生产中，不同原料的配比以及原料质量、人为操作因素、窖池质量好坏和窖龄等众多因素，导致发酵产生的黄水在主要成分及其含量上存在着较大差异，黄水的常规分析结果见表8-9。

表8-9　　　　　　　　　　　黄水的常规分析结果

项目	含量
总固形物含量/（g/100mL）	12.7~17.1
酸度	6.9~7.8
淀粉含量/%	2.1~4.4
还原糖含量/%	2.2~4.7
酒精含量/［%（vol）］	3.2~5.3
pH	2.9~3.8
黏度/（pa·s）	35.2~51.7
总氮量/%	0.27~0.35
总酸/（g/L）	23~38
总酯/（g/L）	1.3~2.7
单宁及色素含量/%	0.13~0.23

2. 黄水的微量成分

黄水中的微量成分非常丰富（表8－10），这些呈香呈味物质，与酒中这些物质的含量十分相近。如果加以提取利用，用来勾兑可以提高低档大曲酒质量，用于人工窖泥的培养可提高窖泥的质量等。

表8－10　　　　　　　　　　黄水微量成分分析结果　　　　　　　　单位：mg/L

微量成分	含量	微量成分	含量	微量成分	含量
乙醛	60.5～70.2	正丙醇	27～35	仲丁醇	4.6～5.2
乙缩醛	118～123	异丁醇	18～22	糠醛	16～20
异戊醛	8～10	正丁醇	13～16	丙酸	40～45
乙酸	1000～1200	异戊醇	28～31	正戊醇	7～9
丁酸	105～110	己酸乙酯	70～90	乳酸	2600～3000
戊酸	48～52	乳酸乙酯	2700～3000	丁酸乙酯	15～20
己酸	110～130	甲酸乙酯	4～6		

3. 黄水的感官评价

在生产浓香型白酒过程中，主要是通过物理、化学分析和感官检验的方法来衡量各道工序的质量，判断其操作的正确性。在三大检验方法中，感官检验方法是检验人员通过自身经验和感觉来评价或判断检测对象的质量，具有很多干扰因素，不能精确指导生产，被人称之为"不是科学的科学"。然而，感官检验在黄水的评价中是使用最多的一种方法，它具有实用性强、经济、快速的特点，因而被广泛应用。黄水的感官评价主要是从黄水的味道、色泽、悬丝特性来判断，具体见表8－11。

表8－11　　　　　　　　　　　黄水感官品质评价

指标	评定等级		
	好	较好	差
味道	涩中带酸，酸味大，涩味小，涩酸适宜	有涩酸味	很酸，酸而不涩，显甜，甜味重
色泽	黑褐色，菜油色、透亮	金黄色，透明清亮	黄中带白，米汤色，黑色、浑浊不清
悬性	大挂悬，悬丝长、肉头好	悬丝好，起黄鳝尾巴	悬小，无悬，如同清水

二、黄水的循环利用

黄水为白酒发酵的副产物，黄水的 pH3.0～3.5，COD_{cr}25000～40000mg/L，BOD_{cr}

25000～30000mg/L，这些指标都超过了国家允许的废水排放标准，且黄水的生产量也比较大，一般情况下每生产1000kg大曲酒，可产生300～400kg黄水。生态酿酒技术要求对其进行循环利用，以达到资源的最大化利用和减少环境污染的目的。目前，黄水利用的研究主要表现在以下几个方面：

1. 提高产酒质量

（1）用于窖池养护、制作人工窖泥、二次发酵　优质的黄水中含有大量的有益微生物菌群，这些微生物主要是酵母菌和芽孢菌，另外，糖类、微生物生长因子、氨基酸态氮等微生物生长繁殖所必需的营养物质含量也很多。因此，将优质黄水用于制作人工窖泥、窖池养护和拌糟醅二次发酵是个很好的利用途径。将新鲜的黄水直接喷洒到窖池墙壁上，可起到养护窖池的目的，这样可以增加酒醅的酸度，加速酒醅中的酸醇酯化，提高酯香物质的含量，为下次发酵奠定了良好的基础。张建华等通过将黄水加工制作成酯化液，然后将酯化液用于拌糟醅回窖二次发酵，发酵产出的糟酒质量提升了一个档次。

（2）用于生产强化酒曲　优质的黄水主要由有益微生物、含氮化合物、糖类物质、菌体自溶物、微生物生长因子和少量的单宁及色素组成等，其中的有益微生物主要包括酵母和产香类的细菌类及梭状芽孢杆菌，前者是发酵产酒的主要微生物，后者是产生己酸和白酒香味物质不可缺少的有益菌种，这样可以通过将黄水处理并利用其中的有益微生物添加到大曲中做成强化大曲。陈柄灿等通过利用黄水中的有益微生物，用黄水制备大曲，成品曲在酯化力、发酵力及糖化力等指标都有了很大的提高。

（3）用于改善白酒品质　通过对黄水与酒尾的微量成分分析，得知黄水与酒尾中含有大量的白酒呈香呈味的前体物质，采用酯化反应可以制得酯化液，用来勾调低档白酒，提高酒中的香味成分含量，增强酒体自然谐调的浑厚感，因而可提高低档白酒的品质。黄水的酯化反应是黄水的酯化深加工，其目的是产生出白酒香味成分，用来勾调白酒。目前酒厂所采用的酯化反应是引入酯化酶催化黄水中有机酸与醇的酯化，罗惠波等人在引入酯化酶的基础上加入了TH－AADY（耐高温活性干酵母），黄水经过酯化后，总酯含量可达120%～150%，特别是浓香型大曲主体香成分的己酸乙酯和乙酸乙酯的含量上升幅度高达9倍。赫江华将黄水粗滤后，添加高活性生物酶进行催化热裂处理，制得黄水调味液，该黄水调味液具有窖香、糟香的复合香和尾净的特点，用于新型白酒的勾调，增强新型白酒自然谐调感的效果明显。张宿义等人通过在黄水调味液中添加高活性生物酶，经催化热裂后的馏出液含有大量的白酒香味物质，利用其对白酒进行调味，能改善酒质，赋予白酒自然感；同时可以降低生产成本，减少污染。唐丽云通过利用优质黄水制作酯化液来提高浓香型白酒质量，产品在口感上有了明显的提升，达到了提高浓香型白酒优质品率和降低成本的目的。伍显兵等人对黄水用自制的酯化酶进行酯化，酯化液中己酸乙酯和乙酸乙酯的含量大幅度地提高。张培芳等人通过用酯化酶的方法酯化黄水，酯化液中己酸乙酯的含量由70.0mg/L提高到

2.49g/L，提高了35.57倍，加以处理后可以用来勾调低档白酒。因此，黄水酯化是合理利用黄水，改善酒质，提高企业收益和实现绿色生产的有效途径。

2. 开发新产品

（1）利用黄水二次发酵生产食醋 黄水中含有大量的有机酸，其中乙酸和乳酸的含量最多，并且还含有与食醋香气成分含量相接近的香味物质。因此，通过对黄水调配二次发酵，或者进行相关处理后，可进一步加工成具有特色风味的优质食醋产品。张志刚等人通过采用大曲对黄水进行二次发酵，生产出的食醋既质量好又有特色。杨新力将新鲜黄水分离得到酸、酯、醛等物质，再经过脱臭、脱色、分解、浓缩等处理后，可调配成不同风味的食醋。

（2）利用黄水中的乳酸制备有机钙 乳酸在食品、医药、化工等行业市场需求量非常大，且需求量每年都在不断增加。在新鲜黄水中，乳酸的含量可达到 $2 \times 10^3 \sim 3 \times 10^3 mg/L$，并且黄水中还含有高达 $50 \sim 54g/L$ 的糖类物质，这些糖类物质可被微生物加以利用进行乳酸发酵，进一步提高乳酸的含量。罗惠波等人通过对黄水中的微生物进行筛选培养，得到了性状优良的乳酸菌，再利用该菌种对黄水发酵生产乳酸，发酵液中的乳酸含量较黄水有大幅度的提高。王国春等人将乳酸从黄水中提取出来，再将其制成乳酸钙，也取得了良好的效果。然而，黄水还含有其他很多与乳酸性质相近的有机酸，如果用黄水生产纯的乳酸或乳酸钙时，就会面对较大的困难；如果用黄水生产复合型有机酸钙，就会相对容易得多，该法是一种值得推广应用的方法。

（3）利用黄水发酵制备丙酸 丙酸在食品加工中的用量与日俱增，黄水中的乳酸和还原糖作为丙酸发酵的碳源物质，黄水中的含氮物质、菌体自溶物、微生物生长因子可以满足丙酸菌的生长需求，利用丙酸菌对黄水进行发酵生产丙酸，可作为酿酒企业合理开发黄水的另一途径。梁慧珍等人通过将丙酸菌固定化，对黄水中的糖类物质和乳酸进行发酵制取丙酸，产酸量高达 17.9g/L。周新虎等人以黄水、米酒醪液和酒精醪液为筛选源，采用固体 MRS 和琼脂黄水为筛选培养基，选育出 3 株利用黄水碳源能力较强的菌株，将这 3 株菌按不同比例混合对黄水发酵，发酵结束后，发酵液中的乙酸和丙酸含量分别达到了 496.97mg/L 和 603.03mg/L。

（4）利用黄水中的氨基酸生产酱油 通过测定，黄水中的氨基酸含量高达 2.1g/L，而氨基酸含量是酱油的主要质量指标，普通酱油中氨基酸的含量大约为 3.9g/L。郭憬等人先用超临界 CO_2 萃取黄水中的风味物质，然后以残留的黄水母液为原料，经过浓缩、除酸和配兑食品添加剂等工艺过程，制备出高品质的风味酱油调味液。

3. 发酵基质的原料

黄水中含有各种氨基酸、蛋白质分解物，其中菌体自溶也释放了多种含氮化合物，因此可以提取黄水中的含氮物质进行加工生产液体蛋白饲料。韩小龙等人通过利用酶水解黄水中残留的蛋白质制得富含各种氨基酸的溶液，然后将该氮源溶液应用于酒精生产中酒母的培养，结果黄水氮源溶液培养酒母的效果优于尿素作为氮源的培菌效果。蒲岚等人利用黄水作为灵芝菌丝体培养的培养基，通过优化培养条件，培养得到的灵芝菌丝体干重可达 1.308g/100mL。刘丹等人研究采用米曲霉降解黄水中营养物质，发现米曲霉 CGMCC5992 能有效降解黄水中的有机物质，可显著降低黄水的 COD。

4. 食品防腐剂

黄水中不但含有各种丰富的营养物质，而且还含有丰富的有机酸，利用有机酸进行防腐效果不错。同时，黄水是通过酒醅发酵产生的，没什么危险性，因而可以将黄水处理后用作食品防腐剂。杨新力等对黄水进行除杂、脱臭、脱色以及浓缩等处理后，将其加工成酸度为8%的黄水处理液添加入酱油，防腐效果良好。

5. 保健休闲品

江西李渡酒业有限公司充分利用酿酒剩余的锅底黄水，制作出酒糟黄金水泡脚液，为来到企业参加体验式活动的游客提供泡脚休闲服务，能有效消除游客的疲劳，开创了黄水用于休闲性项目的先河。

6. 利用黄水指标来评价发酵状况

大多数酒厂在开窖起糟时召开开窖鉴定会议，在滴窖期间，组长和管窖人员要选定适当的时间，召集全组人员，对该窖的母糟、黄水进行感官评价。通过黄水的色泽、悬头和味道判断粮糟发酵情况，以此来调整下一轮发酵的入窖条件。因此，通过对黄水的感官鉴定：眼观其色、鼻嗅其气、口尝其味、手摸悬头，就可大体判断母糟发酵的正常与否。韩永胜等人对浓香型白酒黄水质量评价及检测进展做了比较全的综述，得出黄水的质量评价体系可以通过黄水的感官因素、理化指标和卫生指标三方面来进行单因素的评定，感官因素可以通过颜色、味道、悬头等方面进行评定，理化指标可以通过总酸、总酯、还原糖等进行评定，微生物指标可以通过培养测定细菌、酵母菌、霉菌等的数量来评定，最后可通过单因素评价的方法来综合评定黄水的质量。方军等人采用建立的酿造用水数学模型应用于浓香型白酒生产，应用模糊数学对出窖母糟和黄水进行感官质量的综合评价，使评判趋向数学化、定量化、系统化，评判效果良好，达到了更正确地反映母糟和黄水实际情况的目的。

三、黄水全利用技术

以翟公先的发明专利（酿酒废黄水综合利用技术）（201010137932.2）为例，介绍黄水全利用技术的具体情况。

1. 技术特点

目前行业内对黄水主要采用简单酯化的方法将黄水酯化后直接兑入锅底蒸馏，不仅利用效率较低而且严重影响锅底水的 COD 含量，清洁生产的效果较差。黄水具有高COD、高氨氮等特点，处理难度大，不能稳定达标排放。通过黄水综合利用技术的清洁生产，对黄水进行全利用，可削减高浓度黄水的排污，大大减少稀释用冷却水的使用量，降低了废水处理站处理污水及其污染物的负荷，同时能增加酿酒企业的经济效益。

2. 技术原理

将黄水与食用酒精混合沉淀两次后，分离出上清液与含有蛋白质、腐殖物和胶状物质的沉淀物。将分离的黄水沉淀物兑入窖泥基质中，培养优质的人工窖泥，对分离的黄水上清液再次进行蒸馏分离，可获得酿酒调味液和复合有机酸。其中，调味液主要用于勾兑成品白酒，复合有机酸可以作为生产香醋或乳酸的原料。因此，黄水被有效地全利用，从而实现了清洁生产。

3. 工艺流程

黄水全利用工艺流程如图 8 – 10 所示。

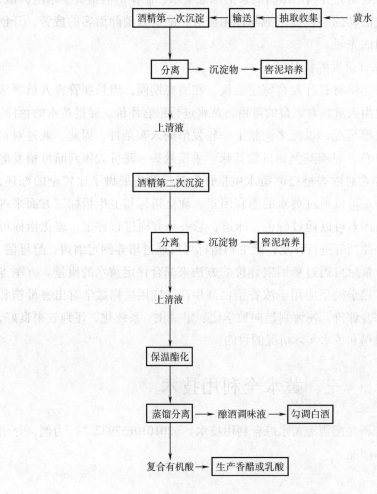

图 8 – 10　黄水全利用工艺流程

4. 技术要点

（1）黄水预处理　从酿酒生产窖池内抽取出黄水，其中含有多种有机酸和酒精混合物，将黄水过滤浓缩进行净化处理。

（2）酒精沉淀与分离　在预处理后的黄水中兑入95%（vol）食用酒精，黄水：食用酒精＝1:3（质量比），自然沉淀24h后，分离出蛋白、腐殖质和胶状物质的沉淀物；上清液继续自然沉淀约48h后，再次分离出蛋白、腐殖质和胶状物质的沉淀物。收集两次沉淀物共1%~1.5%，直接兑入有机窖泥中用于窖泥培养。

（3）保温酯化　将收集的上清液在40~60℃下恒温酯化，历时40~45d。

（4）蒸馏分离　调整浓度和pH后进行蒸馏分离，利用大型蒸馏设备充分蒸馏20~30min，分离出酒度80%（vol）以上的酿酒调味液和复合有机酸，并将高度酿酒调味液替代食用酒精作为下一阶段黄水的混合物。如此循环三次后，可得到约占混合物总量78.5%的酿酒调味液，将酿酒调味液直接用于勾兑普通白酒；同时可得到约占混合物总量21.5%的有机复合酸，复合有机酸可以作为生产香醋或乳酸的原料。

5. 应用效果

宋河酒业公司每班每天可抽取优质黄水约411kg，兑入1233kg 95%（vol）食用酒精，经两次共72h自然沉淀后获得含有蛋白、腐殖质和胶状物质的沉淀物共16440g，获得混合物共1627g，将其45d保温酯化后直接导入蒸馏罐内常温蒸馏，25min后获得约90%（vol）的酿酒调味液1277kg，获得纯度较高的复合有机酸350kg。

第三节　废水处理技术

白酒生产废水基本上可以分为高浓度有机废水和低浓度有机废水两部分。其中，高浓度废水包括：蒸馏锅底水，白酒糟废液，发酵池渗沥水，地下酒库渗漏水，蒸馏工段冲洗水，制曲废水及粮食浸泡水等，其主要成分为水、低碳醇（乙醇、戊醇、丁醇等）、脂肪酸、氨基酸等，这些废水中COD_{cr}、BOD_5、SS值高，成分复杂，pH为酸性，间歇性排放，属于主要污染物。低浓度废水包括冷却水，洗瓶水，场地冲洗水等，这些废水有机物浓度较高，含有较高的氮、磷污染物及悬浮物。白酒企业排放的废水属于易降解有机废水，通常的处理方法有物理法、化学法和生物法表示，处理过程通常分为预处理、二级处理和后处理三部分。其中，生物法为白酒废水主要处理方法，一般采用厌氧加好氧相结合的两级或三级处理工艺，白酒生产企业污水的好氧处理工艺主要有：序列间歇式活性污泥法（SBR法）、周期循环活性污泥法（CASS法）、生物脱氮除磷法（AO法、AAO法及其改进工艺）、生物氧化沟法、生物转盘、生物接触氧化法等（表8-12、表8-13、表8-14）。

表 8 – 12　　　　　　　　　　白酒废水处理生化技术的比较

处理方法	优点	缺点
好氧法	不产生臭味的物质，处理时间短，处理效率高，工艺简单投资省	人为充氧实现好氧环境，牺牲能源，运行费用相对昂贵
厌氧法	高负荷高效率，低能耗投资省，可回收资源	多有臭味，高浓度废水处理出水仍然达不到排放标准，运行控制要求高
好氧 – 厌氧法	厌氧阶段大幅度去除水中悬浮物或有机物，提高废水的可生物性，为好氧段创造稳定的进水条件，并使其污泥有效减少，设备容积缩小，中等投资	需要根据实际合理选择工艺进行优化组合，建造与操作比单纯好氧或纯粹厌氧复杂，有时运行条件控制复杂，管理难
微生物菌剂	处理系统启动快，效果好	高效优势菌种筛选难度大，技术不很成熟

表 8 – 13　　　　　　　　　我国部分白酒企业废水处理工艺

生产企业名称	废水处理工艺
四川五粮液酒厂	两级 USAB – UBF – SBR
广东省九江酒厂	两级 EGSB – 生物接触氧化法
贵州茅台酒厂	UASB – 生物接触氧化法 – 中空纤维膜过滤
四川沱牌集团	AFB – CASS
河北衡水老白干	UASB – SBR
青岛第一酿酒厂	UASB – SBR
安徽文王酿酒有限公司	两级 UASB – CASS – 生物滤池
山东银河酒厂	复合厌氧反应器 – 化学混凝
四川绵阳丰谷酒业	水解酸化 – UASB – SBR – 水生生物进化
河南宋河酒业	两级 UASB – 絮凝沉淀 – 两级好氧滤池
江苏洋河集团有限公司	水解酸化 – 生物接触氧化 – 气浮

　　注：UASB—上流式厌氧污泥床，EGSB—厌氧膨胀颗粒污泥床，UAHB 或 UBF—上流式厌氧复合床，AFB—厌氧流化床，SBR—间歇式活性污泥，CASS—循环活性污泥，下表同。

表 8 – 14　　　　　　我国部分白酒企业高浓度废水工程治理措施及效果

生产企业名称	工程治理措施	处理效果
四川五粮液酒厂	酸化调节池 – 两段常温 UASB 装置 – UBF – SBR	用于处理高浓度有机废水底锅黄水和冲滩水。各单元 COD 去除率为：酸化调节池 20%，两段 UASB 为 95%，UBF 为 60%，SBR 为 75%。采用该工艺进行资源化综合治理，可以达到国家排放标准

续表、

生产企业名称	工程治理措施	处理效果
河南张弓酒厂	生物接触氧化法	工程处理水量为4000m²/d，进水SS值、COD、BOD分别为762mg/L、791mg/L、0mg/L、350.8mg/L的条件下，排出水SS值、COD、BOD分别为28mg/L、55.0mg/L、23.5mg/L，处理后水质达到排放标准。单位处理成本为0.51元/m³
广东省九江酒厂	EGSB反应器－RC好氧反应器	厌氧处理单元一级处理反应器能在20kg COD/（m³·d）左右稳定运行，并且有机物去除率平稳上升。若一级厌氧进水COD浓度为25000mg/L左右，二级厌氧出水通常在2000mg/L以内，总去除率达90%以上。高效、合理，处理成本低
安徽金沙酒业有限公司	两级预处理－两级厌氧（UASB厌氧反应器、高效厌氧生物滤池）－A/O（厌氧水解－好氧）	处理废水产生量为41000m²/d，COD、BOD、SS浓度分别为4325mg/L、23787mg/L、6390mg/L的高浓度废水。经该工艺处理后，废水中的COD、BOD等指标均能达标排放。采用自动化控制，提高系统的可操作性，便于管理
贵州茅台酒股份有限公司	UASB－生物接触氧化法－过滤	UASB反应池6座，两级生物接触氧化罐4个。COD、BOD、SS的去除率分别达到93%、95%、99%。处理效率高、运行稳定、能耗低、容易调试，适合在白酒有机废水处理中推广应用
厦门亚洲酿造有限公司	水解酸化－低负荷活性污泥	酸化水解池，COD、BOD的去除率约为25%；低负荷活性污泥池COD、BOD的去除率高达95%、98%。处理效果稳定，出水水质好，易于管理，不产生污泥膨胀，污泥量少，处理工艺简单，可直接作厂区内绿化用有机肥料
河南宋河酒业	两级UASB－絮凝沉淀－两级好氧滤池	工程各单元设施处理效果明显，总排污口污染浓度为COD 83.6mg/L，悬浮物100mg/L。运行平稳，易于操作、单位处理费用低，工艺路线有操作弹性，对COD，温度，流量变化适应性较强
江苏洋河集团有限公司	水解酸化－生物接触氧化－气浮－污泥脱水	进水COD、BOD浓度分别为800～1500mg/L，800～1200mg/L，出水COD、BOD浓度分别为40～80mg/L，30～55mg/L。工程采用CQV－H型高效回转气浮，比平流式，竖式气浮的效率高，运行费用低，操作方便

一、高浓度酿酒废水处理技术

以广州市环境保护工程设计院有限公司谢洁云报道的研究《"IC＋CASS＋BAF"工

艺处理酒厂高浓度废水》为例，介绍酒厂高浓度废水的"物化+生化"的联合处理技术情况。

（一）技术特点

采用本工艺处理高浓度酿酒废水经实践证明是成功的，并具有以下优势：①处理系统采用"IC+CASS+BAF"作为主体生化处理工艺，废水中绝大部分污染物得到去除，废水得到净化；②处理系统运行稳定，效果显著，废水直接处理成本为2.1元/t水。

（二）技术原理

处理系统采用"物化+生化"的组合处理工艺，其中物化预处理采用"微滤+沉淀"工艺，废水先通过微滤机和沉淀池，将水中的悬浮物和部分有机物截留，减轻后续负荷；生化处理工艺中，为加快IC（厌氧高效内循环）对有机物浓度的降解，对废水进行预酸化处理后再进行IC主体厌氧处理工艺；CASS（循环活性污泥）适合处理进水水源不均匀、水质变化大的情况；经过"IC+CASS"工艺处理，废水中在部分有机物被降解，但COD仍然较高，接着采用BAF（曝气生物滤池）工艺对CASS池的出水进行浓度处理，将废水中难以降解的有机物进一步降解和脱色，从而保证COD和其他各项指标均达标排放。

（三）工艺流程

"IC+CASS+BAF"联合处理酒厂高浓度废水的工艺流程如图8-11所示。

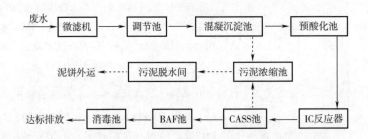

图8-11　IC+CASS+BAF技术处理高浓度废水的工艺流程

（四）技术要点

在高浓度废水处理规模为1000m³/d的设计能力下，各主要技术参数为：

（1）调节池　调节池一座，有效停留时间为20h，采用机械搅拌，设微滤机一套，提升泵两台。

（2）混凝沉淀池　混凝沉淀池一座，表面负荷1.0m³/（m²·h），设刮泥机一套，污泥泵两台。

（3）预酸化池　预酸化池一座，有效停留时间为12h，设搅拌系统一套。

（4）IC反应器　IC反应器一座，有效停留时间为25h，设沼气处理系统一套，二相分离器一套，循环水泵两台。

（5）CASS池 CASS池一座，有效停留时间为28h，设曝气处理系统一套，污泥排泥系统一套，滗水器三台。

（6）BAF池 BAF池一座，水力负荷2.1m³/（m²·h），设曝气处理系统一套，反冲洗系统一套。

（五）处理效果

此技术处理高浓度酒厂废水，在四川和贵州等地酒厂应用效果显著。IC反应器、CASS池、BAF池对COD的去除率分别达到80%、90%和40%以上，各工段运行稳定，废水经处理后水质达到目标排放标准（表8-15）。

表8-15   水质处理前后的对比

项目	COD	BOD_5	SS	NH_3-N	pH
废水进水水质	12000	4000	1500	30	4~5
出水要求	100mg/L	30mg/L	70mg/L	15mg/L	6~9

二、糟、水联合处理技术

以李海松等人的发明专利《一种酒糟与酿酒废水联合处理工艺》（201410232914.0）为例，介绍酒糟与酿酒废水联合处理技术的具体情况。

（一）技术特点

采用本发明的联合处理工艺，不但浸泡酒糟的酿酒废水在处理工艺流程中循环使用，可实现工艺处理过程的废水零排放，而且能够有效地处理固体酒糟，同时还能产生有经济价值的沼气产品，剩余糟渣生产有机肥，该处理工艺不但大幅度减少了酒糟和酒厂废水的污染，而且节约了水资源和能源。该处理工艺还具有抗冲击负荷能力强，系统运行成本低，运行稳定等特点。

（二）技术原理

酒厂废水通过内部循环反复浸泡固体酒糟的联合处理工艺，酒厂所产生的酒糟与酿酒废水首先在酒糟搅拌浸泡池中搅拌浸泡，搅拌浸泡池中浸出液经过过滤进入浸出液贮存池，调节浸出液pH至6.8~7.2，浸出液NH_3—N浓度合适时可由浸出液贮存池厌氧反应器进行厌氧产沼气，浸出液NH_3—N过高时经过氨吹脱塔处理后再进入厌氧反应器进行厌氧产沼气，处理后废水回流到搅拌池。搅拌池中剩余糟渣经过压滤后与氨吹脱塔脱去的氨氮混合生产有机肥，压滤后滤液回流至搅拌池。采用酒糟与酿酒废水联合处理工艺，可以达到酿酒废水零排放与资源化利用固体酒糟的双重目的。

（三）工艺流程

酒糟与酿酒废水联合处理糟水的工艺流程如图 8－12 所示。

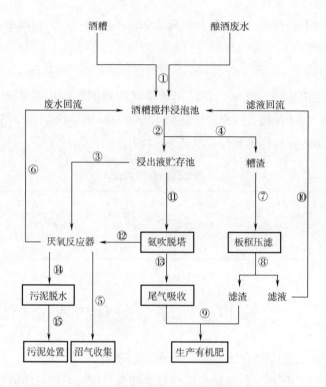

图 8－12　酒糟与酿酒废水联合处理糟水的工艺流程

（四）技术要点

（1）酒糟与酿酒废水同时进入酒糟搅拌浸泡池［酒糟与酿酒废水的质量比为 1:（10~20）、混合 pH4.3~5.0］进行搅拌（图 8－12 中①过程），酒糟中的部分可生化降解的有机物通过搅拌机的作用溶解到废水中，搅拌时间为 3~5d，温度为 40~50℃。

（2）搅拌池中废水与酒糟浸出液混合液经过过滤装置后进入浸出液贮存池，并调节 pH 至 6.8~7.2（图 8－12 中②过程）。

（3）贮存池中酒糟浸出液 NH_3—N 浓度低于 800mg/L 时可直接进入厌氧反应器（图 8－12 中③过程），NH_3—N 浓度高于 800mg/L 时经氨吹脱塔（氨吹脱塔的操作参数为：pH10~11，气液比为 2000~3000，温度为 25~35℃）处理后使浸出液保持良好的可生化性，之后再进入厌氧反应器进行厌氧生物处理（图 8－12 中⑪、⑫过程），处理时间为 1~2d。

（4）厌氧反应器出水通过泵回流到搅拌池，重新参与酒糟、废水的搅拌过程（图 8－12 中⑥过程），产生的沼气净化后进入沼气柜进行回收利用（图 8－12 中⑤过程），产生的污泥脱水后进行处置（图 8－12 中⑭、⑮过程）。

（5）浸出液贮存池中混合液 NH_3—N 浓度过高时，通过氨吹脱塔可脱去多余的 NH_3—N，脱去的 NH_3—N 经吸收装置回收，用于剩余糟渣生产有机肥的过程（图8 - 12中⑬、⑨过程）。

（6）在酒糟搅拌浸泡池中的剩余糟渣，经过板框压滤机压滤后，可得到滤渣与滤液（图8 - 12中4、7、8过程）。其中滤渣用于生产有机肥（图8 - 12中⑨过程），滤液由泵回流到酒糟浸泡搅拌池中（图8 - 12中⑩过程）。

（五）处理效果

在某酒厂企业试用该技术，日处理酒糟搅拌浸泡池中浸出液量为 $100m^3$，能够达到各处理单元稳定运行、经济高效的处理目标获得了理想的效果。具体情况为：处理前酿酒废水水质的 pH4.3 ~ 5.0、COD 浓度为 13350 ~ 14200mg/L、SS 浓度为 2700 ~ 3000mg/L、NH_3—N 为 260 ~ 320mg/L；处理后，COD 和 SS 含量分别为 2300mg/L 和 1468mg/L，去除率分别为 83.3% 和 47.8%；NH_3—N 含量增加了 13.8%。累计一个周期产气，产气率高达 110.25mL/g，沼气中甲烷平均含量为 65.6%。

第四节　尾酒利用技术

浓香型白酒在蒸馏的中后段，随着馏分酒精度的降低，一般可将混合样酒精度为 40%（vol）以下的馏分称为酒尾。尾酒相对于原酒而言，其酒精度较低，醇溶性物质如绝大部分酯类、醇类等含量较低，水溶性组分如乳酸乙酯、部分有机酸等含量较高。由于己乳倒挂等问题，导致其味杂、尾不净、香气闷、酸涩味重等缺陷。目前，除少数企业留存少部分用于调味外，都是将其回底锅复蒸，在此过程中会造成酒精及香味组分的一定损耗，如何实现尾酒中有益成分的充分利用是许多酒企亟待解决的问题。

一、尾酒的膜分离技术

以江苏洋河酒厂股份有限公司周新虎等人的《膜分离技术在尾酒中的研究及应用》为例，介绍膜分离技术对尾酒再利用的具体情况。

（一）技术特点

膜分离技术是指在分子水平上不同粒径分子的混合物在通过半透膜时，实现选择性分离的技术。膜分离技术自 1950 年开始应用于海水的脱盐，至今已经成为最具发展前景的高新技术之一，被广泛应用于化工、制药、生物以及食品工业等领域。其主要特点为：

（1）常温处理　在常温下进行操作，有效成分损失极少，特别适用于热敏性物质，如抗生素等医药、果汁、酶、蛋白质的分离与浓缩。

（2）能耗低　只需电能驱动，能耗极低，其费用约为蒸发浓缩或冷冻浓缩的1/8 ~ 1/3。

（3）无化学变化　典型的物理分离过程，无相态变化，不用化学试剂和添加剂，产品不受污染。

（4）选择性好　可在分子级内进行物质分离，具有普遍滤材无法取代的卓越性能。

（5）适应性强　处理规模可大可小，可以连续也可以间隙进行，工艺简单，操作方便，易于自动化。

（二）技术原理

在优先透醇膜分离过程中，膜材料对目的成分具有优先选择透过的功能。原料液进入膜上游侧，膜的另一侧抽真空，有效成分优先在膜表面溶解，在膜两侧分压差驱动下，在膜内以不同速度扩散至膜下游侧汽化，蒸汽通过冷凝、脱附后富集，而杂味分子被截留在膜上游侧，从而实现目的成分和杂味分子的有效分离。

（三）工艺流程

优先透醇膜分离酒尾技术的工艺流程如图8 – 13所示。

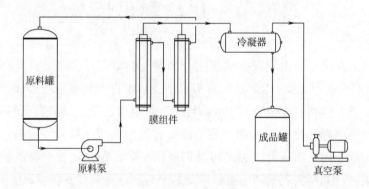

图 8 – 13　优先透醇膜分离酒尾工艺流程

（四）技术要点

由图8 – 13看出，将尾酒输入原料罐，通过原料泵进入预热器，达到预定温度后以液态形式进入膜上游侧，膜下游侧用抽真空加冷凝方式在膜的上下游形成组分的蒸汽分压差，原料中的有效成分经膜渗透至膜下游侧，在真空条件下汽化，渗透蒸汽在真空机组抽吸下进入冷凝器，冷凝后以净化酒进入产品罐，膜上游侧被截留的渗余液通过换热器降温后进入渗余液贮罐。优先透醇膜材料为无机陶瓷膜，通过对材料的优化，可优先透过己酸乙酯等醇溶性组分。

（五）应用效果

采用优先透醇膜分离技术在渗透温度45℃、70%提取率条件下，可得65%（vol）左右净化酒，己乳比更加协调，其他醇、酯类等微量成分有效富集（表8 – 16），香气较纯正，无糟香，酒体较干净。达到清除尾酒杂味、香味富集、增己降乳的目的，品质显著改善，提高了尾酒附加值。

表8-16 优先透醇膜分离技术处理尾酒效果的主要指标比较

项目	尾酒	样品			
		渗透液	A	B	C
酒精度/〔%（vol）〕	46	65	60	51	46
总酸/（g/L）	1.16	0.52	0.76	0.98	1.13
己酸/（mg/100mL）	58.15	27.08	37.35	47.84	58.21
乙酸/（mg/100mL）	40.73	24.11	29.54	35.23	40.77
己酸乙酯/（mg/100mL）	92.36	130.63	117.69	105.06	92.24
乳酸乙酯/（mg/100mL）	468.50	121.93	237.11	352.83	468.72
乙酸乙酯/（mg/100mL）	110.08	155.09	140.13	124.79	109.93
丁酸乙酯/（mg/100mL）	18.58	25.63	23.31	20.83	18.66

二、尾酒发酵生产酯化酶技术

红曲是中国古代的一项发明，用于制酒、酿造食品、医药等。当今对红曲霉的应用在国际上极为重视，近年召开过多次国际性会议，由红曲酶生产的含 Monacolin 的降脂药物就是一例。红曲霉的生产涉及食品安全、生态环境，在欧洲已经将天然红曲色素作为发酵香肠的发色剂，取代其他化学色素，且有防腐作用。吴衍庸等红曲酯化酶的研究成果1998年在法国图卢兹召开的"红曲霉培养和应用"的国际性专题讨论会上被认为对红曲霉研究填补了一项空白。酯化酶生物合成香酯技术，在中国白酒走向生态化生产的今天用于白酒生产将是必然趋势。

姚继承等完成的《酯化红曲的制备及应用》成果经鉴定达到国际先进水平，获得2014年湖北省科技进步奖二等奖。本项目采用现代微生物菌种选育和生物酶工程技术等现代生物技术，在已有优良菌株的基础上，选育出有着高酯化力、高糖化力以及安全型的红曲菌株，应用生物酯化酶技术以白酒酿造副产物黄水、酒尾和底锅水为主要原料制备生物酯化液，实现酒厂"节能减排，资源循环利用"。下面以姚继承等人的《酯化红曲的制备及应用》成果为例，介绍黄水酯化技术的具体情况。

（一）技术特点

浓香型酒主体香成分为己酸乙酯，窖内发酵己酸为前体物由产己酸细菌产生，而由己酸合成己酸乙酯则依赖产酯菌作用，泸型红曲酯化菌则具有这项功能，只需要将酯化酶新技术在窖外生产酯化液，这种酯化液用于浓香型酒生产即可提高优质品率、缩短发酵周期，它更适应北方短发酵期浓香型酒的生产、其他尚可用在液态发酵或固、液结合生产浓香型酒上。因此，利用黄水发酵制作酯化液，酯化液在提高白酒质量和提高经济效益上都有较高的应用价值，还可减少因黄水应用不当而造成的环境污染，是一种一举多得的工艺技术。

（二）技术原理

黄水是在白酒发酵过程中由糟醅及窖泥中的水分和各种营养物质经微生物的代谢、酶促作用、有机反应形成颜色较深的黏稠状液体物质，通过糟醅淋浆及窖泥浸出流入到窖池底部。黄水中含有丰富的酸、酯、醇、醛有机成分，其中总酸、总酯含量较高，尤其是己酸高达 3g/L。用黄水做酯化液，为酯化反应生成己酸乙酯提供了良好的底物反应条件，这些有机成分在酯化酶的作用下，生成己酸乙酯含量很高的酯化液。

（三）技术要点

1. 酯化液配

①20%（vol）的酒尾 20%，②黄水 45%～50%，③大曲粉 2%，④香醅 2.5%，⑤超浓缩己酸菌液 8%，⑥窖底泥 2.5%，⑦酒精 10%，⑧有机溶剂 0.5%～2%，⑨酯化红曲 8%。

2. 操作程序

将上述配方所列物质①～⑥按比例配好后，放入发酵容器内搅拌均匀（测试 pH 为 4.5～6.0），密封，30～35℃保温培养。每天搅拌一次，培养 15d 左右，将液体取出倒入另一容器中，加入配方中的⑦～⑨项物质，搅拌均匀，密封，40～45℃生化反应。每天搅拌一次，生化反应 15～20d，开缸可闻到以己酸乙酯为主浓郁的复合香气。

（四）应用效果

用以上配方及工艺生产酯化液已经成熟，所产酯化液总酸在 7～8g/L 以上，己酸乙酯在 25g/L 以上。酯化液用于成品酒（中，低档酒）的勾调，主要优点是酒体自然感强、绵甜、主体香突出，免除化学合成香料调香中所产生的浮香，从而使普通白酒真正地向优质酒转化。酯化液不仅可以用于传统工艺中进行串香增香，同时也可以用于小曲生料及全液态法酒的串香增香，丢糟酒精串香，固液结合配制酒加香等多种用途，使酒质风味自然。

第九章 生态化白酒包装技术

白酒包装不仅具有保护和储运产品的功能，而且逐渐演变成产品信息传达与文化推广的重要载体，已发展成为提升产品品位、增加产品竞争力、塑造白酒企业形象的一种重要手段。中国白酒的包装经历了从简单到复杂的变化过程，可概括为"朴素时代""正装时代""缤纷时代"三个阶段。目前，白酒包装呈现出过度包装、模仿雷同的特点。21世纪全球面临环境日益恶化的严峻挑战，人们的环境保护意识不断增强，白酒产业必须走生态酿酒和生态经营的发展之路，生态包装是实现产业可持续发展的必然要求。生态包装是指对生态环境和人体健康无害，能回收和循环再生利用，可促进持续发展的包装，满足"4R1D"即减量化（Reduce）、回收重用（Reuse）、循环再生（Recycle）、再填充使用（Refill）和可降解（Degradable）的绿色包装要求。白酒包装的突破和发展很大程度上取决于包装材料的创新和升级，在包装材料日新月异的今天，中国白酒包装对新材料的选用是最快最多的，白酒包装材料生态化的研究已成为白酒及相关产业研究的热点。

第一节 生态化包装材料的必要性

一、生态化包装的来历

包装的真正兴起，始于20世纪50年代发明的人工合成材料——塑料。塑料具有质轻、耐用、阻隔性好、易成型、形状多样化、资源和能源消耗少等优点，大量地取代了天然资源加工的包装材料，促进了新包装机械的出现，可以说现代包装是随着塑料工业的发展而发展起来的。20世纪60年代是我国塑料制品工业由热固性塑料制品向热塑性塑料制品的转折时期。20世纪70到80年代发展起来的复合包装材料，如铝塑复合材料、纸塑复合材料、塑与塑复合材料等，可代替金属、玻璃、纸等包装材料，提高了包装的阻隔性、结构性、印刷性，使包装更方便、更安全。生态包装发端于1987

年联合国环境与发展委员会的"我们共同的未来"文件，即指对生态环境和人体健康无害、能源循环和材料再生利用，可促进持续发展的包装。生态材料所追求的不仅是优异的使用性能，还要求材料的制造、使用、废弃直到再生的整个寿命周期中，必须具备与生态环境协调的共存性和舒适性。从 20 世纪 90 年代以来，生态化包装材料取得了长足的发展。

二、白酒包装材料特性

食品包装材料是指用于制造食品（含食品添加剂）包装容器和构成产品包装材料的总称，中国白酒包装材料包括内包装材料、外包装材料和辅助材料，其中内包装材料种类主要有玻璃、陶瓷、木材和塑料等种类，外包装材料主要有纸质、塑料、金属和木材，辅助材料主要有保丽龙（泡沫）、丝带、绸布、防伪锁扣、铆钉等。20 世纪90 年代末以来，中国白酒包装进入了"缤纷时代"，包装材料呈现出"五彩缤纷"的发展局面，虽然各种包装材料的种类、物理性质和化学性质各不相同（表 9 - 1、表 9 - 2），但是包装材料污染和有毒物质超标，与被包装的白酒产品之间接触，通过吸收、溶解、迁移等方式相互交融或渗透，时刻威胁着白酒产品的安全，如白酒塑化剂事件就是一个很好的例证。

表 9 - 1 　　　　　　　　　　　白酒内包装材料特性

类型	主要特点	安全隐患	包装产品实例	绿色环保性评价
玻璃	透明，坚硬耐压，良好的阻隔、耐蚀、耐热和光学性质	氧化物中重金属溶出而超标	五粮液酒、水井坊酒的瓶包装	可回收重复使用
陶瓷	防腐防虫，经久不坏	涂料、釉中重金属如铅和镉等迁移入酒	酒鬼酒的陶瓶包装，飞天茅台酒和至尊舍得酒的瓷瓶包装	可回收重复使用
竹木	密封性和整体性都很强，且坚固耐用	甲醛被酒吸附或直接刺激人的上呼吸道	少数民族特色的白酒的内包装，如版纳竹酒	
塑料	原料来源丰富、价格低廉、种类多易成型，生产灵活性高包装性能好，生产过程节能	单体溶出，添加剂迁移	制作成瓶塞	废弃后很难降解复用，易形成永久的"白色垃圾"

表 9 - 2 白酒外包装材料特性

类型	主要特点	安全隐患	包装产品实例	绿色环保性评价
纸质	环保轻便，易于成型，经济节约，生产灵活性高，储运方便	纸浆中添加剂溶出，导致重金属、农药残留等污染问题	西凤酒的外包装	可降解、易回收复用，绿色环保性能好
竹木	弹性极好，可以根据需要编织成各种形状，可提可背，便于携带	甲醛被酒吸附或直接刺激人的上呼吸道	"全兴老酒"竹简外包装盒和五粮液特制尊酒 52 度木盒	可降解材料，竹子为可再生性材料
塑料	原料来源丰富、价格低廉、种类多易成型，生产灵活性高包装性能好，生产过程节能	原料本身有毒，塑料裂解产物有毒	五粮液酒外包装	废弃后很难降解复用，易形成永久的"白色垃圾"
金属	在阻气性、防潮性、遮光性和密封性方面良好，易成型加工，机械强度高，金属光泽	既有涂层中的有毒成分，还有镍、铬、镉和铝等有毒金属离子析出和迁移量超标	泸州老窖六年陈头曲和郎酒系列国藏郎红的铁盒外包装盒，铝制防盗瓶盖	优良的可循环再生材料

三、包装材料的必要性

包装材料的安全性是保障中国白酒安全不可或缺的重要环节，因国家对食品包装材料安全性的监管力度不到位白酒包装材料的安全性影响着消费者的健康安全。中国白酒包装的回收体系还未建立起来，随着中国白酒产量扩大，包装废弃物对环境污染的影响程度也在加大，在中国白酒工业倡导生态酿酒和生态经营的发展态势下，国家有必要进一步健全、完善食品包装材料的国家标准。对食品包装材质、种类、用途做出规范要求，对中国白酒包装材料的安全做出规范要求，对那些容易产生毒副作用的包装材料严令禁止，健全并在全国强制性推行统一的检测检验标准。因此，通过研制开发新型绿色包装材料和控制使用安全的包装材料，倡导绿色生态的消费观念，加大包装物的回收和再利用工作力度，解决包装材料回收中存在的安全问题，实现白酒包装材料的生态化，有利于促进消费者的健康和保护生态环境。

第二节 生态化包装材料的基本特性

白酒包装的生态材料性能涉及许多因素，但其应该具有四个基本特性。

一、优良的产品保护特性

白酒是液态饮品，包装材料的保护特性体现在产品流通贮运过程中，保护酒不渗漏、不挥发、不受污染、不易变质、不易损坏。要实现白酒产品的保护特性，包装材料需要具备相应的性能，如防潮性、防水性、耐酸性、透气性、适应气温变化性、无毒性、无味性、耐压性、耐久性以及具有一定的机械强度性，如采用纸质等天然植物纤维素材料、生物可降解材料（聚淀粉）、光降解材料（三元聚酮材料）、生物分裂材料（聚淀粉与聚乙烯复合物）、生物/光双降解材料（生物/光双降解塑料）和"绿色"印刷材料等制作的白酒外包装盒，采用玻璃、陶瓷和复合材料加工而成的内包装物，都必须具备首要的保护特性。

二、优良的加工使用特性

白酒包装材料生态化要便于自动化操作，易于加工成型、易于包装、易于填充、易于封合，在生产制作过程中能适应大规模工业化生产的要求，更好地提高生产效率和降低耗能。在消费者使用时，要处处体现对消费者、使用者的人文关爱。如赵友清先生设计的天之蓝绵柔型白酒的蓝色酒瓶，以精白料为基础瓶，配以有机外层喷绘，采用光刻猫眼技术一次性完成传统印刷机印后的复杂制作流程，直接做到了高效高品质的大批量生产，保证了品牌产品包装的标准化和统一性。蓝色酒瓶宛如江南美女身段，上深下浅渐变的配色更显质感，消费者手握瓶身倒酒时更有安全感。外盒形如一个西装革履的白领青年，两边拉环同时向下即可拉开，取酒瓶时简约干练。

三、优良的视觉设计特性

白酒包装生态化材料本身具有不同的质感、色彩、肌理，能产生较好的视觉效果，为消费者提供了基本的审美享受。当设计师将材料的透明度、表面光泽度、印刷的适应性、吸墨性、耐磨性等加以充分利用，再在视觉设计上巧妙的构思，白酒包装物的视觉效果则会锦上添花。如许僚原先生为水井坊世纪典藏酒所设计的包装物，堪称国酒高档包装的经典之作，外包装采用了青铜合金材质，给人大气磅礴，庄重威严的质感；内包装为玻璃拼嵌金属材料，高贵稳重又不失华丽精巧，给人很强的视觉震撼力。宋河的嗨80、嗨90，是一款针对青年消费者的白酒，倡导激情青春，在视觉表达上富有极强感染力。

四、优良的回收利用特性

白酒包装的生态材料要有利于环保，加工过程中不排放废气、废水、废渣等污染物；在使用过程中对人体和生物无毒无害，最大限度地避免使用稀缺材料和减少材料的种类，选用易于分离的复合材料或镀层材料，以便使用后可回收与再资源化利用或可降解。如使用玻璃为原料制作的白酒内包装，便于回收和再利用；采用来源广且加工方便的藤条、竹子、麻纤维等速生植物为材料，制作中低档白酒的外包装，既可减少原材料使用又可减少运输与贮备空间，既不会形成永久垃圾又可减轻环境负载。

第三节　生态化包装材料的分类

中国白酒包装材料中，外包装材料由单一的纸质材料发展出纸塑结合和纸木结合等多种材料相结合的形式，内包装材料包括玻璃、陶瓷、金属、塑料、纸、复合材料等多种材质。按照环保要求，中国白酒包装生态化材料在消费者完成消费后的归属进行分类，主要分为三类。

一、可直接自然降解的材料

这类材料废弃后可直接进入大自然的生态循环系统中，通过土壤和水中的微生物、阳光中的紫外线等自然力的作用而被快速降解，对环境不造成污染。可直接自然降解的材料包括天然包装材料及其制品（如竹、木、藤、纸张、纸板、纸浆模塑材料）、生物可降解材料、生物分裂材料、光降解材料、生物与光的双降解材料等可降解材料。

二、可回收再循环利用的材料

这类材料废弃后，通过建立回收体系加以回收，经过分类直接再利用或加工生产再利用，此举是保护环境、促进白酒包装再循环利用的一种最有效的处理方式。可回收再循环利用的材料包括纸质材料（如纸张、纸板、纸浆模塑材料）、玻璃材料、金属材料、高分子纤维材料（如丝、棉、麻、毛）和高分子聚合物材料（如合成树脂）等。

三、可回收再制能降解的材料

这类材料在废弃后通过建立的回收体系加以回收，经过分类焚烧获得能源后再填埋，最终可自行分解，对大气湖泊等自然环境不构成污染。可回收再制能降解的材料有化学合成高分子材料、复合型材料和生物降解塑料等。

第四节　中国白酒包装生态材料的发展趋势

包装材料逐渐在材料工业中占据了重要位置，据不完全统计，世界每年包装材料的销售额约为 500 亿美元，从业人员超过 500 万，占国民生产总值的 1.5% ~ 2.3%。中国每年的城市固体废物中，包装物比例达到 30% 以上。生态包装材料所追求的不仅要求具有优良的使用性能，而且要求材料的制造、使用、废弃直到再生的整个寿命周期中，必须具备与生态环境协调的共存性（图 9 - 1）。为实现最大化保护生态环境的目标，对于白酒包装材料而言，对现有使用的材料加以改进，便于提高其整体性能和环保功能，或直接开发出新兴复合环保材料用于白酒包装。

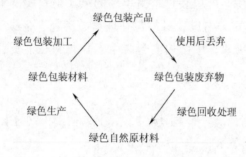

图 9 - 1　包装材料生态自然循环过程

一、安全无毒化

包装材料的安全是保障酒质安全和人体健康的必要条件。目前用于白酒包装的材料或多或少含有有毒成分，因此研究和使用无毒替代材料成为必然的趋势。发展白酒包装用无毒材料的主要途径有：①塑料中采用柠檬酸酯类无苯型增塑剂；②开发淀粉黏合剂、水溶剂型黏合剂和无溶剂复合黏合剂等环保型黏合剂；③开发预涂涂料、水性涂料、粘贴涂料和粉末涂料等环保涂料；④开发无苯无酮环保型油墨；⑤开发聚丙烯塑料发泡缓冲材料。如山东省引进国内相关专利，以植物提取物为主要原料，采用最先进的加工、分离、提纯工艺生产新型环保无苯型增塑剂——柠檬酸酯类增塑剂，产品具有耐迁移、耐挥发、无毒无害和增塑效率高的特点，替代含苯的邻苯二甲酸酯类化合物如邻苯二甲酸二（2 - 乙基己）酯（Diethylhexyl phthalate, DEHP），从而能有效防止塑化剂成分迁移进入酒中。

二、简朴原生态化

白酒消费正进入消费者自掏腰包的大众消费时代，简单、实惠、朴素的包装将成为主流，直接取自大自然、资源丰富、无毒无害、价格低廉的原生态材料刚好能满足这一发展需求，原生态材料兼有绿色环保与返璞归真的审美观和可持续发展的设计观。发展白酒包装用原生态材料的主要途径有：①使用竹、藤或深加工的竹胶板等制作外包装物；②天然植物纤维及合成材料制作外包装物、缓冲衬垫等；③用淀粉、纤维素、蟹壳等天然高分子材料加工成塑料薄膜制作外包装物。如以麦秸、稻草、玉米秸、芦苇、甘蔗渣、棉秆等农作物秸秆为主要原料，采用纤维发泡技术制成孔泡均匀、比重小、抗冲击性能良好、能自然降解的包装材料。

以江西李渡酒业有限公司的李渡高粱 1955 白酒产品为例，它的设计遵循生态包装理念，摒弃高大上的包装外盒，采用玻璃裸瓶，普通彩纸做酒标，沿用 20 世纪 70 年代的铁制瓶盖，但酒体以优质老酒为主（图 9-2），金东资本华泽集团吴向东董事长评价李渡高粱 1955 时指出"李渡高粱 1955 除贵且陋两大缺点之外，全是优点！"这款产品在中国首次举办的 2015（贵阳）比利时布鲁塞尔国际烈性酒大奖赛中，与全球 1397 款烈酒、中国 552 款白酒同时参赛，经 83 位国际级评委品评，李渡高粱 1955 凭借出色的酒质和香醇的口感受到评委们的一致好评，位列布鲁塞尔烈性酒 8 个大金牌之一，与茅台、洋河等名酒同台领奖。此酒符合消费者价值回归主张，每瓶卖 380 元，上市 10 个月，销售额突破千万元，出现一瓶难求的供需局面，消费者为高粱 1955 大金奖产品的高超品质、简朴的原生态包装点赞。

图 9-2　荣获世界金奖的李渡高粱 1955 酒的简朴包装

三、纳米功能化

当物质颗粒被粉碎到纳米级后，其功能特性会发生改变，将纳米特性应用在包装材料上，便可获得比原来材料在强度、生物分解力、抗腐蚀、阻燃和阻热等方面更好的功能特性，如将晶粒尺寸 1～100nm 的单晶体或多晶体的纳米粒子与 PP、PE、PVC 等原料颗粒混合加工而成的包装材料，可增加抗菌杀毒、低透湿率、低透氧率、吸收紫外线、阻隔二氧化碳、机械性能等性能，扩大材料的应用范围。发展白酒包装用纳米功能特性材料的主要途径有：①纳米阻隔材料防止白酒渗漏跑香；②纳米抗菌材料防止酒的包装物霉变；③纳米色彩油墨或涂料提高白酒产品防伪性能。如将纳米 TiO_2 添加在壳聚糖颗粒中制得纳米复合材料，在可见光照射下对大肠杆菌、金黄色葡萄球菌和黑曲霉菌具有明显的抑制作用，能有效防止白酒产品在货架期内出现包装物的霉变。

四、用材轻量化

近年来，白酒包装材料上出现了一系列成本高的"过度包装"和"欺诈性包装"现象，必须杜绝。坚持适度包装是发展生态包装的首选举措，它能从源头上节约资源、能源和减少向环境中排放"三废"。发展白酒包装用刚性轻量材料的主要途径有：①晶莹剔透的玻璃材质轻量化；②纸质和塑料材质的轻量化；③金属材料薄壁轻量化；④简化容器结构实现轻量化；⑤省去低档光瓶白酒销售的外包装。玻璃瓶是白酒的主要包装容器，如果通过调整配方后，实行理化强化工艺和表面涂层强化处理等技术，及采用瓶形的轻量化结构优化设计，可使玻璃瓶从平均壁厚 3.5mm 减薄为 2.0～2.5mm，从而实现玻璃瓶轻量化。

五、塑料可降解化

塑料包装材料是化学性能稳定的人工高分子化合物，广泛用于白酒外包装和低档白酒的利乐包包装，但因其不能自行降解而造成环境的"白色"污染。塑料具有可循环使用的特点，将来可能成为中高档白酒的外包装材料，但必须增加安全无毒和可降解的特性。发展白酒包装用可降解塑料的主要途径有：①化学（人工）合成生物降解塑料如聚乳酸；②微生物合成脂肪聚酯的完全生物降解塑料；③天然高分子与合成高分子共混型生物降解塑料。如采用塑料改性工艺，生产淀粉/聚乙烯醇共混型塑料，用作中高档白酒的外包装材料，聚乙烯醇具有水和微生物均能降解的特性，最终可降解为 CO_2 和 H_2O，有效解决传统塑料对环境的危害。

六、资源再利用化

对使用后的白酒包装材料废弃物进行资源回收再利用，旨在保护环境、节约资源和能源，如回收废纸制浆较木材制浆能够节约60%以上的能源和水资源，回收废弃塑料制成新包装容器较使用新的树脂可节约85%～96%的能源，回收废旧玻璃生产新容器，比采掘铁矿石、石英砂制成新容器能够节约50%～75%的能源。白酒包装材料回收再利用的方式主要有重复再利用、回收循环再生、能源再利用3种方式，发展白酒包装用资源再利用材料的主要途径有：①玻璃瓶的回收循环利用；②废弃塑料包装物再生加工成树脂颗粒原料；③废弃纸质回收加工废纸浆再造纸浆模塑制品；④开发适合现代物流反复使用要求的包装容器。如以废纸板、废纸等植物纤维为主要原料，加入松香胶、石蜡乳胶或松香－石蜡乳胶等湿强剂进行打浆，然后浇注到金属网状模型中，通过真空方法成型、压实，再经烘干机干燥，热压整形机校形，可得到具有几何空腔结构的纸浆模塑制品，用于白酒包装或其他产品的包装。

第五节　生物基可降解纳米材料制备技术

生物基可降解食品包装材料是以淀粉、蛋白质、纤维、壳聚糖、脂类等食品级可再生资源为原料，通过原料干法捏合、多元共混改性、接枝聚合、稳态化成型等技术工艺制备的一类新型食品包装材料，具有可降解性、选择通透性好、抗菌、安全、方便等优点。近年来，国内外众多研究机构及其科研人员致力于生物基可降解食品包装材料的研发及应用。以何文等公开专利《一种多水分食品包装用的可降解壳聚糖薄膜的制备方法》（201410701701.8）为例，介绍生物基可降解纳米材料的制备技术。

一、技术特点

由壳聚糖、烷基化纳米纤维素与没食子酸复合而成的纳米薄膜，是一种适合于食品包装的可完全降解的生物质复合材料。该材料克服了壳聚糖在实际应用中机械强度低、脆性大、抗氧化能力弱、耐湿耐酸性差以及抑菌能力不强等缺点，而具有强度高、抗氧化能力强和抗菌能力强等新特点。

二、技术原理

纳米纤维素经烷基化处理后，提高了纳米纤维素的非极性，使纳米纤维素在壳聚糖溶液中分散更加均匀，力学效果增强更明显。另一方面，没食子酸是一种从植物中提取的天然酚类抗氧化剂，具有较高的还原能力，其分子结构中的羧酸基团容易和壳聚糖分子以及纳米纤维素上的—OH发生反应结合成没食子酸衍生物，从而提高壳聚糖薄膜的抗氧化性、抗菌性、强度高等能力。

三、技术要点

（1）将1%~5%醋酸溶液加入到分散有纳米纤维素的乙醇溶液（纳米纤维素与乙醇的质量体积比为1g:100mL）中，调节pH至4~5，然后加入硅烷偶联剂（硅烷偶联剂与纳米纤维素的质量比为0.3~1.5%:1），搅拌40~60min，离心清洗至中性后冷冻干燥，即得到烷基化的纳米纤维素。

（2）取壳聚糖粉末溶于0.5%~2%醋酸或其他弱酸水溶液中，加热至40~60℃搅拌15~20min，使壳聚糖完全溶解，然后在该溶液中加入步骤（1）所得的1%~5%烷基化纳米纤维素，在45~55℃下充分搅拌30~45min，抽滤除杂后，再经过超声处理（超声波发生器功率为800W）10~20min，即得到纳米纤维素/壳聚糖溶液［纳米纤维素与壳聚糖质量比3~（15:1）］。

（3）将没食子酸溶于乙醇中，并在没食子酸乙醇溶液中分别加入1-乙基-（3-二甲基氨基丙基）碳二亚胺盐酸盐和N-羟基琥珀酰亚胺试剂（没食子酸与1-乙基-（3-二甲基氨基丙基）碳二亚胺盐酸盐的质量比为1:1，没食子酸与N-羟基琥珀酰亚胺的质量比为1:1），使其充分反应［没食子酸与1-乙基-（3-二甲基氨基丙基）］碳二亚胺盐酸盐的反应条件为常温下反应20~30min，没食子酸与N-羟基琥珀酰亚胺的反应条件为冰水浴中反应40~60min，反应均保持匀速搅拌，然后将此溶液加入步骤（2）所制的烷基化纳米纤维素/壳聚糖溶液中，或者直接将没食子酸或没食子酸酯类物质直接加入步骤（2）所制的烷基化纳米纤维素/壳聚糖溶液［没食子酸或没食子酸酯类物质与纳米纤维素/壳聚糖质量比为2~（12:1）］中。

（4）将步骤（3）所制备的没食子酸/纳米纤维素/壳聚糖溶液置于低温环境中搅拌20~40min后，并在室温下放置6~12h，再经过超声处理10~20min后，进行真空脱泡处理，最后在40~60℃下烘干成膜。将干燥所得的复合膜在浓度0.05~0.2mol/L的碱性溶液浸泡20~35min，取出用清水冲洗处理至中性，在室温下晾干，即得可降解壳聚糖复合纳米薄膜产品。

四、性能检测

（1）强度　纯壳聚糖膜的拉伸强度为45.3MPa，没食子酸/纳米纤维素/壳聚糖复合纳米薄膜拉伸强度为78.6MPa，提高了约65.7%；处理100min后，将纯壳聚糖膜与复合纳米薄膜进行比较发现，吸水率由62%下降到23.4%；纯壳聚糖膜的渗透系数为$1.63 \times 10^{-9} cm^2/s$，复合纳米薄膜的渗透系数值下降到$1.06 \times 10^{-9} cm^2/s$。

（2）抗氧化能力　抗氧化能力常刻通过膜对羟基自由基、DPPH自由基以及超氧阴离子自由基的清除能力来评判。纯壳聚糖膜对羟基自由基、DPPH自由基以及超氧阴离子自由基的清除能力分别为：2.13%、1.08%和3.46%，而复合纳米薄膜对三者的清除能力分别为75%，83.4%和62.3%。

（3）抗菌能力 纯壳聚糖和复合纳米薄膜对大肠杆菌的抑菌能力显示，复合纳米薄膜周围有明显的抑菌圈出现，而纯壳聚糖膜的周围几乎没有抑菌圈出现，说明复合纳米薄膜具有较好的抗菌能力。

对于包装界而言，生态包装是20世纪最大、最震撼人心的"包装革命"，生态包装具有无污染、可重复使用、节约资源的特性，完全符合新时期可持续发展战略要求。在大力推进循环经济和低碳产业的大环境下，我国生物基可降解食品包装材料行业将具有巨大的发展潜力和市场价值，而可食性与全降解食品包装纳米复合材料的合成与应用，多功能可食性包装材料的研发，低耗、高效、自动化专用生产装备的研发以及工业化生产，这些将是生物基可降解食品包装材料行业的发展趋势。中国白酒企业在未来一个阶段将逐渐向深度洗牌转化，进入一场品质、品牌、包装的较量战。随着新型生态包装材料的开发及应用，低碳可降解回收的白酒包装会成为市场的主流，中国白酒包装将进入"生态包装"时代。白酒行业及相关的包装行业需要携手，共同打造白酒产业辉煌的明天，实现包装材料的生态化，不仅有利于实现追求经济效益、社会效益和生态效益的和谐统一，而且有利于实现人与自然环境、酿酒工业与自然环境、社会环境与自然环境的协调发展。

第十章　生态化管理信息技术

白酒为传统的制造业，进入门槛比较低，整个行业的从业人员水平也和其他行业有较大的差别，比如在信息化和一些新的管理技术应用方面都相对滞后，企业管理层需要科学决策数据太少。随着白酒产品的市场竞争日趋激烈，酒质、品牌和成本是竞争中的核心要素，而其背后是人才和管理水平的支撑。通过生产过程的机械化、部分自动化能适当降低员工的劳动强度、提高企业的生产效率，但是并不能从根本上解决白酒质量、生产与经营成本等固有的弊端，传统的酿酒业同样需要一体化的管理信息技术，对产前、产中、产后进行优化管理，促进供给侧改革，推动行业的转型升级。

第一节　企业管理一体化信息技术

企业资源的整合能力决定着市场竞争能力，企业的信息化管理技术在一些大型酒业集团得到了应用，为企业管理层科学决策提供了准确性和即时性的数据支撑。以内蒙古河套酒业集团股份有限公司任国军报道的《ERP 系统在河套酒业的实施》为例，介绍酿酒企业管理信息化技术的具体情况。

一、技术组成

2003 年 7 月，内蒙古河套酒业集团股份有限公司采用某信息技术公司的企业资源计划（K3ERP）系统，建设河套酒业新一代的信息化管理平台，实施的模块包括从车间管理、采购管理、库存管理、财务到人力、销售、商业智能等 10 大系统。河套酒业采用 K3ERP 系统的整体解决方案可概括为："以财务为中心，以计划为主线"，具体包括：①物流和销售解决方案（建立支撑物流、信息流、资金流统一的逻辑组织架构；建立科学且操作性强的物料编码、分类体系和维护小组；建立批次号，利于全程质量控制；采购业务集中处理，降低河套酒业采购成本；销售业务集中整合，提升河套酒业的品牌形象）；②库存管理子系统解决方案（采购过程中设置多个控制点对物料进行查询、出库、入库等在途物料的状态跟踪、分析、数据输出）；③存货核算解决方案（对出入库单据、报废单据、调整单据、调拨单据、盘点单据的全面库存单据管理；可根据计划价的调整而重新对存货情况进行统计、汇总；可比较调价前后成本差异分析所得出成本差异总额帮助决策者进行调价；可以生成记账凭证，记录收、付、转信息）；④财务体系确立（总账模块、应收账模块、应付账模块、现金管理模块、固定资产核算模块、多币制模块和工资核算模块等会计核算模块均与物流系统相联系，物流单据可自动生成凭证转入总账；财务计划、控制、分析和预测的全程财务管理快捷分析，供各职能部门共享的成本与收入数据监控）；⑤生产控制系统（通过产品 BOM 单据以及现有库存物资的数量准确地计算出实际生产能力后，下达生产计划）。

二、技术特点

K3ERP 系统以根据酿酒企业组织生产的需要，提供产业链的供应与生产协同的信息化技术开放性管理平台，以计划为纽带将车间、仓库、采购等部门联系起来，全面支持多组织财务管理、业务协同、精细管控，借助平台实现全网资源整合、敏捷协同、降低成本，提高企业管理的决策能力。

三、应用效果

内蒙古河套酒业集团股份有限公司 ERP 系统的建立和应用实现了以下的效果：

（1）各部门、岗位职责清晰、责权分明，提高了办事效率。

（2）管理业务流程规范，大幅提升了企业供应链全程服务水平。

（3）建立以计划、控制、分析为主的动态控制体系，提高了业务处理的标准化和正确性。

（4）信息数据处理的及时性和准确性，管理层加强了"靠多层次、多维度动态数据"的科学决策管理。

（5）强化销售和服务、采购管理、库存管理、生产计划和财务管理的协同管理，降低了生产成本。

第二节　原粮贮存管理信息化技术

俗话讲："粮是酒之肉"，说明粮食是酿酒之本，原粮贮存也就成为固态纯粮发酵白酒生产中重要的环节。酿酒企业贮存粮食传统方法采用砖混结构的粮仓，不仅防鼠效果不好，而且防霉变、防营养物质损耗的效果较差。按生态酿酒的思想，寻找新的信息化技术做好酿酒原粮的贮存管理工作是必要的。下面以沱牌舍得酒业 10 万 t 自动化金属粮仓为例，介绍酿酒原粮的管理信息化技术的具体情况。

一、技术组成

沱牌舍得酒业公司 10 万 t 自动化金属粮仓管理信息化技术组成如图 10 - 1 所示，公司投资 4000 多万元从美国 GSI 公司引进的世界一流的全套贮粮设备，整个粮仓由 4 仓 5 系统组成，包括 12 台主仓、1 台湿料仓、1 台烘干仓、1 台卸料仓、自动控制系统（如配备了 6 台瑞士苏尔寿公司的谷物冷却机用于温度调控）、温度监测系统、料位监测系统、清选除尘系统、烘干系统。每个主仓贮粮 8000 多 t，共可贮粮 10 万 t。原粮自进厂到使用的全工艺过程可自动控温、除湿、除杂、翻仓，自动化程度高。

图 10 - 1　沱牌舍得酒业 10 万 t 自动化金属粮仓管理信息化技术组成

二、技术特点

与传统房式粮仓比较，金属粮仓管理信息化技术具有以下特点：

（一）全程自动化控制

酿酒原粮从入仓、清选、烘干、倒仓、出仓等全部工艺流程实现自动化控制，能满足贮粮工艺要求，为生产出高质量的沱牌舍得生态系列大曲酒提供了保障。

（二）粮食保质期长

粮仓采用在15℃以下的恒定低温、干燥的贮存条件，既降低了原粮因呼吸作用对营养物质的损耗，又抑制了微生物生长繁殖导致的原粮变质。因此，不使用磷化铝等农药及杀虫剂，避免了传统贮粮方式造成的二次污染，使粮食能够保鲜、防虫、防霉、不陈化，贮存期可长达3～5年。

三、应用效果

（一）节约一次性投资

与同等规模的房式粮仓一次性投资5000万元相比，10万t自动化金属粮仓可节约投资1000万元。

（二）减少占地面积

与同等规模的房式粮仓占地100余亩相比，金属粮仓系统结构紧凑，贮粮能力大，10万t自动化金属粮仓占地仅20余亩，而可减少占地面积80余亩。

（三）仓储成本低

与传统的房式粮仓贮粮成本80元/t左右相比，10万t自动化金属粮仓可节约贮粮成本75元/t左右；同等规模的房式粮仓需要安排50余人完成整个作业，而10万t自动化金属粮仓仅需6人。

（四）生态化贮粮

金属粮仓自动化系统既能有效防鼠，又能防霉变，避免使用磷化铝等农药及杀虫剂和防鼠药，避免了传统贮粮方式造成的二次污染，保证了贮粮过程的生态环保。

第三节　基酒管理信息化技术

传统的基酒存储受仓库结构环境制约，规模小、地点分散，贮存、保管、品鉴、采购等各个环节，缺乏统一管理，导致基酒贮存的时间不准确、基酒的身份没有可信的科学依据。基酒管理水平低，影响了行业、企业的可持续发展。机械化、自动化、信息化技术应用于基酒管理，能有效地推动酿酒行业的技术水平和管理水平的提高。以贵州师范大学吴亮的专利《一种基于物联网技术的基酒信息管理方法及其系统》（201310672855.4）为例，介绍基酒管理信息化技术的具体情况。

一、技术组成

一种基于物联网技术的基酒信息管理系统，用于对贮存的基酒进行系统管理，该系统包括：RFID（Radio Frequency Identification）传感器模块、系统控制模块、系统时钟模块、数据处理模块、无线传输模块、视频采集系统模块、环境数据采集模块、门禁控制模块、执行机构模块和系统监控中心模块等 10 个模块组成（图 10-2），各组成部分介绍如下：

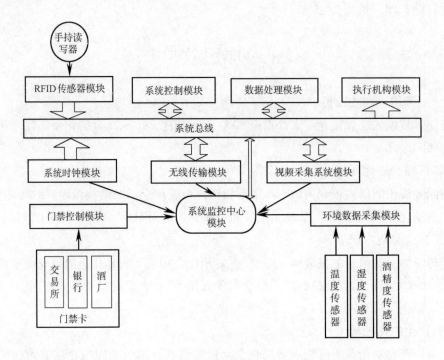

图 10-2　基于物联网技术的基酒信息管理方法及其系统的组成结构

（一）RFID 传感器模块

用于标识基酒酒坛身份和关键信息记录，每个基酒酒坛都存储一个 RFID 传感器标签，每个 RFID 传感器标签具有全球唯一的 EPC 编码，在芯片内设置有 48 位用户数据区，然后将基酒酒坛关键数据写入 48 位用户数据区，这些数据将通过无线传输模块传递给系统监控中心模块数据库进行统一管理。

（二）系统控制模块

控制 RFID 基酒身份信息的读取、传输和处理，实现远程无线网络或手持设备读取或写入基酒的身份和酒坛动态信息，当基酒密封 RFID 标签被打开时，向系统监控中心模块发报警信号，同时监控中心发信号启动视频采集系统模块记录打开过程，并将视频信息传递给监控中心数据永久保存，进行事后追溯。

（三）系统时钟模块

传感采集系统提供"黑盒"时钟源，不仅能统一底层系统时钟，而且能杜绝关键时钟信息被篡改，从而能可靠标记基酒贮存时间戳。

（四）数据处理模块

对传感信息数据进行融合处理，根据需要发送给控制模块进行控制，实现执行机构的打开和关闭；同时通过对控制模块读取的信息和采集到的数据进行处理，实现 RFID 标签信息的更新，并根据采集的外部环境数据进行比较、统计、转换和分析，为系统监控中心提供数据支持，从而判断仓库内的异常环境状况，然后通过声音和 LED 显示屏发出相应的提示和报警。

（五）无线传输模块

将基酒身份数据和环境参数信息、数据处理产生的控制信息、视频数据等以无线射频 Zigbee 的传输方式发送给系统监控中心模块进行存储和管理。

（六）视频采集系统模块

通过摄像头抓取基酒仓库环境录像，监控基酒仓储过程，当酒坛标签被开启时，将启动摄像装置记录开启过程，并通过无线网络传递给系统监控中心模块，实现过程追溯。

（七）执行机构模块

基酒酒坛密封后，通过锁紧机构进行坛盖锁紧，需要打开时，通过外部手持设备发指令给系统控制模块，控制模块进行分析后，启动机械执行机构完成开锁动作，同时通过无线网络给控制中心发出启动摄像申请，完成开坛过程记录。

（八）环境数据采集模块

通过收集部署在基酒仓库中的酒精浓度传感器、温度传感器、湿度传感器等检测的环境数据，通过无线网络传递给系统控制中心，系统控制中心将接收到的环境数据显示在室外 LED 屏和电脑监控屏上，并根据预先设定的阈值实现超限报警。

（九）门禁控制模块

门禁读卡器负责读取人员标签信息，判断人员合法性，操作人员在操作时通过配备的人员卡对门禁读卡器进行刷卡，由门禁读卡器读取人员标签信息，进行判断。

（十）系统监控中心模块

完成系统管理的核心单元，实现数据接收存储转发控制，并通过网络服务给外部用户提供数据查询和信息浏览。

二、技术特点

（一）加强酒库管理中安全控制

该技术提供基于物联网技术的基酒信息管理方法及其系统，能对进入酒窖人员进行身份管理，能对记录人员做好记录，能对酒坛操作进行合法管理，对酒坛操作做好监控记录。

（二）确保贮酒条件的有效控制

该技术能采集酒精浓度、温度、湿度等信息，并根据这些信息判断是否产生报警信息，从而确保基酒贮藏条件的最优化，促进基酒的自然老熟。

（三）实现智能数据处理和监管

系统可以长期保留采集到的数据，并结合电子封签技术与基酒贮存容器（酒坛）的特殊结构，设计了对基酒身份信息的识别和采集装置，并达到对酒坛的有效密封，防止随意开启，同时科学地收集基酒身份数据，实现智能数据处理和监管。

三、技术流程

基于物联网技术的基酒信息管理方法及其系统的控制流程如图 10 – 3 所示，其操作步骤如下：启动 RFID 传感器模块，系统自动进行初始化；发送数据采集命令，系统将酒坛身份数据输入；通过无线传输模块将酒坛身份数据传递到系统监控中心模块后台数据库存储和处理；固定在酒坛上的 RFID 的白酒基酒身份识别与信息采集装置启动监控管理程序，监控酒坛的状态；当装置被有效命令开启时，将发信号给系统监控中心模块启动视频采集系统模块记录开启过程，若是非合法开启，则还将发出报警信号给系统监控中心模块。

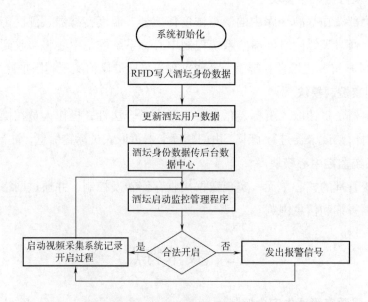

图 10 – 3　基于物联网技术的基酒信息管理方法及其系统的控制流程

四、应用效果

（一）实现基酒溯源

该系统采用基于 RFID 的电子封条技术，能够记录封闭容器或者其他硬包装是否曾经被偷偷打开，并且能够在被非法开启的时候自动报警的一种验证货物完整性的鉴别技术。电子封条能够实现对于货物的自动识别，将货物的开关状态信息记录到电子标签中，包括唯一身份识别码，窖藏时间及环境参数等进行记录，成为货物运输、存放信息的载体，实现从始到终的全程监管，对白酒生产全过程全生命周期的质量追溯提供基础性数据支持。

（二）采集基酒信息

对每一坛基酒，RFID 传感器模块记录了每坛酒的 EPC 固定身份编码，并接收写入变动信息，包括基酒的重量、入库日期、品类等，"固定信息 + 变动信息"通过无线传输模块发送给系统监控中心模块数据库中进行存储和处理，为后续的勾兑和调味过程提供保障。

第四节　酒库酒液输送管理信息化技术

对酒库中酒坛进行存取酒，是酿酒企业在收新酒、盘勾、大勾、待发包装等各项作业流程的最频繁的基本操作，每次存取对应的酒坛、存取数量、时间、班次、经手人等信息，将直接关系到整个酒库的库存管理、生产计划、生产调度、营销计划的制订和统筹，关乎企业发展与战略布局。因此，行业呼唤先进的信息化管理技术来适应日益壮大的酿酒企业的酒库酒液输送管理需求。下面以贵州茅台酒股份有限公司的杨代永等人的专利《酒库计量车控制终端、系统及其控制方法》（201410712551.0）为例，介绍酒库酒液输送管理信息化技术的具体情况。

一、技术组成

该技术由酒库计量车控制终端和酒库计量车控制系统两个部分组成。

（一）酒库计量车控制终端

酒库计量车控制终端包括电子标签读取模块、无线通信模块和中央处理模块（图10-4），各组成部分如下：

1. 电子标签读取模块

用于读取酒坛的电子标签，其中电子标签存储有酒坛识别信息。

2. 中央处理模块

用于判断当前需要操作的酒坛与电子标签对应的酒坛是否一致；还用于将酒泵参数与酒坛作业任务进行比较，当酒泵参数达到酒坛作业任务的要求时，无线通信模块用于向酒库计量车控制装置发送调整酒泵动作的命令。

3. 无线通信模块

用于在当前需要操作的酒坛与电子标签对应的酒坛一致时，向酒库计量车控制装置发送控制酒泵动作的命令；还用于从后台服务器获取酒坛作业任务的相关信息。

4. 显示模块

无线通信模块从酒库计量车控制装置获取酒泵参数，供显示模块进行显示。

5. 输入模块

用于接收操作员输入的向酒库计量车控制装置发送控制酒泵动作的命令，当需要操作的酒坛与所述电子标签对应的酒坛不一致时，输入模块屏蔽操作员输入的向酒库计量车控制装置发送控制酒泵动作的命令。

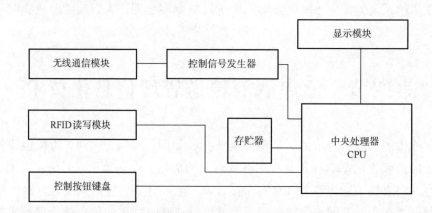

图 10 - 4　酒库计量车控制终端

（二）酒库计量车控制系统

包括用于酒泵、电子标签、酒库计量车控制装置、酒库计量车控制终端（图 10 - 5），各组成部分如下：

1. 酒泵

用于向酒坛存酒或取酒。

2. 电子标签

用于存储酒坛识别信息，且印有明文的酒坛识别信息。

3. 酒库计量车控制装置

用于根据接收的酒库计量车控制终端发送的控制酒泵动作命令，控制酒泵进行相应动作，还用于获取酒泵的酒泵参数，并将酒泵参数发送给酒库计量车控制终端。

4. 酒库计量车控制终端

还包括显示模块、后台服务器（用于存储酒坛作业任务的相关信息，并根据所述酒库计量车控制终端的请求向所述酒库计量车控制终端发送对应的酒坛作业任务的相关信息）。

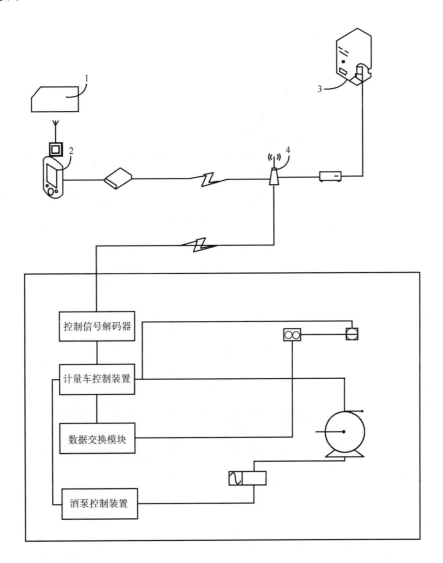

图 10 – 5　酒库计量车控制系统

1—控制按钮键盘　2—电子标签读取模块　3—中央处理模块　4—显示模块

二、技术特点

酒库计量车控制终端可以作为移动装置而具有携带方便、操作方便的特点。操作人员可随身携带本装置在酒库的各个角落自由活动，随时控制计量车的开启或关闭，并实时显示计量车的酒泵参数、工作计划数据及计划完成状况。

三、技术流程

酒库计量车的控制系统的控制方法流程如图 10-6 所示，其操作步骤如下：

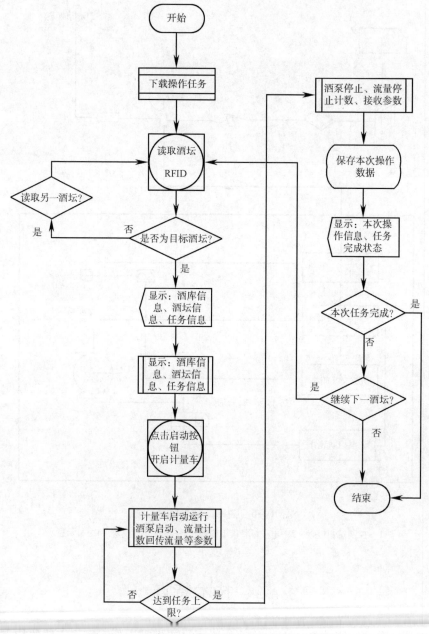

图 10-6　酒库计量车的控制系统的控制方法流程

（1）酒库计量车控制终端从后台服务器下载当前酒坛作业任务的相关信息。

（2）酒库计量车控制终端读取当前酒坛的电子标签以获取对应的酒坛识别信息。

（3）酒库计量车控制终端根据酒坛识别信息判断当前酒坛与当前酒坛作业任务对应的酒坛是否一致：若不一致，则屏蔽操作员输入的向酒库计量车控制装置发送控制酒泵动作的命令，并发出提示信息；若一致，则执行下一个步骤。

（4）酒库计量车控制终端接收操作员输入的向酒库计量车控制装置发送控制酒泵动作的命令。

（5）酒库计量车控制装置接收控制酒泵动作的命令，控制酒泵进行对应的动作，并获取酒泵参数发送给酒库计量车控制终端，酒库计量车控制终端接收酒泵参数并进行显示。

（6）判断酒泵的流量是否达到当前酒坛作业任务的要求，若达到则酒库计量车控制装置控制关停酒泵。

（7）酒库计量车控制装置或酒库计量车控制终端将当前酒坛作业任务的各项数据发送给后台服务器，后台服务器将当前酒坛作业任务的各项数据进行保存。

四、应用效果

（1）基酒出入的协调性好　能解决酿酒企业在酒库收新酒、盘勾、大勾、待发包装等工作过程中，收酒端与送酒端的计量车控制不协调，不及时，造成存酒时酒坛溢酒，而收酒时酒坛新酒不足的问题。

（2）数据采集的可靠性好　能解决数据采集不准确、不实时的问题；实现了酒库每一批次、每一班组、每一机组、每一酒坛的精细化精准化管理管控。

（3）酒库管理的时效性好　能解决酒行业生产过程中信息采集困难、数据不完整、信息链条断层的问题；克服了以往无法准确获取酒库中库存数量、流通数量、交接数量等弊端，为制酒企业提供了一种信息获取更实时、操作更方便、管理更精确高效的有效方法。

第五节　白酒产品全过程管理信息化技术

白酒产品种类繁多，市场反响好的产品又容易被仿冒，在激烈的市场竞争中，企业如何保护自身利益和消费者权益是一个亟待解决的现实问题。而传统的监管方式无法解决这一个棘手的问题，白酒行业呼唤着先进的管理信息化技术来解决上述不足。产品的生命周期（Product Life – Cycle Management，PLM）是指从人们对产品的需求开始，到产品淘汰报废的全部生命历程，PLM 监控是一种先进的企业信息化思想，它让人们思考在激烈的市场竞争中，如何用最有效的方式和手段来为企业增加收入和降低成本。下面以四川航天系统工程研究所的宋勇等人发明专利《一种基于 RFID 的食品全生命周期管理系统及其实现方法》（201210229999.8）为例，说明白酒产品全过程管理信息化技术的具体情况。

一、技术组成

产品管理系统中至少包括生产线 RFID 系统、仓储 RFID 管理系统、物流 RFID 管理系统、销售 RFID 管理系统、防伪查询系统以及数据仓库系统作为其子系统，生产线 RFID 系统、仓储 RFID 管理系统、物流 RFID 管理系统、销售 RFID 管理系统和防伪查询系统均通过有线或无线的形式接入互联网，并通过互联网与数据仓库系统进行数据交换（图 10 - 7）。各子系统具体情况如下：

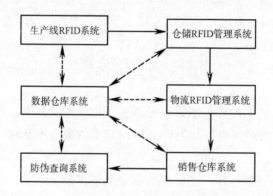

图 10 - 7　基于 RFID 的食品全生命周期管理系统的组成结构

（一）生产线 RFID 系统

包含两个 RFID 读写识别装置，所述的两个 RFID 读写识别装置均接入网络，且它们分别作为具有相同功能的主 RFID 读写识别装置与从 RFID 读写识别装置；通过 RFID 读写识别装置将各类信息化数据写入至产品上的 RFID 标签中，并同时读取该产品 RFID 标签的唯一标识 ID 连同向该产品 RFID 标签所写入的信息化数据一同写入数据仓库系统，并使得数据仓库系统中产品 RFID 标签的唯一标识 ID 与向该产品 RFID 标签所写入的信息化数据相互对应；生产线 RFID 系统中还包括内部集成在线赋码软件的工控机，用于由工控机通过其内部集成的在线赋码软件依据不同产品的类型，将与之相对应的各类信息化数据通过网络预先写入至数据仓库系统中，并根据 RFID 标签中的标签信息从数据仓库中获取。

（二）仓储 RFID 管理系统

通过 RFID 读写识别装置读取产品上 RFID 标签的唯一标识 ID，依据该唯一标识 ID 从数据仓库系统中查询与之相对应的各类信息化数据，依据该信息化数据完成产品仓储的各类操作，并将仓储过程中的各类操作信息写入至数据仓库系统中添加至与该唯一标识 ID 相对应的信息化数据中。

（三）物流 RFID 管理系统

通过 RFID 读写识别装置读取产品上 RFID 标签的唯一标识 ID，依据该唯一标识 ID 从数据仓库系统中查询与之相对应的各类信息化数据，依据该信息化数据完成物流过程中的各类操作，并将物流过程中的各类操作信息写入至数据仓库系统中添加至与该唯一标识 ID 相对应的信息化数据中。

（四）销售 RFID 管理系统

通过多个 RFID 读写识别装置读取产品上 RFID 标签的唯一标识 ID，依据该唯一标识 ID 在产品销售完成后将数据仓库系统中与该唯一标识 ID 相对应的信息化数据进行标记，并且将该产品的销售记录写入至数据仓库系统中添加至与该唯一标识 ID 相对应的信息化数据中。

（五）防伪查询系统

防伪查询系统采用 RFID 查询一体机与 RFID 查询手持机识别产品上 RFID 标签的唯一标识 ID，通过网络依据该唯一标识 ID 从数据仓库系统中获取与之相对应的生产、仓储、物流以及销售的全流程操作记录，以判定其来源合法性。

以上各类信息化数据中至少包括产品的溯源信息、防伪信息和产品信息化管理数据；产品信息化管理数据包括生产线 RFID 系统的写入的基础生产数据，仓储 RFID 管理系统写入的入库、出库、盘点以及检货的操作记录数据以及物流 RFID 管理系统写入的订单、收货、出货以及配送的操作记录数据。

二、技术特点

（一）产品的全程身份识别

RFID（Radio Frequency Identification）是一种射频识别技术，它是信息数据自动识读、自动采集到计算机的重要方法和手段，生产、仓储、物流以及销售等各个阶段进行产品身份记录和校验，确保了产品身份的真实性。

（二）实现了产品的有效监管

产品从生产、仓储、物流以及销售全程统一管理，让管理者和消费者随时随地知道产品从何而来、又到哪里去了，为企业管理者组织生产和产品促销提供了科学决策的依据；为消费者的权益保护提供了可靠的保障。

三、技术流程

基于 RFID 的食品全生命周期管理系统实现方法的流程如图 10－8 所示，其操作步骤如下：

（一）产品生产 RFID 赋码

生产线 RFID 系统通过 RFID 读写识别装置将各类信息化数据写入至产品上的 RFID 标签中，并同时读取该产品 RFID 标签的唯一标识 ID 连同向该产品 RFID 标签所写入的信息化数据一同写入至数据仓库系统，并使得数据仓库系统中产品 RFID 标签的唯一标识 ID 与向该产品 RFID 标签所写入的信息化数据相互对应；所述的各类信息化数据由生产线 RFID 系统中的工控机通过网络预先写入至数据仓库系统中，并根据 RFID 标签中的标签信息从数据仓库中获取。

（二）产品仓储 RFID 标签信息化数据核对

仓储 RFID 管理系统通过 RFID 读写识别装置读取产品上 RFID 标签的唯一标识 ID，依据该唯一标识 ID 从数据仓库系统中查询与之相对应的各类信息化数据，依据该信息化数据完成产品仓储的各类操作，并将仓储过程中的各类操作信息写入至数据仓库系统中添加至与该唯一标识 ID 相对应的信息化数据中；如在数据仓库系统中未查询到与之相对应的信息化数据，则认为该产品的来源不合法，不进行后续操作。

（三）产品物流 RFID 标签信息化数据核对

物流 RFID 管理系统通过 RFID 读写识别装置读取产品上 RFID 标签的唯一标识 ID，依据该唯一标识 ID 从数据仓库系统中查询与之相对应的各类信息化数据，依据该信息化数据完成物流过程中的各类操作，并将物流过程中的各类操作信息写入至数据仓库系统中添加至与该唯一标识 ID 相对应的信息化数据中；如在数据仓库系统中未查询到与之相对应的信息化数据，则认为该产品的来源不合法，不进行后续操作。

（四）产品销售 RFID 标签信息化数据核对

销售 RFID 管理系统用于通过多个 RFID 读写识别装置读取产品上 RFID 标签的唯一标识 ID，依据该唯一标识 ID 在产品销售完成后将数据仓库系统中与该唯一标识 ID 相对应的信息化数据进行标记，并且将销售记录依据该信息化数据写入至数据仓库系统中；如在数据仓库系统中未查询到与之相对应的信息化数据，则认为该产品的来源不合法，不进行后续操作。

（五）产品售后防伪 RFID 标签信息化数据核对

防伪查询系统利用产品上 RFID 标签的唯一标识 ID 从数据仓库系统中获取与之相对应的生产、仓储、物流以及销售的全流程操作记录，以判定其来源合法性。

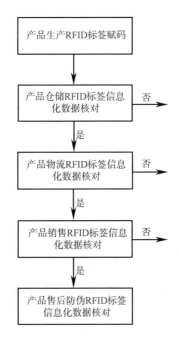

图 10-8 基于 RFID 的食品全生命周期管理系统实现方法的流程

四、应用效果

该管理系统应用到酒类生产中，可达到两个关键的效果：

（一）实现真正意义上的产品溯源

通过管理系统中的各个子系统，使产品在生产、仓储、物流以及销售等各个阶段的各种操作都在数据仓库系统中形成记录，实行从生产到销售全过程动态的统一管理，解决了生产厂家无法对已出厂的产品进行宏观统一管理的问题。

（二）实现销售过程的有效监管

该管理系统对产品销售进行统一管理和监控，能防止产品交叉销售和有效打击产品仿冒行为，以维护正常的市场秩序，保护企业和消费者合法权益。

参考文献

1. 苗俊玲. 论生态伦理中的人类中心主义. 重庆：西南师范大学，2003：6 – 10.

2. Pearce D W, Atkinson G. Capital theory and the measurement of sustainable development: an indicator of weak sustainability. Ecological Economics, 1993, 8 (2): 103 – 108.

3. Johnston D, Lowe R, Bell M. An exploration of the technical feasibility of achieving CO_2 emission reduction in excess of 60% within the UK housing stock by the year 2050. Energy Policy, 2005 (33): 1643 – 1659.

4. 俞海. 绿色转型新浪潮下的世界与中国. 人民论坛·学术前沿，2015 (1): 53 – 63.

5. 彭斯震，孙新章. 中国发展绿色经济的主要挑战和战略对策研究. 中国人口·资源与环境，2014 (3): 1 – 4.

6. 罗必良.《走向生态化经营》出版后的思考. 酿酒科技，2001 (6): 17 – 18.

7. 李家民. 生态酿酒与生态经营. 酿酒，2009 (6): 91 – 95.

8. 中国食品工业标准化技术委员会. GB/T 15109—2008，白酒工业术语. 北京：中国标准出版社，2008.

9. 李家民. 从生态酿酒到生态经营——酿酒文明的进程. 酿酒科技，2010 (4): 111 – 114.

10. 陈鼓应. 老子注译及评介. 北京：中华书局，2009.

11. 赵宗乙. 淮南子译注. 哈尔滨：黑龙江出版社，2003.

12. 张轩. 道家生态文明思想简论. 中共四川省委党校学报，2014 (3): 89 – 92.

13. 王中江. 道与事物的自然：老子"道法自然"实义考论. 哲学研究，2010 (8): 37 – 47.

14. 张文学，赖登燡，余有贵. 中国酒概述. 北京：化学工业出版社，2011.

15. 杜锦文，戴如莲，刘映霞，等. 关于茅台酱香酒业环境保护的思考. 传承，2012 (6): 66 – 67.

16. 张国强. 白酒技术发展趋势的思考. 酿酒，2005, 32 (6): 10 – 15.

17. 胡承，钟杰，胡永松. 对建设长江上游白酒经济带的思考. 决策咨询通讯，2009 (4): 54 – 55, 67.

18. 黄永光，刘杰. 我国白酒金三角发展战略分析. 酿酒科技，2010 (8): 82 – 86.

19. 李启宇，何凡. 我国白酒金三角——白酒产业空间组织优化探讨. 酿酒科技，2013 (4): 21 – 25.

20. 马克思，恩格斯. 马克思恩格斯全集：第42卷. 北京：人民出版社，1999.

21. 马克思，恩格斯. 马克思恩格斯全集：第23卷. 北京：人民出版社，1972.

22. 马克思，恩格斯．马克思恩格斯选集：第 1 卷．北京：人民出版社，1995.

23. 周鑫．马克思主义生态伦理观探析．天津市社会主义学院学报，2013（1）：59 – 60.

24. 李慧．马克思主义生态伦理思想及其现实启示．太原：山西财经大学，2014：11 – 15.

25. 柳兰芳．自然生态、人文生态和社会生态的辩证统一：《1844 年经济学哲学手稿》的生态伦理思想．社会科学家，2013（7）：16 – 20.

26. 杨伟，刘勇，王良群，等．航天诱变处理对高粱产量以及品质的影响．农学学报，2015，5（8）：19 – 22.

27. 程西永，许海霞，董中东．小麦航天诱变育种效果研究．中国农学通报，2007，7（3）：598 – 601.

28. 江学海，朱速松，张大双，等．酿酒用辅料稻壳优品种的筛选及其栽培．贵州农业科技，2012，40（8）：98 – 100.

29. 杨贝贝，余有贵，曾豪，等．酿造用稻壳的研究现状及发展趋势．食品与机械，2016，（2）：202 – 204，225.

30. 熊子书，王久源，李家民．"幽雅、舒适、健康"型白酒：GB/T 21820—2008 舍得酒问世探秘．酿酒，2014（2）：6 – 11.

31. 叶华夏，练顺才，谢正敏，等．小麦蒸煮香气成分的研究．酿酒，2014（1）：38 – 42.

32. 钟玉叶，崔如生，滕抗．"洋河蓝色经典"绵柔型质量风格成因初探．酿酒，2008（4）：26 – 35.

33. 沈怡方．对淡雅浓香型白酒的粗浅认识．酿酒科技，2008（3）：111 – 112.

34. 杨红文，潘大金．浅谈浓香型白酒陈酿．酿酒科技，2008（4）：78 – 79.

35. 曾黄麟，曾谦，张良．计算机白酒勾兑与调味辅助系统．四川轻化工学院学报，2000，13（3）：1 – 5.

36. 杨红文．白酒计量自动化输送系统在酒库管理中的应用．酿酒，2014（1）：62 – 65.

37. 李家明．应用模糊数学理论创建蒸馏酒勾兑新方法．酿酒科技，2000，（4）：19 – 20.

38. 徐岩，范文来，吴群，等．风味技术导向白酒酿造基础研究的进展．酿酒科技，2012（1）：17 – 23.

39. 钟其顶，王道兵，熊正河．固态法白酒与固液法白酒的同位素鉴别技术．质谱学报，2014（1）：66 – 71.

40. 任海伟，李金平，张轶，等．白酒丢糟糖化条件的优化及乙醇发酵．应用与环境生物学报，2013，19（5）：838 – 844.

41. 徐传鸿，余有贵，张文武．黄水的理化分析及其应用研究进展．食品安全质量检测学报，2014，5（12）：4011 – 4017.

42. 周新虎，陈翔，丁晓斌．膜分离技术在尾酒中的研究及应用．酿酒科技，2013（9）：56 – 58.

43. 宋柯，杜岗，刘念．白酒发酵副产物丢糟、黄水、底锅水中提取香味成分在酒用香料中的应用．酿酒科技，2008（6）：82 – 84.

44. 曹奇．白酒废水循环利用的治理技术研究．资源节约与环保，2015（11）：62 – 63.

45. 邹强，钟杰，胡承，等．中国白酒的生态化．酿酒，2014，41（4）：17 – 21.

46. 李家民．"五三"原理比较简析——食品酿造微生态与人体消化道微生态规律性研究．酿酒，2016（1）：3－16.

47. 李家民．像管药品一样管食品　像做药品一样做食品．酿酒，2014（1）：3－6.

48. 赵成．科学发展观与生态文明建设：生态文明建设的基本原则、行为规范及其意义．科学技术与辩证法，2005，22（1）：6－9.

49. 中共中央文献研究室．十七大以来重要文献选编（上）．北京：中央文献出版社，2009：35－36.

50. 鲁达．中国酿酒大师、沱牌舍得集团副董事长李家民道法自然酒法自然．中国酒，2013（10）：12－21.

51. 张文学，乔宗伟，向文良，等．中国浓香型白酒窖池微生态研究进展．酿酒，2004，31（2）：31－35.

52. 徐岩．科学传承、集成创新　走中国白酒技术可持续发展的道路：对芝麻香酒的看法和认识．酿酒科技，2013（4）：17－20.

53. 刘琪．论科学发展观的技术创新生态化实现路径．科学与管理，2013，33（6）：18－23.

54. 中共环境保护部党组．构建人与自然和谐发展的现代化建设新格局：党的十八大以来生态文明建设的理论与实践．求是，2016（12）：11－13.

55. 贺利平．论儒家生态伦理观对建设"美丽中国"的现实启迪．前沿，2014（9）：60－61.

56. 李建华，蔡尚伟．"美丽中国"的科学内涵及其战略意义．四川大学学报：社会科学版，2013（5）：135－140.

57. 四川大学"美丽中国"研究所．"美丽中国"省会及副省级城市建设水平（2013）研究报告（简本）．西部发展评论，2014（0）：18－34.

58. 高迪．马克思主义人与自然关系视域中的生态文明建设论析．长春师范大学学报：人文社会科学版，2014，33（3）：23－24.

59. 胡永松，王忠彦，邓小晨，等．对酿酒工业生态及其发展的思考（提要）．酿酒科技，2000（1）：22－23，19.

60. 张文学，王印召，吴正云，等．白酒丢糟资源化利用的研究进展．酿酒科技，2013（9）：86－89.

61. 罗必良，李家顺，李家民．走向生态化经营．北京：中国数字化出版社，2001.

62. 朱弟雄，涂向勇．特色生态技术对浓香型白酒工艺中窖池设计与要求的研究．酿酒，2012，39（2）：35－38

63. 胡峰．微生物技术在浓香型白酒生产中的应用研究．酿酒科技，2008，（12）：56－59.

64. 刘洋，赵婷，姚粟，等．一株芝麻香型白酒高温大曲嗜热放线菌的分离与鉴定生物技术通报．生物技术通报，2012，（10）：210－216.

65. 黄晓宁，黄晶晶，李兆杰，等．浓香型和酱香型大曲微生物多样性分析．中国酿造，2016，35（9）：33－37.

66. 申孟林，张超，王玉霞．白酒大曲微生物研究进展．中国酿造，2016，35（5）：1－5

67. 李凤丽，吴鑫颖，王晓丹．微生物技术在浓香型白酒增香方面的应用．中国酿造，2014，（1）：9－13.

68. 谢小林，龙立利．大曲生产中新技术的应用．酿酒科技，2008，（09）：96 – 98.

69. 胡承，邬捷锋，沈才洪，等．浓香型（泸型）大曲的研究及其应用．酿酒科技，2004，（1）：34.

70. 康明官．白酒工业新技术．北京：化学工业出版社，1996.

71. 马美荣，梁洪艳，王春娜．红曲霉在白酒生产中应用研究现状．酿酒科技，2004，（4）：53 – 54.

72. 秦含章．国产白酒的工艺技术和试验方法．北京：学苑出版社，2000.

73. 傅金泉．中国红曲及其实用技术．北京：中国轻工业出版社，1997.

74. 吴衍庸．泸型红曲霉增香在浓香型酒上应用研究进展．酿酒科技，1999，（1）：18 – 20.

75. 朱婷婷，刘桂君．应用红曲生产牛栏山二锅头基酒的研究．酿酒科技，2009，（9）：89 – 91.

76. 王旭亮，王德良，刘桂君，等．红曲代谢产物的测定及分析．酿酒科技，2009，（9）：119 – 121.

77. 镇达，方尚玲，陈茂彬．红曲霉酯化霉特性及在白酒酿造中的应用研究．酿酒科技，2009，（1）：62 – 64.

78. 张艳梅，王昌禄，郭坤亮，等．酶对茅台酒酒糟再利用的影响．酿酒科技，2005，（10）：81 – 82.

79. 王立钏，梁慧珍，马树奎，等．影响固态发酵白酒中杂醇油生成因素的研究．酿酒科技，2006，（5）：43 – 45.

80. 张志刚，吴生文，陈飞．大曲酶系在白酒生产中的研究现状及发展方向．中国酿造，2011，（1）：13 – 16.

81. 谢洁云．"IC + CASS + BAF"工艺处理酒厂高浓度废水．环境与生活，2014，（6）：63，65

82. 董友新．阿米诺酶在浓酱兼香型白酒酿造中的应用．酿酒科技，2004，（1）：42 – 43.

83. 宋宇．酶制剂在白酒酿造生产中的应用．赤峰学院学报，2006，22（01）：76 – 77.

84. 董友新，郭成林，熊小毛．影响"白云边"半成品酒正丙醇含量的原因初探．酿酒，2002，29（1）：30 – 31.

85. 蒋宏，陈远钊，张良，等．白酒丢糟制备活性炭的初步研究．酿酒科技，2006（3）：97 – 98.

86. 洪松，袁光和．酒曲丢糟的利用研究（第4报）：酒厂利用丢糟的效益分析．酿酒科技，2000（4）：20 – 24.

87. 刘新环，陈敏，刘冬，等．用丢糟代替部分小麦制曲工艺的研究．酿酒科技，2003（3）：84 – 85.

88. 李大和．浓香型大曲酒生产技术．北京：中国轻工业出版社，1997.

89. 张宝年，夏元金．酒糟在纯小麦制曲中的应用．酿酒，2010（3）：61 – 62.

90. 姚万春，唐玉明，廖建民，等．优质新型泸型大曲的研制及应用．酿酒科技，2003（1）：37 – 38.

91. 沈怡方．白酒生产技术全书．北京：中国轻工业出版社，1998

92. 沈萍．微生物学实验．北京：高等教育出版社，2003.

93. 王世宽，侯华，张强，等．伏曲培养过程中微生物及理化指标的研究．酿酒科技，2009

（4）：39 – 41.

94. 陈靖余，周应朝．泸型大曲质量标准及鉴曲方法的探索．酿酒，1996（3）：6 – 7.

95. 谢永文，李莉．自动控制系统在白酒生产中的应用．酿酒科技，2007，（9）：53 – 57.

96. 赵东，牛广杰，彭志云，等．五粮液包包曲中微生物生物区系变化及其理化因子演变．酿酒科技，2009，186（12）：38 – 40.

97. 刘安然，罗俊，余有贵，等．包包曲生产和应用试验．酿酒科技，2006，145（6）：62 – 64.

98. 唐瑞．北方中高温包包曲制作要点分析．酿酒，2005，32（1）：30 – 32.

99. 范文来，徐岩．白酒79个风味化合物嗅觉阈值测定．酿酒，2011，（4）：80 – 84.

100. 任国军．ERP系统在河套酒业的实施．酿酒科技，2006，（6）：99 – 101.

101. 胥思霞，胡靖，王晓丹，等．浓香型青酒生产微生态环境研究及功能菌分离．酿酒科技，2012，（08）：33 – 37.

102. 李娟，李忠海，余有贵．粉碎度对机压包包曲的动态影响．邵阳学院学报（自然科学版），2011，8（1）：64 – 67.

103. 方晓璞，张文学，张其圣，等．丢糟酿酒复合发酵剂的应用开发研究．中国酿造，2007，169（4）：55 – 57.

104. 程宏连，李德敏．丢糟代替部分小麦用于大曲生产的可行性研究．酿酒科技，2009，182（8）：63 – 64.

105. 李家顺，李家明，邓林，等．浓香型大曲酒丢糟综合利用新技术研究（第2报）：丢糟粉在大曲生产上的应用．酿酒科技，1992（2）：16 – 21.

106. 王计胜．利用丢糟制曲的探讨．酿酒科技，2007，152（2）：70 – 71.

107. 张文学，岳元媛，向文良，等．浓香型白酒酒醅中化学物质的变化及其规律性．四川大学学报：工程科学版，2005，37（4）：44 – 48.

108. 李学思，李绍亮．浓香型白酒在蒸馏过程中不同馏分风味物质变化规律的探索与研究（上）．酿酒，2010，37（4）：27 – 36.

109. 康白．微生态学在发达国家及中国的历史和现状．中国微生态学杂志，1997，9（3）：52.

110. 赵发清，马海燕．微生态基本概念的剖析．中国微生态学杂志，1997，7（6）：41 – 44.

111. 邵凤君，金家志．微生态学及微生态制剂．农业环境与发展，1994，11（4）：28 – 30.

112. 张克家．中药对动物微生态的调节．中兽医学杂志，2003，1：29.

113. 唐由凯．论微生态系统及系统分析．中国微生态学杂志，2000，12（2）：116 – 118.

114. 刘志恒．现代微生物学．北京：科学出版社，2002.

115. 王大珍．微生物生态学的发展及应用．科学，1993，45（2）：18 – 20.

116. 陈益钊．中国白酒的嗅觉味觉科学及实践．四川：四川大学出版社．1996.

117. 张群．生物基可降解食品包装材料关键技术研究．食品与生物技术学报，2016，35（7）：784.

118. 顾文娟．生物可降解纳米复合材料在食品包装的应用．中国包装，2007，（6）：40 – 42.

119. 易彬，任道群，唐玉明，等．不同窖龄窖泥微生态变化研究．酿酒科技，2011，（06）：32 – 34.

120. 王海平，来安贵，赵德义．对中国传统白酒工艺学的新认识——微生物生态系统工程学．

酿酒，2006，33（6）：19－22.

121. 张煜东，吴乐南，王水花．专家系统发展综述．计算机工程与应用，2010（19）：43－47.

122. 隆兵，杨均，江小华．酿志生态中国——"生态酿酒"重要问题考据，中国酒，2014，（04）：24－43.

123. 沈怡方．白酒中四大乙酯在酿造发酵中形成的探讨．酿酒科技，2003（8）：28－31.

124. 舒代兰，张丽莺，张文学，等．浓香型白酒糟醅发酵过程中香气成分的变化趋势．食品科学，2007，28（6）：89－92.

125. 杨文博．微生物学实验．北京：化学工业出版社，2004.

126. 章克昌．酒精与蒸馏酒工艺学．北京：中国轻工业出版社，2004.

127. 吕辉，张宿义，冯治平，等．浓香型白酒发酵过程中微生物消长与香味物质变化研究．食品与发酵科技，2010（3）：37－59.

128. 郝建宇，张宿义，赵金松，等．浓香型白酒质量糟醅发酵过程中的动态研究．中国酿造，2011（6）：37－59.

129. 张文丽，戴铁军．浅议包装工业的可持续发展．再生资源与循环经济，2013（10）：14－17.

130. 刘园园，毛晓东，张玉梅．白云边酒入池发酵过程酒醅中的微生物分析．酿酒，2011，38（3）：32－34.

131. 吴衍庸，薛堂荣，陈昭蓉，等．五粮液老窖厌氧菌群的分布及其作用的研究．微生物学报，1991，31（4）：299－307.

132. 张良，任剑波，唐玉明，等．泸州老窖窖泥物理特性及矿物元素含量差异研究．酿酒，2004，31（4）：11－13.

133. 唐玉明，任道群，姚万春，等．泸州老窖窖泥化学成分差异研究．酿酒科技，2005（1）：45－49.

134. 吴谋成．仪器分析．北京：科学出版社，2003.

135. 中国科学院南京土壤研究所．土壤理化分析．上海：上海科学技术出版社，1978.

136. 唐玉明，沈才洪，任道群，等．老窖池窖泥特性研究．酿酒，2005，32（5）：24－27.

137. 杨鹏举．窖泥中微生物菌群及其代谢模式．酿酒科技，1995，68（2）：14－15.

138. 张良，沈才洪，张宿义，等．解析窖泥功能菌代谢能力的调控．酿酒科技，2008（1）：57－58，61.

139. 樊磊，叶小梅，何加骏，等．解磷微生物对土壤磷素作用的研究进展．江苏农业科学，2008，35（5）：261－263.

140. 赵小蓉，林启美，李保国．微生物溶解磷矿粉能力与 pH 及分泌有机酸的关系．微生物学杂志，2003，23（3）：5－7.

141. 林启美，王华，赵小蓉，等．一些细菌和真菌的解磷能力及机理初探．微生物学通报，2001，28（2）：26－29.

142. 鲁如坤．土壤磷素（二）．土壤通报，1980（2）：16.

143. 梁成华，魏丽萍，罗磊．土壤固钾与释钾机制研究进展．地球科学进展，2002，17（5）：679－684.

144. 吴衍庸，齐义鹏，徐成基，等. 泸州大曲酒窖泥中微生物的生态分布和嫌气发酵特征. 微生物学通报，1980，7（3）：22－26.

145. 徐国华，鲍士旦，史瑞和. 生物耗竭土壤的层间钾自然释放及固定特性. 土壤，1995，37（4）：182－185.

146. Poonia S R, Mehta S C, Palr. Exchange equilibrium of potassium in soils: Effect of farmyard manure on potassium and calcium exchange. Soil Science, 1986, 141（12）：77－83.

147. 吴衍庸. 论提高泸型酒质量的三大微生物技术. 酿酒科技，2002，（5）：22，25.

148. 沈怡方. 白酒风味质量形成的主要因素. 酿酒科技，2005，137（11）：30－34.

149. 康文怀，徐岩. 中国白酒风味分析及其影响机制的研究. 北京工商大学学报（自然科学版），2012，30（3）：53－57.

150. 文成兵，李光辉，邱声强，等. 提高窖泥质量的研究. 酿酒科技，2009，178（4）：68－70.

151. 张家庆，宋瑞滨，曹敬华，等. 人工老窖窖泥结晶初步分析. 中国酿造，2014，（3）：21－23.

152. 谢玉球，林洋，周二干，等. 人工窖泥的制作和养护. 酿酒科技. 2013，（2）：67－70.

153. 侯建光，郭富祥，杜明松. 人工老窖的保养与维护. 酿酒科技，2004，（6）：51－52.

154. 周恒刚. 窖泥培养. 北京：中国计量出版社，1998.

155. 吴衍庸. 浓香型白酒微生物技术. 成都：成都科技大学出版社，1996.

156. 孙玉法，杜明松. 仰韶酒微量组分的分析研究. 酿酒科技，1999，（5）：71.

157. 陆步诗，呙军荣，余有贵. 更换窖池窖泥提高产酒质量. 酿酒科技，1998，（4）：32－33.

158. 吴衍庸. 白酒工业生态中的微生物生态学. 酿酒科技，2001，（5）：32－33.

159. N. Renuka, Sarika V. Mathure, Rahul L. Zanan, et al. Determination of some minerals and β-carotene contents in aromatic indica rice (Oryza sativa L.) germplasm. Food Chemistry, 2016（191）：2－6.

160. 王红彦，王道龙，李建政，等. 中国稻壳资源量估算及其开发利用. 江苏农业科学. 2012，40（1）：298－300.

161. 刘淑玲，赵德才. 白酒智能勾兑和质量评价系统的研究. 酿酒，2010，37（6）：78－80.

162. 任飞，张晓宇. 浓香型大曲糖化动力学研究. 食品与机械，2013，29（1）：42－44.

163. 黄来军，胡健良，麦文勇. 酒的金属外包装. 食品与机械，2002（04）：36－37.

164. 孙夏冰，王松涛，陆震霞，等. 浓香型大曲酒窖泥中挥发性化合物的测定与分析. 食品与机械，2013，29（6）：54~58.

165. 李大和. 白酒酿造工教程. 北京：中国轻工业出版社，2006.

166. ChamPagne ET. Rice: Chemistry and Technology（Third Edition）. St. Paul, Minnesota: American Association of Cereal Chemists Inc, 2004.

167. 刘绪，张华玲，常少健，等. 白酒酿造中稻壳功能的探讨. 酿酒科技，2015（5）：21－25.

168. Jin Y Q, Cheng X S, Zheng Z B. Preparation and characterization of phenol-formaldehyde adhesives modified with enzymatic hydrolysis lignin. Bioresource Technology , 2010, 101（6）：2046－2048.

169. Ishneet Kaur, Yonghao Ni. A process to produce furfural and acetic acid from pre-hydrolysis liquor of kraft based dissolving pulp process. Separation and Purification Technology, 2015（46）：121－126.

170. Gross A S, Chu J W. On the molecular origins of biomass recalcitrance: The interaction network and

solvation structures of cellulose microfibrils. J Phys Chem B, 2010, 114 (42): 13333 – 13341.

171. Koksimovic G, Markovic Z. Investigation of the mechanism of acidic hydrolysis of cellulose. ActaAgric. Serbia, 2007, 12: 51 – 57.

172. HerreraA, Tellez – Luis S, Gonzalez – Cabriales J J, et al. Effect of hydrochloric acid concentration on the hydrolysis of sorghum straw at atmospheric pressure. J. Food Eng, 2004, 63: 103 – 109.

173. 王金山, 牛凤云, 孙萍, 等. 糠醛毒性的研究. 卫生毒理学杂志, 1994, 8 (3): 21 – 23.

174. 叶华夏, 谢正敏, 练顺才, 等. 酿酒用糠壳中蒸煮气味成分的研究. 酿酒科技, 2015 (1): 55 – 57.

175. 安登第, 刘厚福, 王国生, 等. 回收稻壳制酒性能试验. 粮食与饲料业. 1994 (12): 35 – 37.

176. 吴忠会, 刘清波, 刘正安. 白酒丢糟"零排放"的研究. 食品科学, 2008, 29 (8): 201 – 204.

177. Alireza Bazargan, Majid Bazargan, Gordon McKay. Optimization of rice husk pretreatment for energy production. Renewable Energy, 2015 (77): 512 – 520.

178. Ramchandra Pode, Boucar Diouf, Gayatri Pode. Sustainable rural electrification using rice husk biomass energy: A case study of Cambodia. Renewable and Sustainable Energy Reviews, 2015 (44): 530 – 542.

179. Ming Zhai, Yu Zhang, Peng Dong, et al. Characteristics of rice husk char gasification with steam. Fuel, 2015 (158): 42 – 49.

180. 张磊, 刘旭, 何皎, 等. 白酒丢糟干燥方法的探讨. 食品与发酵科技, 2012, 48 (4): 88 – 91.

181. 张磊, 刘旭, 刘念, 等. 生物质环保型新燃料的燃烧分析. 食品与发酵科技, 2012, 48 (3): 78 – 80.

182. 刘旭, 张磊, 王超凯, 等. 丢糟燃料成型条件的研究. 食品与发酵科技, 2012, 48 (5): 79 – 82.

183. 谢天柱, 靳九红. 白酒加浆用水处理方案选择与实践. 甘肃科技, 2002, 18 (9): 21 – 23.

184. 张倩, 张继影不同酒度对加浆用水的要求. 酿酒科技, 2005, (11): 46 – 47.

185. 曾祖训. 中国白酒的技术创新. 酿酒科技, 2005, (12): 19 – 20.

186. 沈怡方. 我国白酒生产技术进步的回眸. 酿酒科技, 2002, (6): 24 – 28.

187. 沈怡方. 创新是白酒生产技术发展的核心. 酿酒, 2010, 37 (6): 3 – 4.

188. 余本富. 浅谈"复合"香型白酒. 酿酒科技, 2002, (2): 54 – 55.

189. 沈怡方, 李小娟, 焦二满. 论复合香白酒的兴起. 酿酒, 2013, 43 (6): 3 – 4.

190. 崔海灏, 杨月轮, 崔靖靖, 等. 香型融合技术生产试验. 酿酒, 2014, 41 (2): 76 – 78.

191. 张书田. 中国白酒三大香型生产工艺和香型融合创新技术. 酿酒, 2008, 35 (6): 37 – 39.

192. 焦二满, 王丽, 赵璐, 等. 北方清芝复合香型白酒生产工艺的研究. 酿酒科技, 2014, (9): 62 – 64.

193. 李大和, 曹远亮, 王讲明, 等. 三种复合香型白酒特点比较. 酿酒, 2016, 43 (1): 26 – 30.

194. 王振环. 多粮复合兼香型工艺探讨. 酿酒, 2011, 35 (6): 56 – 57.

195. 杨志龙, 熊翔, 孙长庚, 等. 提高回糟产酒量的研究. 邵阳学院学报: 自然科学版, 2005, 2 (2): 114 – 115.

196. 周建平, 张义. 阿米诺酶在武陵酒回糟生产中的应用. 酿酒科技, 2000, (6): 56 – 57.

197. 黄大川. 利用多甑双轮发酵提高浓香型大曲酒质量. 酿酒科技, 2003, (2): 40 – 41.

198. 范文来, 陈翔. 应用夹泥发酵技术提高浓香型大曲酒名酒率的研究. 酿酒, 2001, 28 (2): 71 – 73.

199. 易祖军. 酒鬼酒生产中双轮底夹泥发酵工艺. 酿酒科技, 2001, (6): 47.

200. 张学英, 贾美谊, 向宗府. 夹泥发酵在生产中的应用. 酿酒科技, 2006, (2): 58, 60.

201. 陈仁远, 王俊, 陈济丽. 中国酱香型白酒生产中入窖发酵工序的技术质量控制与管理 优先出版. 酿酒科技, 2014, (10): 51 – 54.

202. 邢钢, 冯雅芳, 张永利. 绵柔凤香型白酒酿造工艺研究. 酿酒, 2016, 43 (5): 59 – 62.

203. 刘兴平. 白酒固液复合发酵模式研究. 酿酒, 2001, 28 (3): 65 – 67.

204. 冯英木, 逄顺路. 中国景芝复合香白酒研讨会召开. 酿酒, 2011, (1): 80.

205. 张吉焕, 胡建祥, 蔡官林. "多粮酿造, 发酵成型" 法 "凤兼复合型太白酒" 香味成分和风味特点及其形成原因. 酿酒科技, 2007, (12): 33 – 35.

206. 赵国敢, 范莽, 滕抗. 洋河大曲原酒贮存研究初探. 酿酒, 2008, 35 (5): 29 – 32

207. 乔华. 白酒陈化机理的研究及应用. 太原: 山西大学, 2013.

208. 潘忠汉, 王汝侯, 崔益本. 激光陈化酒及其机理研究. 激光杂志, 1988, (5): 100 – 104.

209. 林向阳, 林丛笑. 微波催陈白酒试验装置的研制. 机械与设计, 2000, (4): 34 – 36.

210. 蒋耀庭, 孙英. 高压静电场催陈酒和醋综述. 中国酿造, 1999, (5): 1 – 4.

211. 段旭昌, 李绍峰, 张吉焕, 等. 超高压技术处理对白酒物理特性和风味的影响. 中国食品学报, 2006, 6 (6): 78 – 82.

212. 付立新, 孟丽芬, 许德春, 等. 辐射加速白酒陈化研究. 吉林农业大学学报, 1994, 16 (3): 67 – 70.

213. 李宏涛, 王冰, 李次力. 臭氧对蒸馏白酒的催陈、除池效果的研究. 酿酒, 2004, 31 (2): 75 – 77.

214. 张忠茂, 崔棣章, 李洪亮, 等. 大型储罐强制加氧对白酒的催熟陈化探讨. 山东食品发酵, 2008, (1): 46 – 47.

215. 尚宜良. 高锰酸钾与活性炭联合处理加速粮食白酒老熟. 酸酒, 2004, 31 (4): 85 – 86.

216. 赵怀杰. 白酒催陈中的可逆现象. 酸酒科技, 1995, (1): 28 – 29.

217. 郭生金, 赵怀杰. 白酒的人工催陈与化学平衡. 酸酒科技, 1996, (1): 30 – 31.

218. 陈功. YS – Ⅱ 天然生物催熟物在白酒中的应用. 酿酒科技, 1999, (1): 78 – 79.

219. 陈立生. 白酒催陈技术的科学发展方向. 金筑大学学报, 2000, (4): 97 – 113.

220. 袁先铃, 徐军, 曾燕. 白酒酒体的构成及酒体设计实例. 酿酒, 2009, 36 (3): 70 – 71.

221. 武志勇, 佟金萍. 老龙口品牌白酒酒体风格设计. 酿酒科技, 2006 (7): 71 – 72.

222. 徐占成, 徐姿静. 酒体风味设计学概论. 酿酒, 2012 (6): 3 – 8.

223. 朱金玉, 解成玉, 李玉英. 白酒酒体的结构分析与设计原则. 酿酒科技, 2016 (11):

83 – 84.

224. 彭奎，刘念，潘建军，等．江西章贡酒业微机勾兑网络管理系统的开发．食品与发酵科技，2009，45（1）：14 – 17.

225. 李长文，魏纪平，李燚，等．运用 FTIR 分析不同酒龄基酒．酿酒科技，2008，174（12）：70 – 72.

226. 姜安，彭江涛，彭思龙，等．基于 SVM 的白酒红外光谱分析方法研究．计算机与应用化学，2010，27（2）：233 – 236.

227. 周围，周小平，赵国宏，等．名优白酒质量指纹专家鉴别系统．分析化学，2004，32（6）：735 – 740.

228. 郑岩，汤庆莉，吴天祥，等．GC – MS 法建立贵州茅台酒指纹图谱的研究．中国酿造，2008，（9）：74 – 76.

229. 王睿，徐伟，方翼．中药指纹图谱研究进展．中国药师，2004，10（7）：764 – 767.

230. 石志红，何建涛，常文保．中药指纹图谱技术．大学化学，2004，19（1）：33 – 40.

231. 袁洁，尹京苑，高海燕．指纹图谱在白酒中的应用研究进展．食品科学，2008，29（11）：680 – 684.

232. 黄艳梅，卢建春．采用气相色谱 – 质谱分析古井贡酒中的风味物质．酿酒科技，2006，（7）：91 – 94.

233. 曹云刚，马丽，杜小威，等．汾酒酒醅发酵过程中有机酸的变化规律．食品科学，2011，32（7）：229 – 232.

234. 马燕红，张生万．清香型白酒酒龄鉴别的方法研究．食品科学，2012，33（10）：184 – 189.

235. Li X，Xiong W，Zhou L，etal. Analysis of 16 phalic acid esters in food stimulants from plastic food contact materials by LC – ESI – MS/MS. J. Sep. Sci. , 2013，（36）：477 – 484.

236. Fan J，Wu L，Wang X，etal. Determination of the migration of phthalate esters in fatty food packaged with different materials by solid – phase extraction and UHPLC – MS/MS. Anal. Methods，2012，（4）：4168 – 4175.

237. 谭文渊，袁东，付大友，等．气相色谱 – 质谱联用测定白酒中的氨基甲酸甲酯和氨基甲酸乙酯．食品科学，2011，32（16）：305 – 307.

238. 崔鹏，韩澄华，张辉．青稞酒中氨基甲酸乙酯的气相色谱 – 四级杆质谱测定法．环境与健康杂志，2012，29（1）：71 – 72.

239. 包志华，娜仁高娃，马俊华．气相色谱 – 质谱法测定白酒中氨基甲酸乙酯的分析．农产品加工，2013，（12）：64 – 68.

240. 吉林省卫生厅．DBS 22/003—2013 饮料酒中氨基甲酸乙酯的测定：气相色谱 – 质谱法．北京：中国标准出版社，2012.

241. 林国斌，林麒，倪蕾．液 – 液萃取稳定同位素内标法测定酒中氨基甲酸乙酯．海峡预防医学杂志，2013，19（5）：58 – 60.

242. 赵依芃，王宗义，李德美，等．稳定同位素稀释 – 液相色谱 – 串联质谱法直接测定酒类中氨基甲酸乙酯．食品科学，2015，36（8）：220 – 224.

243. 刘红丽，张榕杰，卢素格．酒中氨基甲酸乙酯的测定分析．中国卫生工程学，2010，9

（4）：299－300，303.

244. 徐占成．挥发系数鉴别年份酒的方法发明突破了年份酒鉴定的世界性难题．四川食品与发酵，2008，44（1）：1－3.

245. 戴宏民．包装与环境．北京：印刷工业出版社，2007.

246. 庄名扬．谈谈年份酒与鉴别方法．酿酒科技，2008（7）：83－86.

247. 吴士业，冯志平．白酒微观形态形成机理探讨．酿酒科技，2007（12）：28－29.

248. 吴士业，冯志平．贮存期浓香型白酒微观形态变化探讨．酿酒科技，2007（11）：32－33.

249. 杨涛，李国友，庄名扬．中国白酒年份酒鉴别方法的研究．酿酒，2008，35（5）：33－38.

250. 段丽艳，王春鹏，储富祥．纤维素基可生物降解共混高分子材料的制备和性能．高分子材料科学与工程，2008，24（9）：37－39.

251. 曾祖训．试论白酒香味成分与质量风格的关系．酿酒，2002，29（1）：8－10.

252. 王忠彦，尹昌树，郭杰．微量成分影响白酒风格质量的关键因素．酿酒科技，2000，（1）：90－91.

253. 雄子书．贵州茅台酒调查研究的回眸．酿酒科技，2000，（4）：26－29.

254. 内蒙古自治区轻工业科学研究所分析室．白酒中芳香成分的分析．食品与发酵工业，1979，（2）：20－28.

255. 沈尧绅，曹桂英，孙洁，等．关于白酒中醇酯等主成分气相色谱分析方法的探讨．酿酒，1994，（2）：32－40.

256. 蔡心尧，尹建军，胡国栋．毛细管柱直接进样法测定白酒香味组分的研究．色谱，1997，15（5）：367－371.

257. 康名宫．白酒工业手册．北京：中国轻工业出版社，1991.

258. 刘炯光，袁辉．白酒指纹图谱．酿酒，2003，3（30）：152－153.

259. 陈私，郭勇，王智猛，等．指纹图谱用于白酒质量的控制．化学研究与应用，2004，3（16）：373－374.

260. 孙细珍．“指纹图谱”技术在白酒产品质量评价中的应用．酿酒科技，2005，10（136）：33－36.

261. 李长文，魏纪平，孙素琴．白酒宏观红外指纹三级鉴定．酿酒科技，2006，6（144）：35－38.

262. 王超，张宿义，李德林，等．固态法白酒丢糟的资源化综合利用．酿酒科技，2015，（12）：103－107.

263. 王印召，吴正云，杨健，等．白酒丢糟资源化利用的研究进展．酿酒科技，2013（9）：86－89.

264. 王小军，敖宗华，沈才萍，等．浓香型大曲酒丢糟用于制曲的研究进展．酿酒科技，2011（8）：104－106.

265. 胡晓娜．浅谈计算机在勾兑白酒技术中的应用．酿酒科技，1999，（2）：41－42.

266. 王富花，陈秀清．白酒酿造中废水处理方法及工程治理措施．酿酒科技，2013，（12）：80－84.

267. 周建丁，周健．白酒工业废水处理现状及展望．四川理工学院学报（自然科学版），2008，

21 (6)：74 – 77，87.

268. 王肇颖，肖敏. 白酒酒糟的综合利用及其发展前景. 酿酒科技，2004 (1)：65 – 67.

269. 章克昌. 酒精与蒸馏酒工艺学. 北京：中国轻工业出版社，1997.

270. 刘晓牧，吴乃科. 酒糟的综合开发与应用. 畜牧与饲料科学，2004 (5)：9.

271. 贺鸣，李胜利. 发酵酒糟对肉牛和奶牛生产性能的影响. 中国饲料，2004 (5)：24 – 27.

272. 高路. 酒糟的综合利用. 酿酒科技，2004 (5)：101 – 102.

273. 张建华，王传荣，沈洪涛. TH – ADDY 和糖化酶在浓香型大曲丢糟中的应用. 酿酒科技，2003 (4)：60 – 61.

274. 张礼星，唐湘华，唐胜，等. 里氏木霉纤维素酶在大曲丢糟中的应用. 酿酒科技，2000 (3)：52 – 53.

275. 王世东，周学政. 酒糟栽培鸡腿菇高产技术. 中国食用菌，2004 (6)：30.

276. 柴政强. 气相色谱分析法测定丢糟中残留酒精分. 酿酒科技，2000 (6)：102.

277. 李大和. 新型白酒生产与勾兑技术问答. 北京：中国轻工业出版社，2004.

278. 吴衍庸. 浓香型曲酒微生物技术. 成都：四川科学技术出版社，1987.

279. 连学林. 常温 UASB 装置处理五粮液酒厂废水. 中国沼气. 2001，19 (4)：27 – 29

280. 张欣. 我国白酒废水治理技术研究进展. 酿酒，2008，35 (6)：12 – 15.

281. 林芊. 论创新包装设计对产品的增值作用. 包装工程，2010，31 (3)：106 – 109.

282. 孟跃. 白酒包装：三个阶段和四个趋势. 酒世界，2011 (7)：48 – 50.

283. 高博. 浅析中国白酒包装的现状及发展. 中国包装工业，2014 (6)：28，30.

284. 张文学. 生态食品工程学. 成都：四川大学出版社，2006。

285. 郝倩，苏荣欣，齐崴，等. 食品包装材料中有害物质迁移行为的研究进展. 食品科学，2014，35 (21)：279 – 285.

286. Beld G, Pastorelli S, Franchini F, et al. Time and temperature dependent migration studies of Irganox 1076 from plastics into foods and food stimulants. Food Add Cont：Part A, 2012, 29 (5)：836 – 845.

287. Alin J, Hakkarainen M. Migration from polycarbonate packaging to food simulants during microwave heating. Poly Degrad Stab, 2012, 97 (8)：1387 – 1395.

288. 高松，王志伟，胡长鹰，等. 食品包装油墨迁移研究进展. 食品科学，2012，33 (11)：317 – 322.

289. 薛美贵，王双飞，黄崇杏. 印刷纸质食品包装材料中 Pb、Cd、Cr 及 Hg 含量的测定及其来源分析. 化工学报，2010，61 (12)：3258 – 3265.

290. 刁波，任劲，林子吉，等. 酒类包装材料对酒质的影响. 酿酒科技，2014 (2)：113 – 114，122.

291. 郑校先，俞剑燊，冉宇舟，等. 白酒塑化剂食品安全风波分析及白酒包装材料问题. 酿酒科技，2013 (10)：62 – 64.

292. 吴秀英. 食品包装材料的种类及其安全性. 质量探索，2014 (9)：56 – 59.

293. 司伟平. 浅谈食品包装材料及主要材质安全性. 河南科技，2013 (8)：39.

294. 谢淑丽. 竹材在白酒外包装设计中的运用探讨. 包装工程，2009，30 (5)：146 – 147，179.

295. 杨福馨. 食品安全与食品包装材料绿色化研究. 上海包装，2011 (10)：20 – 22.

296. 李明. 铝质材料在酒包装中的应用. 上海包装, 2011 (12): 26 – 27.

297. 李婷, 柏建国, 刘志刚, 等. 食品金属包装材料中化学物的迁移研究进展. 食品工业科技, 2013, 34 (15): 380 – 383, 389.

298. 任海燕. 绿色生态包装材料在现代包装设计中的作用. 包装世界, 2014 (1): 75 – 76.

299. 戴宏民, 戴佩燕. 生态包装的基本特征及其材料的发展趋势. 包装学报, 2014, 6 (3): 1 – 9.

300. 何伟, 姜莹莹, 于洋, 等. 包装材料的发展趋势及设计原则. 湖南工业大学学报: 社会科学版, 2009 (5): 72 – 76.

301. 胡荣珍, 谢日星. 包装设计元素中材质的运用研究. 包装工程, 2008, 29 (3): 187 – 189.

302. 朱和平, 任莹莹. "中国白酒创意包装设计大赛" 参赛作品研究. 包装学报, 2015, 7 (1): 76 – 81.

303. 谭亦武. 废弃聚酯化学回收再生利用的方法. 合成纤维, 2011 (4): 1 – 7.

304. 江涛, 吴丽霞. 包装材料的发展及生态化研究. 中国包装, 2004 (5): 54 – 56.

305. 生态包装材料的发展研究. 中国包装工业, 2008 (6): 30 – 32.

306. 侯汉学, 董海洲, 王兆升, 等. 国内外可食性与全降解食品包装材料发展现状与趋势. 中国农业科技导报, 2011 (5): 79 – 87.

307. 季伟, 主芸. 食品塑料包装的现状与发展趋势. 中外食品工业, 2013 (7): 43 – 45.

308. Paraskevopoulou D, Achilias D S, Paraskevopoulou A. Migration of styrene from plastic packaging based on polystyrene into food stimulants. Poly Int, 2012, 61 (1): 141 – 148.

309. Viñas P, López – garcía I, Campillo N, et al. Ultrasound assisted emulsification microextraction coupled with gas chromatography mass spectrometry using the Taguchi design method for bisphenol migration studies from thermal printer paper, toys and baby utensils. Anal Bioanal Chem, 2012, 404 (3): 671 – 678.

310. 王志伟, 黄秀玲, 胡长鹰. 多类型食品包装材料的迁移研究. 包装工程, 2008, 29 (10): 1 – 7.

311. 戴宏民, 戴佩燕. 提高食品包装材料安全性的途径. 包装学报, 2014, 6 (1): 1 – 4.

312. 王莉莉. 波浪式前进 螺旋式上升——以酒包装为例看我国包装设计的发展趋势. 才智, 2011 (29): 179 – 180.

313. 王庆斌. 产品生态设计的理念与方法. 郑州轻工业学院学报: 社会科学版, 2005 (6): 69 – 71.

314. 戴宏民, 戴佩燕. 提高食品包装材料安全性的新技术和治本途径. 包装学报, 2014, 6 (1): 23 – 26.

315. 虞莉萍. 酒包装材料和技术的新突破. 中国酿造, 2005 (3): 42 – 43.

316. 郭筱兵, 丁利, 李节, 等. 纳米包装材料及其安全性评价研究进展. 食品与机械, 2013, 29 (5): 249 – 251.

317. 中国白酒包装未来发展的九大趋势. 酒世界, 2014 (2): 34 – 35.

318. 戴宏民, 戴佩燕. 石油基食品包装材料的生态化及应用. 包装印刷, 2015 (2): 48 – 53.